発見的教授法による数学シリーズ ④

数学の視覚的な解きかた

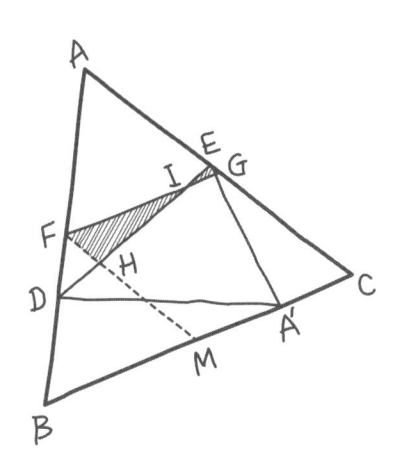

秋山　仁 著
Jin Akiyama

森北出版株式会社

● 本書のサポート情報を当社 Web サイトに掲載する場合があります．下記の URL にアクセスし，サポートの案内をご覧ください．

http://www.morikita.co.jp/support/

● 本書の内容に関するご質問は，森北出版 出版部「(書名を明記)」係宛に書面にて，もしくは下記の e-mail アドレスまでお願いします．なお，電話でのご質問には応じかねますので，あらかじめご了承ください．

editor@morikita.co.jp

● 本書により得られた情報の使用から生じるいかなる損害についても，当社および本書の著者は責任を負わないものとします．

■ 本書に記載している製品名，商標および登録商標は，各権利者に帰属します．

■ 本書を無断で複写複製（電子化を含む）することは，著作権法上での例外を除き，禁じられています．複写される場合は，そのつど事前に(社)出版者著作権管理機構（電話 03-3513-6969，FAX 03-3513-6979，e-mail：info@jcopy.or.jp）の許諾を得てください．また本書を代行業者等の第三者に依頼してスキャンやデジタル化することは，たとえ個人や家庭内での利用であっても一切認められておりません．

―復刻に際して―

19世紀を締めくくる最後の年（1900年）にパリで開かれた第2回国際数学者会議が伝説の会議として語り継がれることとなった．それは，主催国フランスのポアンカレがダーフィット・ヒルベルトに依頼した特別講演が，多くの若き研究者を突き動かし20世紀の新たな数学の研究分野を切り拓く起爆剤となったからだった．『未来を覆い隠している秘密のベールを自分の手で引きはがし，来たるべき20世紀に待ち受けている数学の進歩や発展を一目見てみたいと思わない者が我々の中にいるだろうか？』この聴衆への呼びかけに続けて，ヒルベルトは数学の未来に対する自身の展望を語った後，"20世紀に解かれることを期待する問題"として，23題の未解決問題を提示したのだった．

良質な問題の発見や，その問題の解決は豊かな知の世界を開拓し続けてきた．そしてひとつの研究分野を拓くような鉱脈ともいうべき良問を見つけ出した時の高揚感や一筋縄では行かない難攻不落と思えた難問が"あるアングルから眺めたとき，いとも簡単に解けてしまう瞬間"に味わえる醍醐味は，まさに"自分の手で秘密のベールを引きはがす喜び"である．そして，それは"ヒルベルトの問題"や研究の最前線のものに限ったことではなく，どのレベルであっても真であると思う．

数学の教育的側面に目を向けるのなら，そもそも古代ギリシャの時代から，久しい間，数学が学問を志す人々の必修科目とされてきたのは，論理性や思考力を鍛えるための学科として尊ばれてきたからだ．ところが，数学は経済発展とともに大衆化し，受験競争の低年齢化とともに人生の進路を振り分けるための重要な科目と化していった．"思考力を磨くために数学を学ぶ"のではなく，ともすると，"受験で成功するための一環として数学の試験で確実に点数を稼ぐための問題対処法を身につけることが数学の勉強"になっていく傾向が強まった．すなわち，数学の問題に出会ったら，"自分の頭で分析し，どう捉えれば本質が炙り出せるのかという思考のプロセスを辿る"のではなく，"できるだけ沢山の既出の問題と解法のパターンを覚えておいて，問題を見たら解法がどのパターンに当てはまるものなのかだけを判断する．そして，あとは機械的に素早く確実に処理する"ことになっていった．"既出のパターンに当てはまらない問題は，どうせ他の多くの生徒も解けず点数の差はさほどないのだから，そういう問題はハナから捨ててよい"というような受験戦術がまかり通るようになった．この結果，インプットされた解決法で解ける想定内の問題なら処理できるが，まったく新しいタイプの想定外の問題に対しては手も足もまったく出ないという学習者を大量に生む結果ともなったのである．このような現象は数学の現場に限らず，日本の社会のあちこちでも問題視され始めている現象だが，学生時代にキチンと自分の頭で判断し思考するプロセスがおざなりにされてきた結果なのではないだろうか．

復刻に際して

　世界各国，どこの国でも，数学は苦手で嫌いだと言う人が多いのは悲しい事実ではある．しかし，George Polya の「How to Solve It」（邦題「いかにして問題をとくか」柿内賢信訳　丸善出版）や Laurent C. Larson の「Problem-Solving Through Problems (Springer 1983)」（邦題「数学発想ゼミナール」拙訳　丸善出版）がロングセラーであることにも現れているように，欧米の数学教育の本流はあくまでも〝自分の頭で考える〟ことにある．これらの書籍は〝こういう問題はこう解けばいい〟という単なるハウツー本ではなく，数学の問題を解く名人・達人ともいえる人たちが問題に出会ったときに，どんなふうに手懸りをつかみ，どういうところに着眼して難攻不落の問題を手の中に陥落させていくのか，……．そういった名人の持つセンスや目利きとしての勘所ともいえる真髄を紹介し，読者にも彼らのような発想や閃き，センスと呼ばれる目利きの能力を磨いてもらおうとする思考法指南書である．

　本書を執筆していた当時，筆者は以下のような多くの若者に数学を教えていた：

　「やったことのあるタイプの問題は解けるが，ちょっと頭をひねらなければならない問題はまったくお手上げ」，

　「問題集やテストの解答を見れば，ああそこに補助線を一本引けばよかったのか，偶数か奇数かに注目して場合分けすればよかったのか，極端な（最悪な）場合を想定して分析すればこんな簡単に解けてしまうのか，……と分かるのだが，実際はそういった着眼点に自分自身では気付くことができなかった」，

　「高校時代は，数学の試験もまあまあ良くできていて得意だと思っていたが，大学に進んでからは，〝定義→定理→証明〟が繰り返し登場する抽象的な数学の講義や専門書に，ついていけない」

　ポリヤやラーソンの示す王道と思われる数学の指南法に感銘を受けていた筆者は，基礎的な知識をひととおり身につけたが，問題を自力で解く思考力，応用力または発想力に欠けると感じている学生たちには，方程式，数列，微分，積分といった各ジャンルごとに，〝このジャンルの問題は次のように解く〟ということを学ぶ従来の学習法（これを〝縦割り学習法〟と呼ぶ）に固執するのではなく，ジャンルを超えて存在する数学的な考え方や技巧，ものの見方を修得し，それらを拠り所として様々な問題を解決するための学習法（これを〝横割り学習法〟と呼ぶ）で学ぶことこそが肝要だと感じた．

　そこで，1990 年ぐらいまでの難問または超難問とされ，かつ良問とされていた大学入試問題，数学オリンピックの問題，海外の数学コンテストの問題，たとえば，米国の高校生や大学生向けに出題された Putnam（パットナム）等の問題集に紹介されている問題を収集，選別した．そして，それらを題材に，どういう点に着眼すれば首尾よく解決できるのか，思考のプロセスに重点を置いて問題分析の手法を，発想力や柔軟な思考力，論理力を磨きたい，という学生たちのために書きおろしたのが本シリーズである．

　本書が 1989 年に駿台文庫から出版された当時，本気で数学の難問を解く思考力や発

想力を身につけたいという骨太な学生や数学教育関係者に好意的に受け入れられたのは筆者の大きな喜びだった．

そして，本書は韓国等でも翻訳され，海外の学生にも支持を得ることができた．

二十年以上たって一度絶版となった際も，関西の某大学の学生や教授から，「このシリーズはコピーが出回っていて読み継がれていますよ」と聞かされることもあった．

また，本シリーズと同様の主旨で 1991 年に NHK の夏の数学講座を担当した際には，学生や教育関係者以外の一般の方々からも「数学の問題をどうやって考えるのかがわかって面白かった」，「数学の問題を解くときの素朴な考え方や発想が，私たちの日常生活のなかのアイディアや発想とそんなに大きく違わないのだということがわかった」という声をいただき，その反響は相当のものだった．

このたび，森北出版より本シリーズが復刻されて，新たな読者の目に触れる機会を得たことは筆者にとって望外の喜びである．一人でも多くの方が活用してくださることを期待しております．

最後になりましたが，今回の復刻を快諾し協力してくださった駿台予備学校と駿台文庫に感謝の意を表します．

2014 年 3 月　秋山　仁

―序　　文―

読者へ

世に数々の優れた参考書があるにもかかわらず，ここに敢えて本シリーズを刊行するに至った私の信念と動機を述べる．

現在，数学が苦手な人が永遠に数学ができないまま終生を閉じるのは悲しいし，また不公平で許せない．残念ながら，これは若干の真実をはらむ．しかし，数学が苦手な人が正しい方向の努力の結果，その努力が報われる日がくることがあるのも事実である．

ここに，正しい方向の努力とは，わからないことをわからないこととして自覚し，悩み，苦しみ，決してそれから逃げず，ウンウンうなって考え続けることである．そうすれば，悪戦苦闘の末やっとこさっとこ理解にたどりつくことが可能になるのである．このプロセスを経ることなく数学ができるようになることを望む者に対しては，本書は無用の長物にすぎない．

私ができる唯一のことは，かつて私自身がさまよい歩いた決して平坦とはいえない道のりをその苦しみを体験した者だけが知りうる経験をもとに赤裸々に告白することによ

り，いま現在，暗闇の中でゴールを捜し求める人々に道標を提示することだけである．読者はこの道標を手がかりにして，正しい方向に向かって精進を積み重ねていただきたい．その努力の末，困難を克服することができたとき，それは単に入試数学の征服だけを意味するものではなく，将来読者諸賢にふりかかるいかなる困難に対しても果敢に立ち向かう勇気と自信，さらには，それを解決する方法をも体得することになるのである．

【本シリーズの目標】

　同一の分野に属する問題にとどまらず，分野（テーマ）を超えたさまざまな問題を解くときに共通して存在する考え方や技巧がある．たとえば，帰納的な考え方（数学的帰納法），背理法，場合分けなどは単一の分野に属する問題に関してのみ用いられる証明法ではなく，整数問題，数列，1次変換，微積分などほとんどすべての分野にわたって用いられる考え方である．また，2個のモノが勝手に動きまわれば，それら双方を同時にとらえることは難しいので，どちらか一方を固定して考えるという技巧は最大値・最小値問題，軌跡，掃過領域などのいくつもの分野で用いられているのである．それらの考え方や技巧を整理・分類してみたら，頻繁に用いられる典型的なものだけでも数十通りも存在することがわかった．問題を首尾よく解いている人は各問題を解く際，それを解くために必要な定理や公式などの知識をもつだけでなく，それらの知識を有効にいかすための考え方や技巧を身につけているのである．だから，数学ができるようになるには，知識の習得だけにとどまらず，それらを活性化するための考え方や技巧を完璧に理解しなければならないのである．これは，あたかも，人間が正常に生活していくために，炭水化物，脂肪やたん白質だけを摂取するのでは不十分だが，さらに少量のビタミンを取れば，それらを活性化し，有効にいかすという役割を果たしてくれるのと同じである．本シリーズの大目標はこれら数十通りのビタミン剤的役割を果たす考え方や技巧を読者に徹底的に教授することに尽きる．

【本シリーズの教授法──横割り教育法──について】

　数学を学ぶ初期の段階では，新しい概念・知識・公式を理解しなければならないが，そのためには，教科書のようにテーマ別（単元別）に教えていくことが能率的である．しかし，ひととおりの知識を身につけた学生が狙うべき次のターゲットは〝実戦力の養成〟である．その段階では，〝知識を自在に活用するための考え方や技巧〟の修得が必須になる．そのためには，〝パターン認識的〟に問題をとらえ，〝このテーマの問題は次のように解答せよ〟と教える教授法（**縦割り教育法**）より，むしろ少し遠回りになるが，テーマを超えて存在する考え方や技巧に焦点を合わせた教授法（**横割り教育法**）のほうがはるかに効果的である．というのは，上で述べたように，考え方のおのおのに注目すると，その考え方を用いなければ解けない，いくつかの分野にまたがる問題群が存在するから

である．本書に従ってこれらの考え方や技巧をすべて学習し終えた後，振り返ってみれば受験数学の全分野にわたる復習を異なる観点に立って行ったことになる．すなわち，本書は〝縦割り教育法〟によってひととおりの知識を身につけた読者を対象とし，彼らに〝横割り教育法〟を施すことにより，彼らの潜在していた能力を引き出し，さらにその能力を啓発することを目指したものである．

【本シリーズの特色——発見的教授法——について】

本シリーズのタイトルに冠した発見的教授法という言葉に，筆者が託した思いについて述べる．

標準的学生にとっては，突然すばらしい解答を思いつくことはおろか，それを提示されてもどのようにしてその解答に至ったのかのプロセスを推測する事さえ難しい．そこで，本シリーズにおいては，天下り的な解説を一切排除し，〝どうすれば解けるのか〟，〝なぜそうすれば解けるのか〟，また逆に，〝なぜそうしたらいけないのか〟，〝どのようにすれば，筋のよい解法を思いつくことができるのか〟などの正解に至るプロセスを徹底的に追求し，その足跡を克明に表現することに努めた．

このような教え方を，筆者は〝発見的教授法〟とよばせていただいた．その結果，10行ほどの短い解答に対し，そこにたどりつくまでのプロセスを描写するのに数頁をもさいている箇所もしばしばある．本シリーズでは，このプロセスの描写を〝発想法〟という見出しで統一し，各問題の解答の直前に示した．このように配慮した結果，優秀な学生諸君にとっては，冗長な感を抱かせる箇所もあるかもしれない．そのようなときは適宜，〝発想法〟を読み飛ばしていただきたい．

1989 年 5 月　秋山　仁

※　旧版においては，本シリーズは全 6 巻から構成されていました．しかし，その中の第 5 巻目の〝1 次変換のしくみ〟だけは特定の分野である 1 次変換の問題だけに的を絞り解説した本でした．他の 5 巻は考え方や技巧に主体を置き，すべての分野の問題を横断的に扱っておりました．この点を考慮し，この新シリーズにおいては〝1 次変換のしくみ〟を外すことにいたしました．

なお，本シリーズは 1989 年発行当時のまま，手を加えずに復刊したため，現行の高校学習指導要領には沿っていない部分もあります．

はじめに

　人は笑った顔と怒った顔を瞬間的に識別することができる．しかし，ロボットに人の顔を見せ，それに基づき式を立てさせ，笑顔と怒った顔を判別するための判別式，すなわち"笑怒判別式"にかけて結論を割り出させるのはたいへんであろう．この例から推測がつくように，コンピュータが急速に進歩したとしても，人の視覚能力に匹敵するほどの目の機能を備えるロボットをつくり出すのは当分の間は不可能であろう．人の五感のうちで最もすぐれている感覚は視覚である．この事実は，"百聞は一見にしかず"とか"見ることは信ずることなり"などのことわざにもあるように，古今東西を問わず，人々に深く認知されている．

　先生は，授業で新しい概念や理論を学生たちに説明するとき，黒板にそれを説明するための絵や図，表，グラフなどを描いたり，ビデオやスライドまたは模型などを見せる．これは，先生が学生に聴覚だけでなく視覚に訴えることによって学生の理解の手助けをし，認識を深めさせるための工夫である．これと同様に，問題を解く際に，問題文を読んだら何はともあれ，題意の状況をグラフや図に表したり，近くにあるもの，たとえば，下敷き，鉛筆，消しゴム，用紙などを利用しモデルを作り状況を具体化させ，視覚を大いに刺激させる操作を行うことが問題解決への早道となるのである．そこで，本書では問題文に示されている条件や状況（情報）を図や表に的確に表現し，それを活用して問題を解く方法を解説することにする．

　本書を読み通した後に，問題文に書かれている状況を図やグラフに再現し，決して"笑怒判別式"などを持ち出さなくとも，首尾よく問題が解けるようになることを期待する．

☆ 本書の使い方と学習上の注意 ☆

　さきに述べたとおり，本シリーズでは，数学の考え方や技巧に照準を合わせ入試数学全体を分類し，入試数学を解説している．よって，目次(この目次を便宜上，"横割り目次"とよぶ)もその分類に従っている．高校の教科書をひととおり終えた，いわゆる受験生(浪人や高校3年生)とよばれる読者は，本書に従って学習すれば自ずとそれらの考え方や技巧を能率的に身につけることができる．

　一方，一般の教科書(または参考書)のように，分野別(たとえば，方程式，三角比，対数，……という分類)に勉強していくことも可能にするため，分野別の目次(これを便宜上，"縦割り目次"とよぶ)も参考のため示しておいた．すなわち，たとえば，確率という分野を勉強したい人は，確率という見出しを縦割り目次でひけば，本シリーズのどの問題が確率の問題であるかがわかるようにしてある．だから，それらの問題をすべて解けば，確率の問題を解くために必要な考え方や技巧を多角的に学習することができるしくみになっている．

　入試に必要な知識を部分的にしか理解していない高校1，2年生，または文系志望の受験生が本書を利用するためには縦割り目次を利用するとよい．すなわち，読者各位の学習の進度に応じ，横割り目次，縦割り目次を適宜使い分けて本書を活用していただければよいのである．

　次に，学習時に読者に心がけていただきたい点を述べる．

　数学を能率的に学習するためには，次の点に注意することが重要である．

1.　理論的流れに従い体系的に諸事実を理解すること
2.　視覚に訴え，問題の全貌を把握すること
3.　同種な考え方を反復して理解すること

以上3点を踏まえ，問題の配列や解説のしかたや順序を決定した．とくに，第Ⅳ巻(数学の視覚的な解きかた)，第Ⅴ巻(立体のとらえかた)では，2を重視した．また，3を徹底するために，全巻を通して同種の考え方や技巧をもつ例題と練習をペアにし，どちらかというと**[例題]**のほうをやや難しいものとし，例題を練習の先に配列した．**[例題]**をひとまず理解した後に，できれば独力で対応する〈**練習**〉を解いてみて，その考え方を十分に呑み込んだかどうかをチェックするという学習法をとることをお勧めする．

　なお，本文中の随所にある参照箇所の意味は，次の例のとおりである．

　　(例)　　Ⅰの**第3章 §2**参照　　本シリーズ第Ⅰ巻の**第3章 §2**を参照
　　　　　　第2章 §1参照　　　　本書と同じ巻の**第2章 §1**を参照
　　　　　　§1　　　　　　　　　本書と同じ巻同じ章の**§1**

目次

復刻に際して ………… iii
序　文 ………… v
はじめに ………… viii
本書の使い方と学習上の注意 ………… ix
縦割り(テーマ別)目次 ………… xi

第1章　視覚を刺激する方法　　　　　　　　　　　　　　1
　§1　モデルを作ってそれを見ながら解け(平面版) ………… 2
　§2　補助線・補助曲線を利用せよ ………… 20
　§3　"考えるための色"を導入せよ ………… 41

第2章　情報の図による表現のしかた　　　　　　　　　53
　§1　関係を図で表現せよ ………… 54
　§2　状態の推移やおこり得る場合を図で表現せよ ………… 70

第3章　グラフへ帰着させる方法　　　　　　　　　　　90
　§1　方程式の実数解は2曲線の交点に帰着させよ ………… 91
　§2　不等式はグラフを利用して解け ………… 114
　§3　条件つき最大値・最小値問題はグラフで処理せよ ………… 131
　§4　分数関数は直線の傾きに帰着せよ ………… 157
　§5　数列の極限値はグラフを利用せよ ………… 177
　§6　必要性・十分性は集合の包含関係で議論せよ ………… 186
　§7　場合の数が無数にある確率の問題は面積に帰着させよ ………… 204

あとがき ………… 219
重要項目さくいん ………… 221

[※シリーズ全巻の目次は前見返しを参照]

縦割り目次

(テーマ別)

> 縦割り（テーマ別）目次について
> ○各テーマ別初めのローマ数字（Ⅰ，Ⅱ，…）は，本シリーズの巻数を表している．
> ○それに続く $E(1\cdot1\cdot3)$ や $P(1\cdot1\cdot4)$ については，E は例題，P は練習を示し，（　）内の数字は各問題番号である．
> ○1, 2, ……は各巻の章を表している．

[1]　数と式

　相加平均・相乗平均の関係
　　Ⅱ．$E(1\cdot1\cdot3)$, $P(1\cdot1\cdot4)$,
　　　　$P(1\cdot1\cdot5)$, $P(1\cdot2\cdot2)$,
　　　　$E(3\cdot2\cdot3)$
　　Ⅲ．$E(4\cdot1\cdot1)$
　　Ⅳ．$E(1\cdot2\cdot4)$

　その他
　　Ⅰ．$P(4\cdot1\cdot1)$, $E(4\cdot1\cdot3)$,
　　　　$E(4\cdot1\cdot4)$, $P(5\cdot3\cdot1)$
　　Ⅱ．$E(3\cdot1\cdot4)$, $E(3\cdot3\cdot6)$
　　Ⅲ．$E(1\cdot2\cdot1)$, $P(1\cdot2\cdot1)$,
　　　　$E(1\cdot3\cdot2)$, $E(3\cdot1\cdot4)$,
　　　　$P(3\cdot1\cdot4)$, $E(4\cdot1\cdot4)$,
　　　　$P(4\cdot1\cdot4)$, $P(4\cdot4\cdot1)$,
　　　　$E(4\cdot4\cdot2)$, $E(4\cdot4\cdot3)$
　　Ⅳ．$P(1\cdot3\cdot2)$

[2]　方程式

　方程式の（整数）解の存在および解の個数
　　Ⅰ．$P(2\cdot2\cdot3)$, $E(2\cdot2\cdot4)$,
　　　　$E(2\cdot2\cdot5)$, $P(2\cdot2\cdot5)$
　　Ⅱ．$E(3\cdot3\cdot5)$
　　Ⅲ．$E(3\cdot1\cdot3)$, $P(3\cdot2\cdot2)$,
　　　　$P(4\cdot3\cdot5)$
　　Ⅳ．$E(3\cdot1\cdot1)$, $P(3\cdot1\cdot1)$,
　　　　$P(3\cdot1\cdot2)$, $E(3\cdot1\cdot3)$,
　　　　$P(3\cdot1\cdot4)$

　その他
　　Ⅱ．$P(3\cdot3\cdot4)$
　　Ⅲ．$E(3\cdot1\cdot2)$, $P(3\cdot1\cdot7)$,
　　　　$P(4\cdot1\cdot3)$

[3] 不等式

不等式の証明
- I. $E(2\cdot1\cdot2)$, $P(2\cdot1\cdot2)$,
  $E(2\cdot1\cdot7)$, $P(2\cdot1\cdot7)$,
  $E(2\cdot1\cdot8)$, $P(5\cdot1\cdot4)$
- II. $P(1\cdot3\cdot1)$, $P(1\cdot3\cdot2)$
- III. $E(3\cdot2\cdot1)$, $P(3\cdot2\cdot1)$,
  $E(3\cdot2\cdot2)$, $E(3\cdot3\cdot1)$,
  $P(3\cdot3\cdot1)$, $E(3\cdot3\cdot3)$,
  $E(3\cdot3\cdot4)$, $P(3\cdot3\cdot4)$,
  $P(4\cdot2\cdot3)$
- IV. $E(3\cdot2\cdot2)$, $E(3\cdot2\cdot3)$,
  $P(3\cdot2\cdot3)$

不等式の解の存在条件
- IV. $E(3\cdot6\cdot2)$, $E(3\cdot6\cdot4)$,
  $P(3\cdot6\cdot5)$, $P(3\cdot6\cdot6)$

その他
- I. $P(5\cdot3\cdot5)$
- II. $P(1\cdot2\cdot3)$, $P(2\cdot1\cdot3)$,
  $E(3\cdot4\cdot4)$
- III. $E(2\cdot2\cdot1)$, $P(3\cdot1\cdot3)$,
  $P(3\cdot3\cdot2)$, $P(4\cdot4\cdot2)$,
  $P(4\cdot4\cdot4)$
- IV. $E(3\cdot2\cdot1)$, $P(3\cdot2\cdot1)$,
  $P(3\cdot2\cdot4)$, $E(3\cdot3\cdot5)$,
  $P(3\cdot3\cdot7)$

[4] 関数

関数の概念
- II. $E(3\cdot1\cdot1)$, $P(3\cdot1\cdot1)$,
  $P(3\cdot1\cdot2)$
- III. $E(1\cdot2\cdot3)$

その他
- I. $E(4\cdot1\cdot1)$
- II. $E(1\cdot2\cdot2)$, $E(3\cdot1\cdot2)$,
  $P(3\cdot1\cdot4)$, $P(3\cdot2\cdot3)$,
  $P(3\cdot3\cdot5)$
- III. $P(1\cdot2\cdot3)$

[5] 集合と論理

背理法
- I. $E(5\cdot2\cdot1)$, $P(5\cdot2\cdot1)$,
  $E(5\cdot2\cdot2)$, $P(5\cdot2\cdot2)$
- III. $P(1\cdot3\cdot1)$, $E(4\cdot4\cdot3)$,
  $E(4\cdot4\cdot4)$
- IV. $E(1\cdot3\cdot1)$, $P(1\cdot3\cdot1)$,
  $E(1\cdot3\cdot3)$, $P(1\cdot3\cdot3)$,
  $P(2\cdot1\cdot1)$

数学的帰納法
- I. 第2章全部
  $P(4\cdot1\cdot1)$, $P(5\cdot1\cdot3)$
- III. $E(4\cdot1\cdot3)$, $P(4\cdot4\cdot3)$

鳩の巣原理
- I. $E(2\cdot2\cdot6)$, $P(2\cdot2\cdot7)$
- III. $E(4\cdot1\cdot2)$, $P(4\cdot1\cdot2)$

必要条件・十分条件
- I. 第5章§1全部
- II. $E(1\cdot2\cdot2)$
- IV. $E(1\cdot3\cdot2)$, $E(3\cdot6\cdot1)$,
  $P(3\cdot6\cdot1)$, $P(3\cdot6\cdot2)$,
  $P(3\cdot6\cdot3)$

その他
- I. 第1章全部, $E(5\cdot3\cdot3)$
- II. $P(2\cdot3\cdot1)$
- III. $E(1\cdot2\cdot2)$, $P(1\cdot2\cdot2)$,
  $E(1\cdot3\cdot1)$
- IV. $E(2\cdot1\cdot2)$, $P(2\cdot1\cdot2)$,
  $P(2\cdot1\cdot3)$, $P(2\cdot1\cdot4)$,
  $E(2\cdot2\cdot2)$

[6] 指数と対数
- I. $P(3\cdot2\cdot1)$

[7] 三角関数

三角関数の最大・最小
- Ⅱ. E(1・1・4), P(1・1・6),
     E(3・2・1), E(4・1・2),
     E(4・1・3), E(4・5・5)
- Ⅳ. E(3・4・2), P(3・4・4)

その他
- Ⅱ. E(2・1・1)
- Ⅲ. E(2・2・2), P(4・1・6),
     E(4・2・1), E(4・4・1)
- Ⅳ. P(3・4・3)

[8] 平面図形と空間図形

初等幾何
- Ⅰ. P(3・1・3), E(3・1・4),
     E(3・1・5), E(3・2・3)
- Ⅳ. E(1・1・2), P(1・2・1),
     E(1・2・2)
- Ⅴ. E(1・1・1), E(1・2・3),
     P(1・2・3), E(1・2・4),
     E(2・2・5)

正射影
- Ⅴ. 第1章§3全部

その他
- Ⅰ. E(4・2・4)
- Ⅱ. P(1・2・3), E(1・4・3),
     P(1・4・4), P(1・4・5),
     P(2・1・3), E(2・1・4),
     P(2・1・4), P(2・1・5),
     P(2・2・2), P(3・1・5)
- Ⅲ. E(3・1・6), P(3・1・6),
     E(3・2・3), P(3・3・3),
     E(4・2・2), P(4・2・2),
     P(4・2・3)
- Ⅳ. E(3・2・4)

[9] 平面と空間のベクトル

ベクトル方程式
- Ⅰ. P(5・3・3)
- Ⅴ. E(1・3・4), E(1・3・5)

ベクトルの1次独立
- Ⅰ. P(3・1・1), E(3・1・1)

[10] 平面と空間の座標

媒介変数表示された曲線
- Ⅱ. E(1・2・1), P(1・2・1),
     E(4・4・1), P(4・4・1)
- Ⅲ. E(2・2・3), P(2・2・3),
     E(2・2・4), P(2・2・4),
     E(2・2・5)

定点を通る直線群，定直線を含む平面群
- Ⅱ. P(4・5・1), E(4・5・2),
     P(4・6・1), P(4・6・4),
     E(4・6・5), P(4・6・5),
     E(4・6・6)

2曲線の交点を通る曲線群，
　　　2曲面を含む曲面群
- Ⅱ. E(4・5・1), E(4・5・2),
     P(4・5・2), E(4・6・1),
     P(4・6・1), E(4・6・2),
     P(4・6・2), E(4・6・4),
     P(4・6・4)

曲線群の通過範囲
- Ⅰ. E(5・3・2), P(5・3・2)
- Ⅱ. E(2・3・2), E(3・3・3),
     P(3・3・3), E(3・3・4),
     E(4・3・1), P(4・3・1),
     E(4・3・2), P(4・3・2),
     E(4・5・3), P(4・5・3),
     E(4・5・4), P(4・5・4),
     E(4・5・5)
- Ⅲ. E(2・2・1), P(2・2・1),
     E(2・2・2), P(2・2・2)
- Ⅳ. E(1・1・2)

座標軸の選び方
    Ⅱ. 第2章§2全部

その他
    Ⅰ. P(5・3・3)
    Ⅱ. P(4・5・5), E(4・6・1),
        E(4・6・2), E(4・6・3),
        E(4・6・4)
    Ⅲ. E(2・1・3), E(3・1・5),
        E(4・3・1), P(4・3・1)
    Ⅳ. P(1・1・1)
    Ⅴ. E(1・1・2), E(1・1・3),
        E(1・2・1), P(1・2・1),
        E(1・2・2), P(1・2・2)

[11] 2次曲線

だ円
    Ⅱ. P(2・1・2)
    Ⅲ. E(2・1・2), P(2・1・2)
    Ⅳ. E(1・2・1)

放物線
    Ⅱ. E(2・2・1), P(2・2・1),
        E(2・2・2), P(3・1・3)
    Ⅲ. P(2・1・3)

[12] 行列と1次変数
    Ⅰ. P(3・1・1), E(3・1・2),
        P(5・1・1), E(5・3・1),
        P(5・3・2), E(5・3・4),
        P(5・3・4)
    Ⅱ. P(3・3・6)

[13] 数列とその和

漸化式で定められた数列の一般項の求め方
    Ⅰ. E(2・1・5), E(2・1・6),
        P(2・1・9), P(4・1・2)
    Ⅱ. E(3・4・1), P(3・4・1),
        E(3・4・2), P(3・4・2),
        E(3・4・3)
    Ⅲ. E(1・1・1), P(1・1・1)
    Ⅳ. P(2・2・1), E(2・2・3)

その他
    Ⅰ. P(3・1・2), P(3・2・2),
        E(5・3・5), P(5・3・5)
    Ⅱ. E(2・3・1)
    Ⅲ. E(1・1・2), P(1・1・2),
        E(1・1・3), P(1・1・3),
        E(1・3・3), P(1・3・3),
        E(3・3・2), P(4・2・1)

[14] 基礎解析の微分・積分

3次関数のグラフ
    Ⅱ. E(2・2・3), P(2・2・3),
        E(2・2・4), P(2・2・4),
        P(2・2・5), E(3・1・2)
    Ⅲ. E(2・1・1)

その他
    Ⅰ. P(4・1・3)
    Ⅱ. E(1・2・2), E(1・2・4),
        P(1・2・4), E(1・3・1),
        P(1・3・1), P(1・3・2),
        E(1・4・2), P(1・4・3),
        E(3・1・5), P(3・1・6)
    Ⅲ. E(4・1・3), E(4・1・6)

[15] 最大・最小

2変数関数の最大・最小
　Ⅳ. 第3章§3全部

2変数以上の関数の最大・最小
　Ⅱ. E(1・1・1), P(1・1・1),
　　 E(1・1・2), P(1・1・2),
　　 P(1・1・3)
　Ⅳ. E(3・3・6)

最大・最小問題と変数の置き換え
　Ⅱ. E(1・1・4), P(1・1・6),
　　 E(3・2・1), P(3・3・5)
　Ⅳ. P(3・4・1), E(3・4・3)

図形の最大・最小
　Ⅱ. E(4・1・4), P(4・1・4),
　　 E(4・1・5), P(4・1・5)
　Ⅲ. P(3・1・5), E(3・1・7)

独立2変数関数の最大・最小
　Ⅱ. E(4・1・1), P(4・1・1),
　　 E(4・1・2), P(4・1・2),
　　 E(4・1・3), E(4・2・1),
　　 P(4・2・1), E(4・2・2),
　　 P(4・2・2), E(4・2・3)

その他
　Ⅱ. E(3・1・3), P(3・2・1),
　　 E(3・2・2), P(3・2・2),
　　 E(3・3・2), P(3・3・2),
　　 E(4・3・3)
　Ⅲ. P(3・1・2), E(4・1・1),
　　 P(4・1・1)
　Ⅳ. E(3・4・1)
　Ⅴ. E(1・1・4)

[16] 順列・組合せ

場合の数の数え方
　Ⅰ. 第3章§2全部
　Ⅱ. E(1・4・1), P(2・3・2)
　Ⅲ. E(3・1・1), P(3・1・1),
　　 E(4・1・4)
　Ⅳ. E(2・1・1), E(2・2・2),
　　 E(2・2・3)

その他
　Ⅲ. E(2・2・7), E(4・1・4)

[17] 確　率

やや複雑な確率の問題
　Ⅰ. E(4・2・1), P(4・2・1),
　　 E(4・2・2), E(4・2・3),
　　 P(4・2・3)
　Ⅱ. E(1・4・1), P(1・4・1),
　　 P(1・4・2)
　Ⅳ. E(2・1・3), E(2・2・1),
　　 P(2・2・1), P(2・2・2),
　　 P(2・2・3), E(3・7・1),
　　 P(3・7・1), E(3・7・2),
　　 P(3・7・2)

期待値
　Ⅰ. E(4・2・1)
　Ⅲ. E(2・1・4), P(2・1・4),
　　 P(4・1・4)
　Ⅳ. P(3・7・3)

その他
　Ⅲ. P(2・2・5), E(2・2・6),
　　 E(4・1・4)

[18] 理系の微分・積分

数列の極限
- Ⅰ. E(2・2・2), P(2・2・2)
- Ⅳ. P(3・4・3), E(3・5・1), P(3・5・1), P(3・5・3)

関数の極限
- Ⅱ. P(3・1・6)
- Ⅲ. E(4・3・2), P(4・3・2)
- Ⅳ. P(2・2・1), E(3・1・2)

平均値の定理
- Ⅰ. P(2・2・1), E(2・2・5), P(2・2・6)

中間値の定理
- Ⅰ. E(2・2・3), P(2・2・3), P(2・2・4)
- Ⅲ. E(4・1・5)

積分の基本公式
- Ⅱ. E(1・2・2), P(1・2・2), E(1・2・3), P(1・2・3)
- Ⅲ. P(4・1・3), E(4・1・6), E(4・3・3), E(4・3・5)

曲線の囲む面積
- Ⅱ. E(1・2・4), P(1・2・4), E(3・1・2)
- Ⅲ. P(2・1・1)

立体の体積
- Ⅱ. E(1・2・1), E(1・3・1), E(1・4・2), P(1・4・3), E(3・3・1), P(3・3・1)
- Ⅴ. 第2章全部

その他
- Ⅰ. E(2・2・1)
- Ⅲ. P(1・3・2), E(2・1・1), P(4・1・5), E(4・1・6), P(4・1・6), E(4・2・3), P(4・3・3), E(4・3・4), P(4・3・4)

発見的教授法による数学シリーズ

4

数学の視覚的な解きかた

第1章　視覚を刺激する方法

　自分が住んでいる国が，どのくらいの広さなのか，どんな形をしているのか．また，川や泉から，どのくらいの距離にあるのか．川幅はどのくらいあるのか．村はずれにある山がどのくらいの高さなのか……．大昔の人々でさえ，上手に生活をするために，上述のような多くの幾何学的知識を必要としたにちがいない．このことを裏付ける1つの証拠が，幾何学が人類の歴史の中で，最初の学問であったことである．

　幾何学は，図形およびそれの占める空間の性質について研究する数学の1部門であるが，それは，古代オリエントにおこり，初等幾何学は，ギリシアのユークリッドによって集大成された．パスカルは，人間の精神構造の分析さえも，幾何学的方法に基づいて行ったといわれている．幾何学は，その後も発展を続け，現在では，解析幾何学，微分幾何学，射影幾何学，位相幾何学，計算幾何学など，多様な内容・方法をもつに至っているのである．

　幾何学がこのように発展した理由には，ものの形や姿を知ることは，ものの本質や概念をとらえるうえで，理にかなった方法であるからである．さらに，形や姿による表現は，問題の本質を視覚に訴えることができるので，視覚に優れた才能をもつ人間にとっては，都合がよいのである．

　問題解法においても，その視覚という感覚を十分発揮させることができるように，視覚を刺激する3つの基本的なくふうを，本章において解説することにしよう．

§1 モデルを作ってそれを見ながら解け（平面版）

　空間の図形を扱う問題において，目の前にモデルがあるか否かで，大脳の刺激の強弱が大きくちがうことは，いうに及ばぬことである．これと同様に，平面の図形を扱う問題でも，折り紙をしたり，動く対象（直線，曲線，線分など）を鉛筆やマッチ棒を利用して動かしたりするなど，実際にモデルを作って実験・観察することは問題の解決にきわめて威力がある．たとえば，次の問題について考えてみよう．

（例）　1辺の長さが2の正三角形 ABC を，頂点 A が対辺 BC（端点 B, C を含む）上に乗るように折り返す．折り目と辺 AB, AC との交点をそれぞれ D, E とし，頂点 A の行き先を点 A′ とするとき（図 A），三角形 A′DE の面積の最大値と最小値を求めよ．

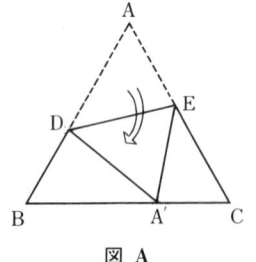

　この問題の解答をつくり始める前に，諸君の机の上にある紙を切って正三角形をつくり，頂点 A が線分 BC 上にくるように，その三角形を折ってみよ．このとき，△A′DE の形は，いろいろな場合があるので，それぞれの場合に対応するモデルを複数個作るとよい（図 B）．

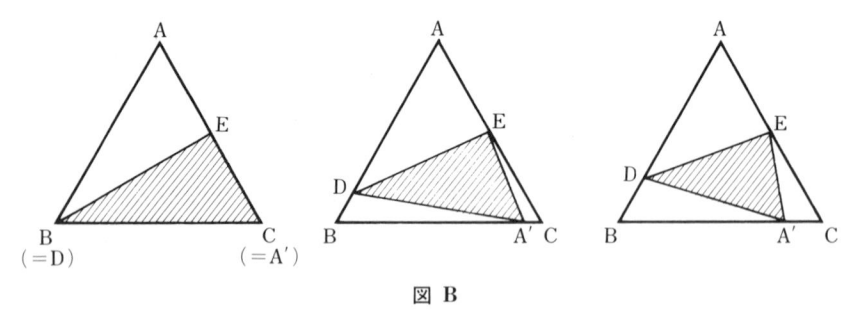

　図 B の斜線をほどこした各三角形を切りとり，それぞれの三角形を ∠DA′E が一致するように重ね合わせ，面積を比較することにより不等式

$$> \quad > \quad \cdots\cdots(*)$$

を得る．

まず，最大値について考える．

不等式（＊）より，点 A′ が線分 BC の端から離れるにしたがって △A′DE の面積は減少しているので，△A′DE(すなわち △ADE)の面積が最大になるのは，頂点 A が "頂点 B (または頂点 C)" と一致するとき，すなわち図 C のときの 2 通りであることが容易にわかる．

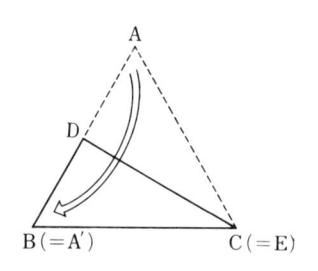

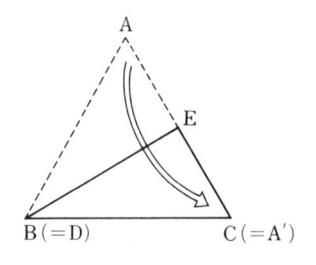

```
         A                           A
        /|\                         /|\
       D |                         | E
      /  |                         |  \
     B(=A′)    C(=E)           B(=D)    C(=A′)
```

図 C

このとき，△A′DE (△BDC または △CBE)の面積は △ABC の面積の $\frac{1}{2}$ であり，1 辺の長さが 2 の正三角形の面積は $\sqrt{3}$ だから，『求める最大値は $\frac{\sqrt{3}}{2}$』である．

それでは，最小値はどのような場合に与えられるであろうか．

頂点 A が線分 BC の両端 (B または C) に一致するように折り曲げるとき，△A′DE の面積が最大になるのだから，バランス感覚 (II の第 1, 2 章参照) をもっている人ならば，線分 BC の中点 M と頂点 A が一致するように折ったとき，△A′DE の面積が最小になるだろうと見当をつけるはずである (これを **発想する** という)．

また，不等式 (＊) から，右記の "増減表" を思い浮かべることにより，頂点 A が点 M に一致するとき，△A′DE の面積が最小になると推測することも可能である．

点 A′	B	M	C
増減		−	+
△A′DE の面積		↘	↗

あとは，この見当 (推測) を裏付けること (これを **証明する** という) をすればよい．その証明を以下に示そう．

〔証明〕 対称性より，頂点 A′ が線分 BC の中点 M より右側 (線分 M′C 上) に位置するときだけ考えれば十分である．

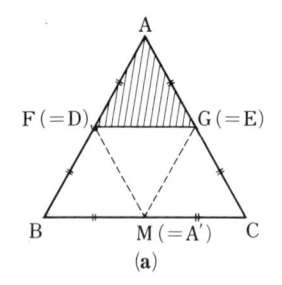

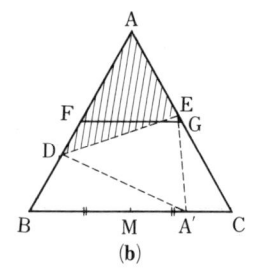

図 D　(a)の斜線部分の三角形と(b)の斜線部分の三角形とどちらが大きいか？

線分 AB, BC, CA の中点をそれぞれ F, M, G とする。$M \neq A'$ のときの $\triangle A'DE$, すなわち $\triangle ADE$ (図 D (b)の斜線部)の面積が, $M = A'$ のときの $\triangle A'DE$, すなわち $\triangle AFG$ (図 D (a)の斜線部)の面積より大きいことを, $\triangle ADE$ の $\triangle AFG$ に対する面積の増加量と減少量を比較することによって示す。

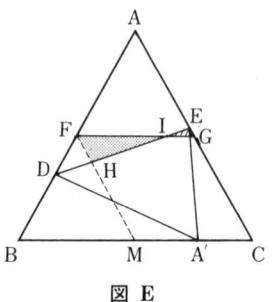

図 E のように, 点 F と点 M を線分(点線)で結ぶ。また, 直線 FM と DE の交点を H, 直線 FG と DE の交点を I とする。このとき, 中点連結定理より FM∥AC だから, $\triangle FHI$ と $\triangle GEI$ の対応する角は等しくなり, $\triangle FHI \infty \triangle GEI$ である。

図 E

$\triangle DFI$, $\triangle FHI$, および $\triangle GEI$ の面積を比較すると, 不等式

$\triangle DFI > \triangle FHI > \triangle GEI$

が成り立つ。

これより,

$\triangle ADE = \triangle AFG +$ ［図］ $-$ ［図］

$\geq \triangle AFG$

よって, $\triangle ADE$ の面積が最小になるのは, $\triangle ADE$ が $\triangle AFG$ に一致するとき, すなわち, 点 A が点 M に一致するときである。

$\triangle AFG$ の面積は $\triangle ABC$ の面積の $\dfrac{1}{4}$ だから, 『求める最小値は $\dfrac{\sqrt{3}}{4}$』である。以上のように, 問題を実証的に処理する方法を学ぶのが, この節の目的である。

§1 モデルを作ってそれを見ながら解け 5

[例題 1・1・1]

1辺が 12 cm の正方形の折り紙 ABCD がある。辺 BC の中点を M として，頂点 A が点 M に重なるように折り曲げるとき，折り目の長さを求めよ．さらに，重なり合う部分の面積を求めよ．

発想法

正方形を題意をみたすように折り曲げた図形は，どのような図形になるだろうか．

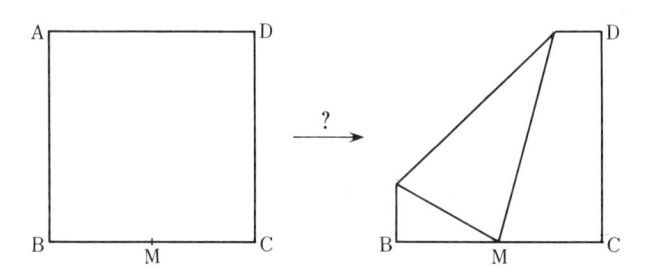

図 1

頭の中で，あれこれ考えをめぐらせた後に，図 1 のように，折り曲げた部分が三角形になるような図形を思い浮かべる人も少なくないだろう．ところが，実際に折り紙を折り "モデルを作って観察する" と，題意をみたす図形は図 2 のように，折り曲げた部分が台形になるような図形であることがわかる．

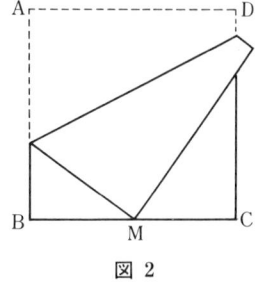

一般に，扱う図形を自分で推測してから解答をつくり始めるタイプの問題は，その図形のイメージをつかむことが難しい．なぜなら，イメージをつかむために頭の中で試行錯誤して考えても，イメージが湧かなかったり，イメージが誤ったものであることが多いからだ．

図 2

そのような場合，実際に "モデルを作って観察" することは，題意をみたす図形そのものを目の当たりにできるので，解答をつくり始める有力な手がかりとなる．

本問や序文の (例) のように "折る" ことを扱うときは，折る前の点と折った後の点 (本問の場合は，点 A と点 M) を両端とする線分の垂直二等分線を描くことにより折り目をとらえることはできるが，正確な図を描かないと図 1 のような結果を得ることもあるので，モデルを作るべきである．

なお，三角形の辺の長さは，余弦定理を利用することにより求めることが可能だが，相似な三角形を見つけ出し，相似比を用いると，計算の手数をかなり減らすことが可能になることにも注意してほしい．

解答 折り目と辺 AB, DC の交点をそれぞれ点 F, H とし，直線 FH と MD′ の交点を点 E とする (図 3).

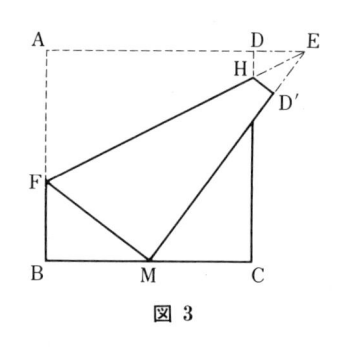

AF $= a$ とすると，FM $= a$, FB $= 12 - a$ となる．
そこで，△FBM に三平方の定理を用いると，

$$(12-a)^2 + 6^2 = a^2 \iff 144 - 24a + a^2 + 36 = a^2$$
$$\iff 24a = 180$$

$$\therefore a = \frac{15}{2} \quad (図4 参照)$$

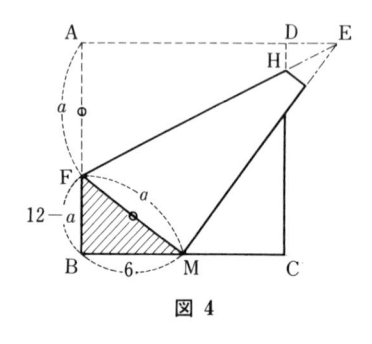

図 3

図 4

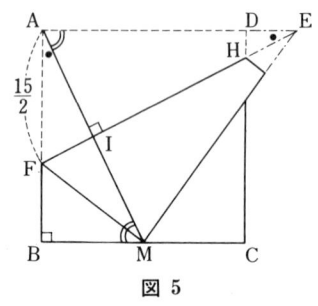

図 5

辺 FH の長さを，FE $-$ HE により求める．(辺 EF, EH を含む △AEF と △DEH が相似であることから，「辺の長さが既知の三角形で，これらの三角形に相似な三角形がないか」と探してみる．すると，点 A と点 M とを線分で結ぶことにより現れる △BAM は，まさにその三角形であることがわかる(図5).)

ここで，△BAM に注目する．

△BAM の各辺の比は，図6のようになる．

この比を，△AEF, △DEH に適用すると，辺 FE, HE の長さを，計算することなく，求めることができる．

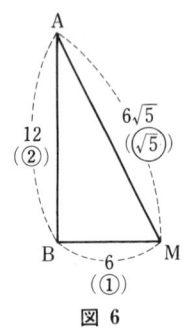

△AEF ;

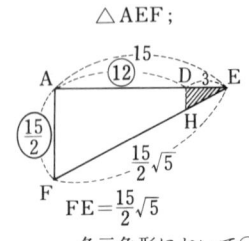

△DEH ;

$FE = \dfrac{15}{2}\sqrt{5}$

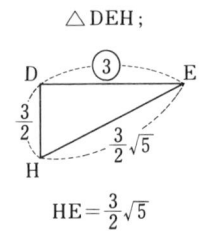

$HE = \dfrac{3}{2}\sqrt{5}$

各三角形において○印のついている辺の長さに基づき，他の辺の長さを求める．

図 6

§1 モデルを作ってそれを見ながら解け

これにより，折り目の長さ FH は，

$$FH = FE - HE = \frac{15}{2}\sqrt{5} - \frac{3}{2}\sqrt{5} = \frac{12}{2}\sqrt{5}$$

$$= 6\sqrt{5} \qquad \cdots\cdots(答)$$

次に，重なり合う部分（図7の斜線部）の面積 S を求める．

直線 ME と DC の交点を J とする．

求める面積 S は，次のように図形を分割することにより，求めることができる．

$$S = (正方形\ ABCD) - (台形\ ADHF)$$
$$\quad - (\triangle FBM) - (\triangle MJC) \qquad \cdots\cdots(*)$$

ここで，(*)の各項の値を求める．

(正方形 ABCD); $12 \times 12 = 144$

(台形 ADHF); $\left(\dfrac{3}{2} + \dfrac{15}{2}\right) \times 12 \times \dfrac{1}{2} = 54$ （図8参照）

($\triangle$FBM); $6 \times \dfrac{9}{2} \times \dfrac{1}{2} = \dfrac{27}{2}$ （図9参照）

($\triangle$MCJ); $\triangle$FBM∽$\triangle$MCJ であり，

$$FB:MC = \dfrac{9}{2} : 6 = 3 : 4 \qquad より，$$

$\triangle$FBM と $\triangle$MCJ の相似比は，3:4 であるから，

$$(\triangle MCJ) = (\triangle FBM) \times \left(\dfrac{4}{3}\right)^2 = \dfrac{27}{2} \times \dfrac{16}{9} = 24$$

求める面積 S は，これらの値を(*)に代入して，

$$S = 144 - 54 - \dfrac{27}{2} - 24$$

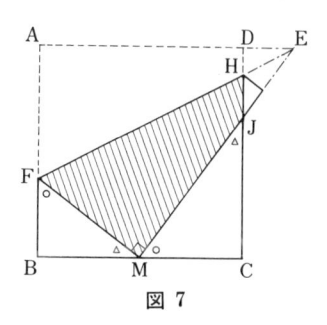

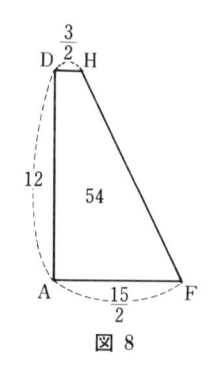

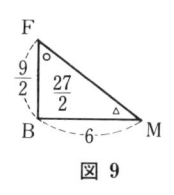

$$= \dfrac{105}{2} \qquad \cdots\cdots(答)$$

図 7

図 8

図 9

8   第1章 視覚を刺激する方法

[例題 1・1・2]
鋭角三角形 ABC の頂点 A を通る直線 l に点 B, C から下ろした垂線の足をそれぞれ D, E とする。
　直線 l が △ABC と点 A だけを共有して動くとき，線分 DE が動いてつくる図形を図示し，その面積を求めよ。

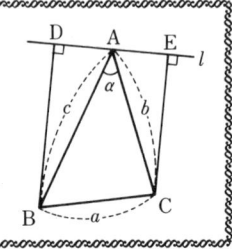

発想法

　直線 l の動きうる範囲は図1の斜線部であるから，求める図形は，少なくとも，この斜線部の一部として現れる．

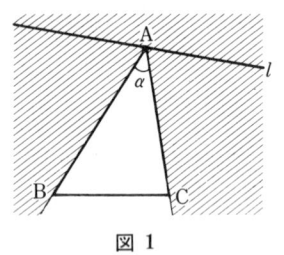

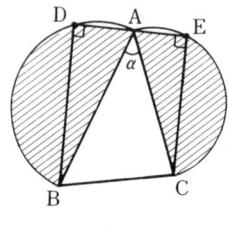

図 1

図 2

　しかし，∠ADB＝∠AEC＝90°であることから，「点 D, E はそれぞれ線分 AB を直径とする円周上，線分 AC を直径とする円周上を動く」と推測し，『図2の斜線部の面積を求めればよい』と早合点するようでは修業が足りない．

　直線 l を動かしたとき線分 DE がつくる図形は，ビデオのコマ送りのように調べてみると，図3のようになる．

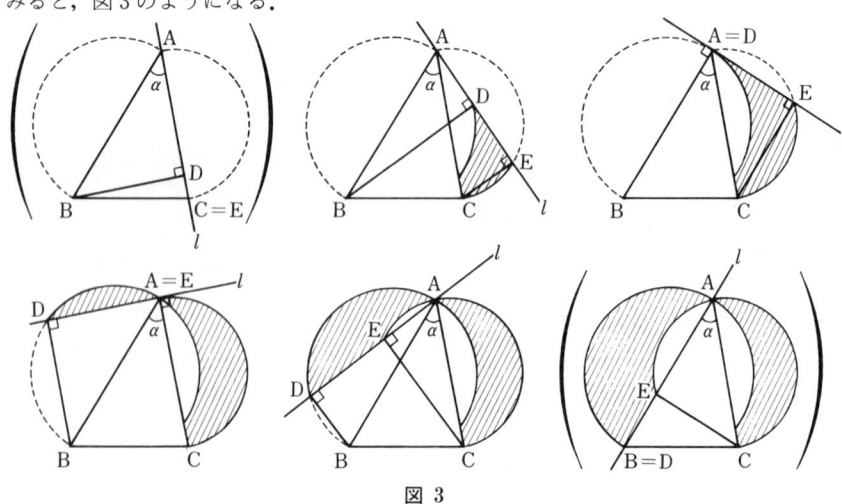

図 3

実際に実験することにより,初めのイメージ(図2)は誤った発想であることがすぐわかり,正しいイメージをつかむことができるのである.

参考に,角 α が直角,鈍角それぞれの場合の線分 DE のつくる図形を図4に示す.

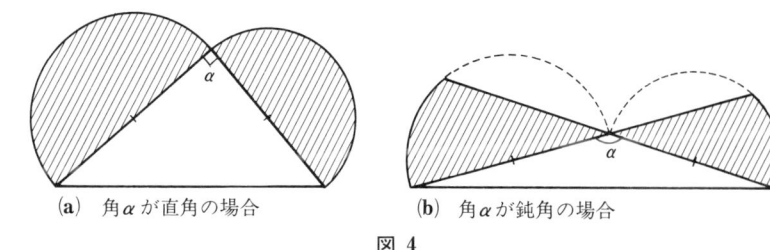

(a) 角 α が直角の場合 (b) 角 α が鈍角の場合

図 4

解答 点 O_1 を辺 AB の中点とし,点 O_2 を辺 AC の中点とする.また,点 O_1 を中心とする半径 $\dfrac{c}{2}$ の円と辺 AC の交点を G,点 O_2 を中心とする半径 $\dfrac{b}{2}$ の円と辺 AB の交点を F とする(図5).

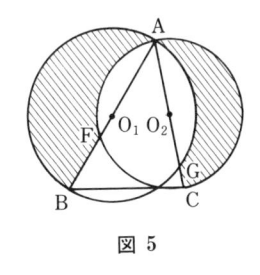

線分 DE が動いてつくる図形は,図5の斜線部である.よって,その面積 S を求めればよい.S は,次のように図形を分割することにより,求めることができる.

$$S = \text{(図)} - \text{(図)}_{:S_1} + \text{(図)} - \text{(図)}_{:S_2}$$

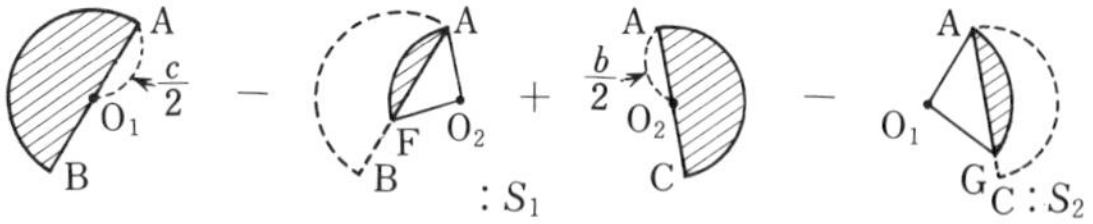

$$= \frac{\pi}{2}\left(\frac{c}{2}\right)^2 - S_1 + \frac{\pi}{2}\left(\frac{b}{2}\right)^2 - S_2$$

$$= \frac{\pi}{8}(b^2 + c^2) - S_1 - S_2 \quad \cdots\cdots (*)$$

(S_1, S_2 は,それぞれ図6の斜線部の面積を表す.)

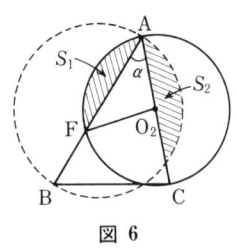

ここで,S_1, S_2 を求める.

$$S_1 = \text{(図)} - \text{(図)}$$

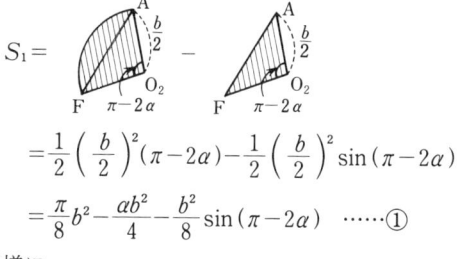

$$= \frac{1}{2}\left(\frac{b}{2}\right)^2(\pi - 2\alpha) - \frac{1}{2}\left(\frac{b}{2}\right)^2 \sin(\pi - 2\alpha)$$

$$= \frac{\pi}{8}b^2 - \frac{\alpha b^2}{4} - \frac{b^2}{8}\sin(\pi - 2\alpha) \quad \cdots\cdots ①$$

同様に,

$S_2 = \dfrac{\pi}{8}c^2 - \dfrac{\alpha c^2}{4} - \dfrac{c^2}{8}\sin(\pi - 2\alpha)$ ……② （①の b を c で書き換えて得られる）

以上より，求める面積 S は，①，②を（＊）に代入して，

$S = \dfrac{\pi}{8}(b^2 + c^2) - \left(\dfrac{\pi}{8}b^2 - \dfrac{\alpha b^2}{4} - \dfrac{b^2}{8}\sin 2\alpha\right) - \left(\dfrac{\pi}{8}c^2 - \dfrac{\alpha c^2}{4} - \dfrac{c^2}{8}\sin 2\alpha\right)$

$= \dfrac{\alpha}{4}(b^2 + c^2) + \dfrac{1}{8}(b^2 + c^2)\sin 2\alpha$

$= \dfrac{1}{8}(b^2 + c^2)(2\alpha + \sin 2\alpha)$ ……（答）

§1 モデルを作ってそれを見ながら解け　11

――――〈練習 Ⅱ・1・1〉――――

長さ1の線分PQがある．線分PQは，点Pをx軸上におき，点Qをy軸上におきながら動く．このとき，線分PQが通過する領域Tの境界線上，点$(0, 1)$, $(1, 0)$ を両端とする曲線C上に点Rをとる．

　　点$A\left(\dfrac{2}{3}, \dfrac{1}{6}\right)$，点$B\left(\dfrac{1}{6}, \dfrac{2}{3}\right)$

とするとき，△ABRの面積を最大にする点Rの座標を求めよ．

発想法

　まず，点A, Bが直線 $y=x$ に関して対称であることに注意せよ（図1）．

　次に，長さ一定の棒を用いて線分PQの通過する領域Tを調べてみると，領域Tも図2のような直線 $y=x$ に関して対称であることがわかる．

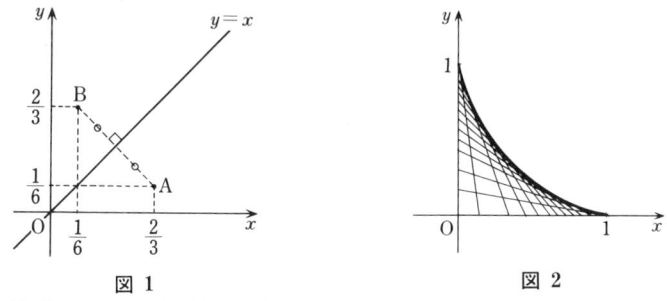

図1　　図2

ここで，線分PQの通過領域と2点A, Bの位置関係をモデルを作って考察しよう．

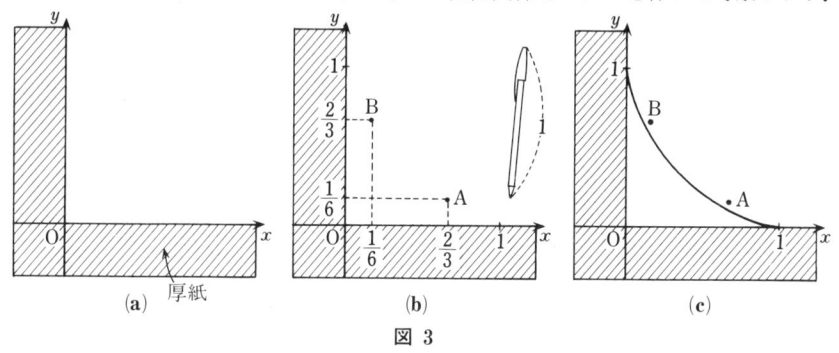

(a) 厚紙　　(b)　　(c)

図3

1. 厚紙でxy平面の第1象限の部分を囲む（図3(a)）．
2. 長さ一定の棒（たとえば，ボールペン，定規など）の長さを単位（長さ1）とし，点A, Bをxy平面に書きこむ（図3(b)）．
3. 長さ一定の棒を，その両端がx軸，y軸にともに接するように動かし，領域Tを図示する（図3(c)）．

このモデルを作る際，少し賢いことをしている．
  賢いこと 1． 厚紙でモデルを作ると，モデルがゆがんだりしないので，正確な情報を得ることができる．
  賢いこと 2． 厚紙でモデルを作ることにより，"接する" 状態を容易につくることができる．
少し工夫すると，モデルを作る効果が何倍にもなることに注意せよ．

図 3 より，△ABR の面積の最大値を求めるには，次の 2 つの場合を考えればよい（図 4）．

(1) 「点 R が $(x, y)=(1, 0)$ または $(0, 1)$ にあるとき」 ……(＊)

または，

(2) 「点 R が，境界線 C と直線 $y=x$ の交点にあるとき」 ……(＊＊)

なぜなら，曲線 C は線分 AB に対して下に凸なので，点 R と線分 AB の距離が最大となるのは（このとき，△ABR の面積も最大となる），上述の 2 つのいずれかであるからである．

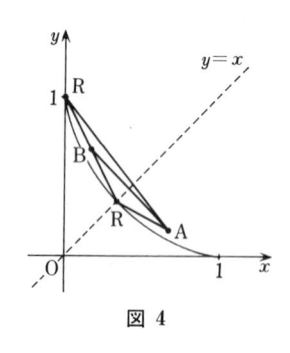

なお，上述のモデルを使って調べることにより，2 点 A, B が領域 T の外部にあることはわかるが，2 点 A, B が領域 T の内部にある場合にも，この 2 つの場合を調べれば十分である．

図 4

解答 線分 PQ をつくる領域は，図 5 の斜線部である．

線分 AB の長さは，
$$\overline{\mathrm{AB}} = \sqrt{\left(\frac{1}{6}-\frac{2}{3}\right)^2 + \left(\frac{2}{3}-\frac{1}{6}\right)^2}$$
$$= \frac{1}{\sqrt{2}} \quad (\text{一定})$$

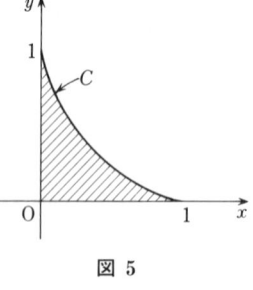

であるから，点 R から直線 AB に下ろした垂線の長さが最大のとき，△ABR の面積は最大になる．

図 5

「**発想法**」に示した考えに基づき，△ABR の面積が最大となる点 R の座標は，次の 2 つの場合のいずれかである．

(1) 点 R が $(x, y)=(1, 0)$ または $(0, 1)$ のとき．

直線 AB の方程式は，$6x+6y-5=0$ である．ゆえに，点 $(1, 0)$ または点 $(0, 1)$ と直線 AB の距離 h は，ヘッセの公式を用いて，
$$h = \frac{|6\cdot 1 + 6\cdot 0 - 5|}{\sqrt{6^2+6^2}} = \frac{1}{6\sqrt{2}}$$

である．ゆえに，△ABR の面積は，

$$\triangle \text{ABR} = \frac{1}{2} \cdot \overline{\text{AB}} \cdot h = \frac{1}{2} \cdot \frac{1}{\sqrt{2}} \cdot \frac{1}{6\sqrt{2}}$$

$$= \frac{1}{24} \qquad \cdots\cdots ①$$

(2) 点 R が境界線 C と直線 $y=x$ の交点にあるとき．

境界線 C と直線 $y=x$ の交点は，直線 $y=\dfrac{1}{\sqrt{2}}-x$ と直線 $y=x$ の交点に等しい（線分 PQ が直線 $y=x$ に垂直になるときの方程式が直線 $y=\dfrac{1}{\sqrt{2}}-x$ である）．ゆえに，点 R の座標は，図6より (x, y)

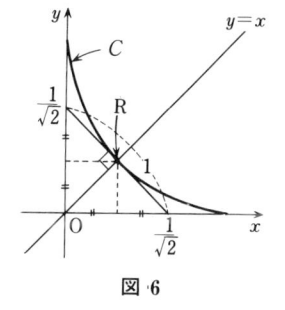

$$= \left(\frac{1}{2\sqrt{2}}, \frac{1}{2\sqrt{2}} \right) \text{である．}$$

図 6

点 $\left(\dfrac{1}{2\sqrt{2}}, \dfrac{1}{2\sqrt{2}} \right)$ と直線 AB の距離 h' は，ヘッセの公式を用いて，

$$h' = \frac{\left| 6 \cdot \dfrac{1}{2\sqrt{2}} + 6 \cdot \dfrac{1}{2\sqrt{2}} - 5 \right|}{\sqrt{6^2 + 6^2}} = \frac{5 - 3\sqrt{2}}{6\sqrt{2}}$$

である．ゆえに，△ABR の面積は，

$$\triangle \text{ABR} = \frac{1}{2} \cdot \overline{\text{AB}} \cdot h' = \frac{1}{2} \cdot \frac{1}{\sqrt{2}} \cdot \frac{5 - 3\sqrt{2}}{6\sqrt{2}}$$

$$= \frac{5 - 3\sqrt{2}}{24} \qquad \cdots\cdots ②$$

①,② の大小を比較すると，

②－①； $\dfrac{5 - 3\sqrt{2}}{24} - \dfrac{1}{24} = \dfrac{4 - 3\sqrt{2}}{24} < 0$

$$\therefore \quad \frac{5 - 3\sqrt{2}}{24} < \frac{1}{24}$$

以上より，△ABR の面積が最大になるのは，点 R が

　　(0, 1) または **(1, 0)**　　……(答)

のときである．

[例題 1・1・3]

平面上の点 O を中点とする 1 辺の長さ r の正六角形 ABCDEF に関して，初め △OAB の位置にある △XYZ を次のように動かす．

つねに △XYZ≡△OAB であり，かつ頂点 X はこの正六角形の内部を動き，頂点 Y, Z はともに正六角形の周上すべてを動く．

このとき，点 X の軌跡を図示せよ．

また，点 Y, Z がともに正六角形の周を 1 周するとき，点 X の通過する道のりを求めよ．

発想法

図を描くことが上手な人は，モデルを作るまでもなく，自分で描いた正確な図を追跡することにより解法の手がかりを得ることができる場合が多い．また，実際の試験会場では，モデルを作る材料が手元にないので，フリーハンドで描かれた図から解法の手がかりをつかまなければならない．

ところが本問の場合，フリーハンドで題意をみたす図形を追跡すると，「頂点 X は，図 1 に示すような，花形のような曲線の軌道を描く」と勘違いし，「このような曲線の道のりを求めることはできない！」と絶望する人が多い．

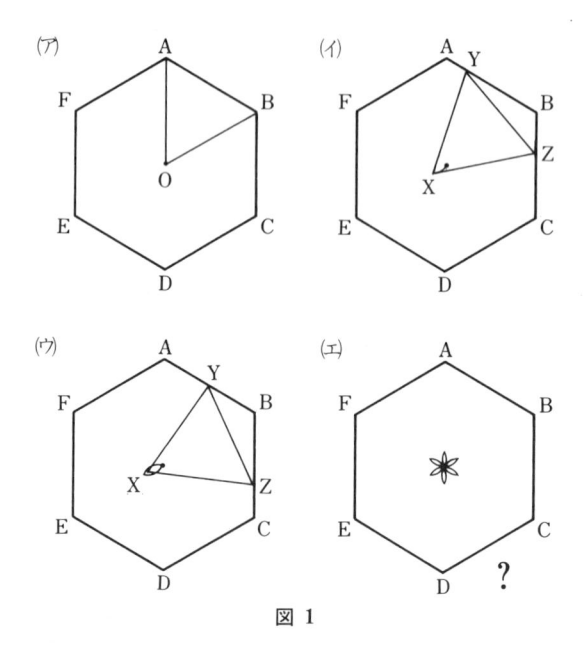

図 1

§1 モデルを作ってそれを見ながら解け　15

　実際には，どのような軌跡を描くのか，この節の方針にのっとり，モ̇デ̇ル̇を作って実験しよう．

　厚紙で図2に示すような，穴あき六角形と正三角形のモデルを作る．

　このモデルを用いて，正三角形XYZを動かし頂点Xの軌跡をプロットしていくと，頂点Xは，花形のような曲線の図形ではなく，雪の結晶のような直̇線̇の軌跡を描くことが発見できる（図3）．しかも，その直線は正六角形の対角線上に存在しているようだ．

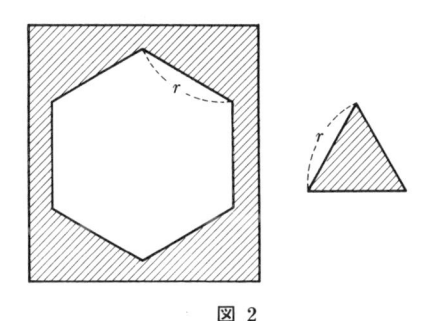

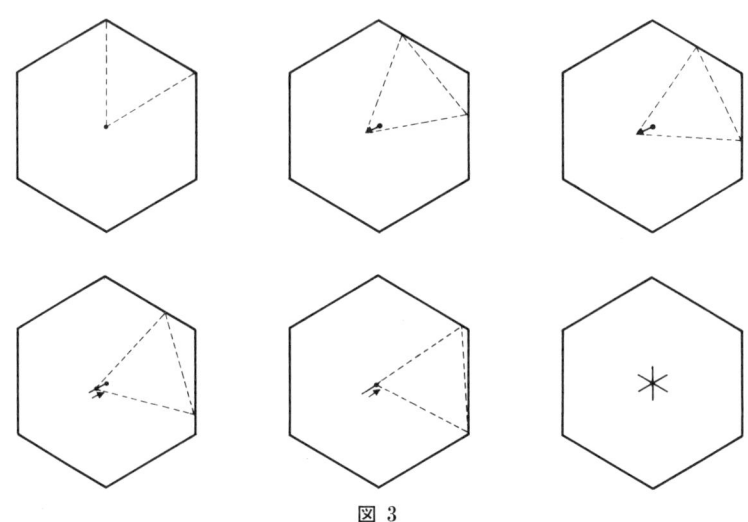

図 2

図 3

　この事実をもとに，解答をつくろう．

[解答]　まず，点Xの軌跡について考察する．∠YXZは正三角形の内角の1つであるから60°であり，∠ABCは正六角形の内角の1つであるから120°である（図4）．

　よって，点Yが辺AB上にあるとき，

　　∠YXZ+∠YBZ=180°

が成り立つ．

　四角形XYBZにおいて，対角の和が180°であることから，4点X, Y, B, Zは同一円周上にある（図5）．

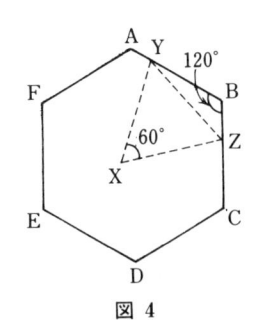

図 4

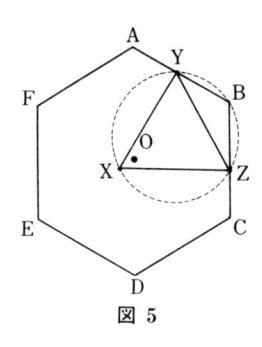

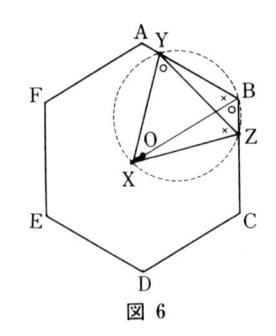

図5

図6

∠XYZ と ∠XBZ はともに劣弧 $\overparen{XZ}$ に対する円周角なので,
　　∠XYZ＝∠XBZ　（図6 ○印）
∠YBX と ∠YZX は, ともに劣弧 $\overparen{XY}$ に対する円周角なので,
　　∠YBX＝∠YZX　（図6 ×印）
一方, △XYZ が正三角形であるから,
　　∠XYZ(○印)＝∠XZY(×印)＝60°
　∴　∠YBX(×印)＝∠XBZ(○印)

よって, 点 X は点 Y, Z の位置にかかわらず ∠YBZ の二等分線上にあるので, 3点 B, O, X はこの順に同一直線上にある.

ゆえに, 求める軌跡は, 点 X の点 O からの最大距離を d とし, 正六角形の「中心に対する対称性」を考慮すれば, 中心 O から各頂点方向に長さ d（d は後に求められる）の6本の線分を出した図である (図7).

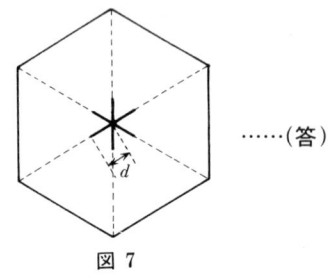

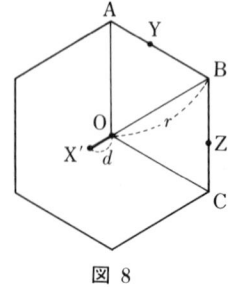

図7　……(答)

図8

次に, 頂点 X の通過する道のりを求める.
最大距離 d を与える頂点 X の位置を改めて点 X′ とすると,
　　$d = X'B - OB = X'B - r$　……(＊)
である (図8).
線分 BX の長さの最大値 BX′ は, 線分 BX が △XYZ の外接円の直径となるとき与えられる (図9).

図 9   図 10

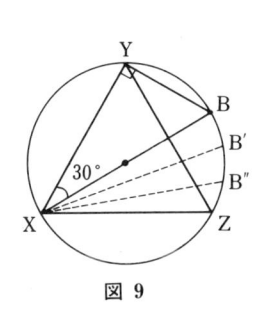

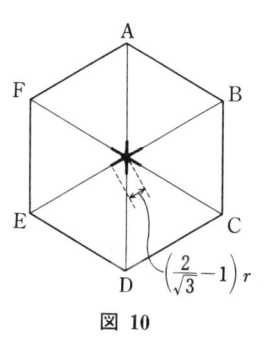

ゆえに,
$$BX' = \frac{XY}{\cos 30°} = \frac{r}{\frac{\sqrt{3}}{2}} = \frac{2}{\sqrt{3}}r$$

(*)に代入して,
$$d = \frac{2r}{\sqrt{3}} - r = \left(\frac{2}{\sqrt{3}} - 1\right)r \quad (図 10)$$

よって,頂点 X の通過する道のりは,各線分上を頂点 X が 2 回通過していることに注意して,

$$(頂点 X の通過する道のり) = 6 \times 2 \times d = 12 \times \left(\frac{2}{\sqrt{3}} - 1\right)r$$
$$= (8\sqrt{3} - 12)r \quad \cdots\cdots(答)$$

〈練習 1・1・2〉

平面上に 2 定点 A, B があり，線分 AB の長さ $\overline{AB}$ は $2(\sqrt{3}+1)$ である．この平面上を動く 3 点 P, Q, R があって，つねに
$$\overline{AP}=\overline{PQ}=2, \quad \overline{QR}=\overline{RB}=\sqrt{2}$$
なる長さを保ちながら動いている．このとき，点 Q が動きうる範囲を図示し，その面積を求めよ． （東京大）

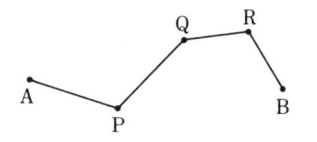

発想法

ひもとピン 2 本を用意して，モデルを作ろう．

ひもには，あらかじめ，点 P, Q, R の印をつけておく．(○：×＝$2:\sqrt{2}$ を考慮し，10：7 ぐらいで実験してみよう（図2）．ある程度，実際の値に近づけて実験する心遣いは必要である．)

図1のように，2本のピンとひもを設置する．

点 Q にペンをおいて，動きうる範囲を塗りつぶすと，図3のようになる．図3の斜線部は，点 A, B を中心とする，半径 $\overline{AQ}$, $\overline{BQ}$ の円の内部の共通部分である．

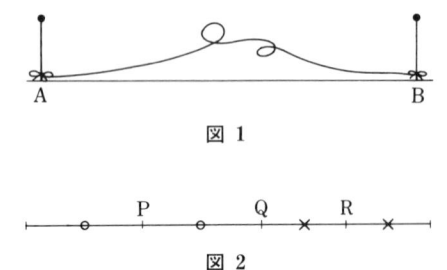

解答

点 B が固定されていないとすると，
$$AQ \leq AP+PQ=4$$
であるから，点 Q は点 A を中心とする半径 4 の円の内部 D_1 を動く（図4）．

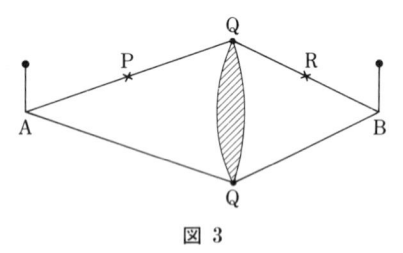

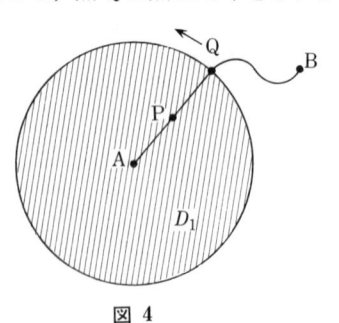

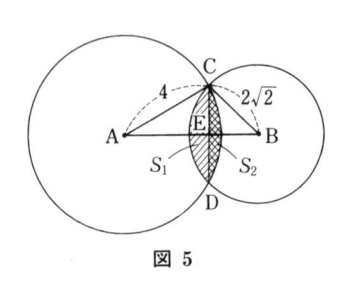

同様に，点 A が固定されていないとすると点 Q は点 B を中心とする半径 $2\sqrt{2}$ の円の内部 D_2 を動く．

よって，2 点 A, B を固定したときには点 Q が動く範囲は，$D_1 \cap D_2$，すなわち図 3 の斜線部である．

求める面積 S は，次のように図形を分割することにより求めることができる．
$$S = S_1 + S_2 \quad \cdots\cdots(*)$$
ただし S_1, S_2 は，それぞれ図 5 の斜線部，格子部の面積である．また，点 C, D は 2 円の交点，点 E は直線 AB と CD の交点である（図 5）．

ここで，S_1, S_2 を求める．

（辺 AB の長さが $\overline{AB} = 2(\sqrt{3}+1)$ のように，1 と無理数 $\sqrt{3}$ を含んでいることより，有名な三角比；を連想すれば，辺 AE, BE の長さがそれぞれ $\overline{AE} = 2\sqrt{3}$, $\overline{BE} = 2$ であると予想することができるであろう．実際，）$\overline{AE} = 2\sqrt{3}$ と仮定すると $AB \perp CD$ より，$\triangle AEC$ に三平方の定理を用いて $\overline{CE} = 2$，さらに，$\triangle BCE$ に三平方の定理を用いて $\overline{BE} = 2$ を得る．このとき，$\overline{AB} = 2(\sqrt{3}+1)$ となるが，点 E の位置は「$\triangle ABC$ の，C から AB に下ろした垂線の足としてただ 1 つに定まる」べきことから，$\overline{AE} = 2\sqrt{3}$ としてよい．このとき図 6 を得る．

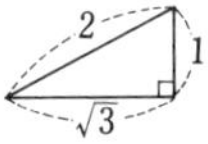

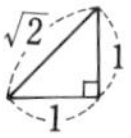

よって，

$$S_1 = (2\sqrt{2})^2 \pi \times \frac{1}{4} - \frac{(2\sqrt{2})^2}{2}$$
$$= 2\pi - 4 \quad \cdots\cdots①$$

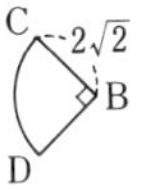

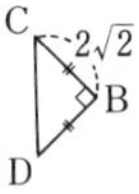

$$S_2 = 4^2 \cdot \pi \times \frac{1}{6} - \frac{1}{2} \cdot 4^2 \cdot \sin 60°$$
$$= \frac{8}{3}\pi - 4\sqrt{3} \quad \cdots\cdots②$$

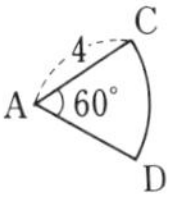

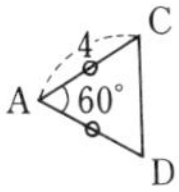

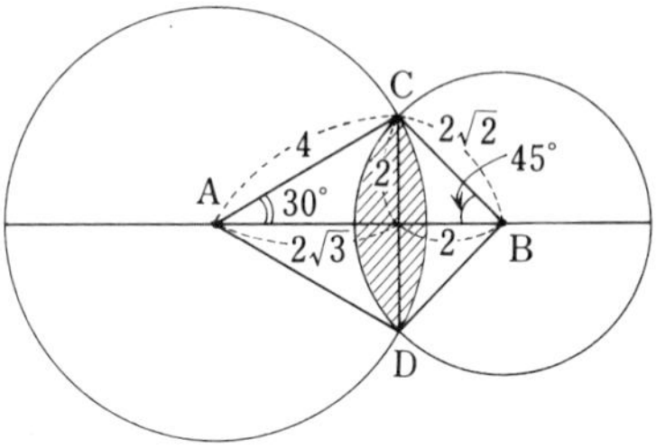

よって，S は，$(*)$ に①，②を代入して，
$$S = (2\pi - 4) + \left(\frac{8}{3}\pi - 4\sqrt{3}\right)$$
$$= \frac{14}{3}\pi - 4 - 4\sqrt{3} \quad \cdots\cdots(答)$$

図 6

§2 補助線・補助曲線を利用せよ

(例) △ABC において,辺 BC を 3 等分する点を D,E とする.辺 AC の中点を F,辺 AB の中点を G とする.また,線分 EG と DF の交点を H とする.このとき,GH:HE を求めよ.

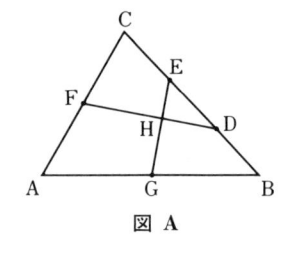

図 A

この問題に,諸君は,どのような解法を用いるだろうか.

「ベクトルの一次独立性をつかえばよい」と考え,他の解法に思い至らない人は,思考回路が大学受験レベルに固まってしまった人だ.中学生にこの問題を示したら,"相似比"を利用して,次のように解くだろう.

(解) 図 A で,点 F,G を結ぶと,点 F,G は,それぞれ辺 AC,AB の中点であるから,中点連結定理により,

GF:BC=1:2=3:6   ……①

である.
点 D,E は,BC を 3 等分する点であるから,
BD:DE:EC=1:1:1
=2:2:2   ……②

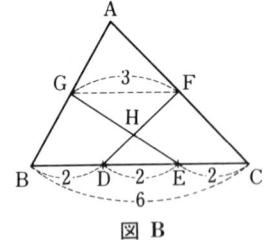

である (図 B).
次に,△HFG と △HDE に注目すると,GF∥BC より,
△HFG∽△HDE
①,② より, FG:DE=3:2
よって,
GH:HE=3:2   ……(答)

高校生になって新しく得たベクトルの一次独立性などの難しい知識も,確かに問題を解くための強力な武器である.しかし,そういった難しい知識を,利用することが可能な問題すべてに利用すべきだと勘違いしている人が多い.強力な武器をつかいこなすことは確かに大切である.しかし,それだけではだめなのだ.限られた武器 (中学生程度の知識) で問題にチャレンジできるのも数学の才能の一つである.

§2 補助線・補助曲線を利用せよ

　ごつい原石から美しいダイヤモンドが磨きあげられるように，一見難しそうな問題も自分の力で分析していけば，何かキラリと光る，その問題の本質を浮かび上がらせるような部分があるはずだ．数学とは，決して受身の学問ではなく，創造的な作業を楽しむことができる学問であるということを肌で感じとってほしい．

　創造的な作業の1つに，補助線・補助曲線（これらは，反射，延長，回転などによって発見できる）を利用することをあげることができよう．これは，幾何においては常套手段であるが，与えられた問題に対するいくつかのアプローチを思い起こす適刺激となり，困難の克服に多大に貢献する．それゆえ，『補助線をひき，相似な三角形の存在を浮かび上がらせ，相似比を利用する』という手段などに対し，もっと敏感になってほしい．

　本節では，小・中学校で習得したこれらの手段にヒントを得た解法で，そのころよりずっと難しそうな問題にもチャレンジできるような応用・発展した考え方を紹介する．

　中学3年のとき，補助線をひいたとたん，問題が鮮やかに解けたあの快感を忘れるな．

[例題 1・2・1]
だ円 $\dfrac{x^2}{a^2}+\dfrac{y^2}{b^2}=1$ に接する三角形（△PQR）で，面積が最大となるものを求めよ．

発想法

だ円 $\dfrac{x^2}{a^2}+\dfrac{y^2}{b^2}=1$ に接する三角形には，どのような形のものがあるのか，図を描いてチェックしてみる．

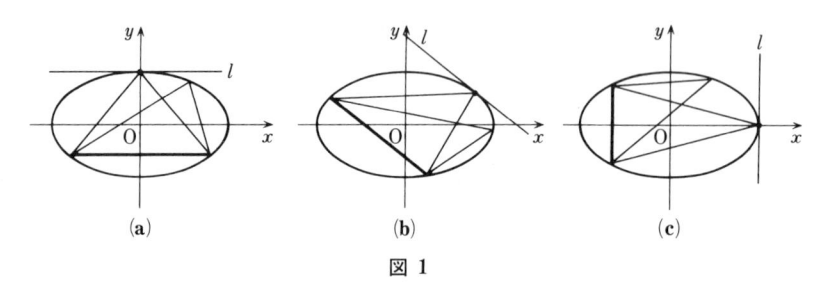

(a)　(b)　(c)
図 1

だ円に内接する三角形のある辺を定位置に固定するとき，この固定した辺を底辺とする三角形のなかでは，その底辺に平行で原点 O に関して反対側にあるだ円の接線 l の接点を頂点とする三角形が最大の面積をもつ．

このことは，三角形の面積が，

（三角形の面積）$=\dfrac{1}{2}\times$（**底辺**）$\times$（高さ）　（～部の値は一定）

により求められることから，容易に判断ができる．

しかし，底辺が互いに異なる三角形の面積の比較は，図 1 の(a), (b), (c)に示すような図を眺めて比較していても，不可能だ．

そこで，"拡大・縮小コピー（シフティング）を利用する"という考えにヒントを得て，だ円を短軸（または長軸）方向に拡大（または縮小）することにより得られる補助円を利用することを考えよう．

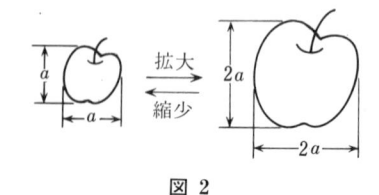

補助円を利用するご利益は，次の 2 つの事実である．

図 2

事実 1．　拡大（または縮小）変換をするとき，面積は一定の比で保存される（図 2）．

事実 2．　円に内接する三角形で，面積が最大のものは正三角形である（後の証明を参照）．

この事実 1, 2 より，だ円が円となるように拡大したとき正三角形に拡大される三角形が，だ円に内接する三角形で面積最大のものであることがわかる．

解答に入る前に，事実 2. を「予選・決勝法」(IIの第4章§1) を用いて証明しておく．

【証明】 円に内接する三角形 ABC の面積 S は，頂点 A, B, C に対する辺の長さをそれぞれ a, b, c とするとき，

$$S = \frac{1}{2} bc \sin A \quad \cdots\cdots (\ast)$$

で与えられる (図3)．

円の半径を R とすると，正弦定理より $b = 2R \sin B$, $c = 2R \sin C$ だから，

$$
\begin{aligned}
(\ast) &\iff S = 2R^2 \sin A \sin B \sin C \\
&= R^2 \sin A \{\cos(B-C) - \cos(B+C)\} \\
&= R^2 \sin A \{\cos(B-C) + \cos A\} \quad (\because B+C = \pi - A)
\end{aligned}
$$

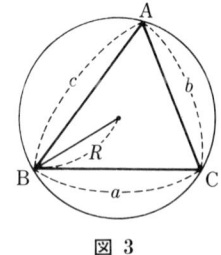

図3

角 A を一定とすると，$B - C = 0$ のとき S は最大値をとる．その最大値を $f(A)$ とおき，$f(A)$ の増減を調べる．

$$
\begin{aligned}
f(A) &= R^2 \sin A (1 + \cos A) \quad \cdots\cdots (\ast\ast) \\
f'(A) &= R^2 \{\cos A \cdot (1 + \cos A) + \sin A \cdot (-\sin A)\} \\
&= R^2 (\cos A + \cos^2 A - \sin^2 A) \\
&= R^2 \{\cos A + \cos^2 A - (1 - \cos^2 A)\} \\
&= R^2 (2\cos^2 A + \cos A - 1) \\
&= R^2 (2\cos A - 1)(\cos A + 1)
\end{aligned}
$$

これより，$0 < A < \pi$ を考えて，右記の増減表を得る．

A	(0)		$\dfrac{\pi}{3}$		(π)
$f'(A)$		$+$	0	$-$	
$f(A)$		↗		↘	

ゆえに，$A = B = C = \dfrac{\pi}{3}$ のとき $f(A)$ は最大値をとる．

以上より，円に内接する三角形で面積最大のものは正三角形である．

なお，$\cos A = t \; (-1 < t < 1)$ とおくことにより，$(\ast\ast)$ は，

$$R^2 \sqrt{1 - t^2}(1 + t) = R^2 \sqrt{(1+t)^3 (1-t)}$$

となる．

$\sqrt{}$ の中を $g(t) \equiv (1+t)^3 (1-t)$ とおくことにより，「基礎解析」の範囲の微分で処理して最大を与える t を求めることもできる．

$$
\begin{aligned}
g'(t) &= 3(1+t)^2 (1-t) - (1+t)^3 \\
&= 2(1+t)^2 (1 - 2t)
\end{aligned}
$$

これより，$-1 < t < 1$ を考えて，右記の増減表を得る．(以下同様)

t	(-1)		$\dfrac{1}{2}$		(1)
$g'(t)$		$+$	0	$-$	
$g(t)$		↗		↘	

解答 円 $x^2+y^2=a^2$ $(a>0)$ の1次変換 $f:\begin{pmatrix} 1 & 0 \\ 0 & \dfrac{b}{a} \end{pmatrix}$ による像としてだ円を考える（図4）.

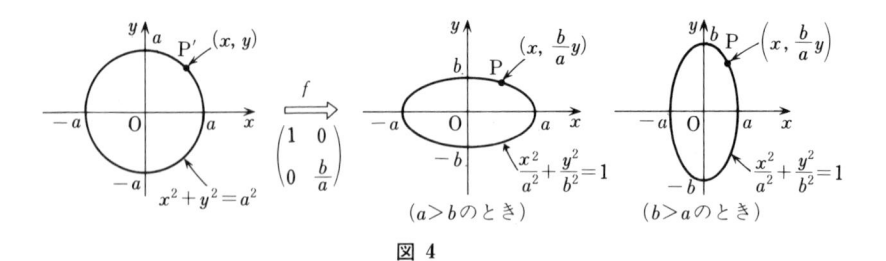

図 4

円周上の3点 $P'(p_1, p_2)$, $Q'(q_1, q_2)$, $R'(r_1, r_2)$ が，1次変換 f により，それぞれだ円上の点 P, Q, R に変換されるとする.

点 P, Q, R の座標，および，$\triangle P'Q'R'$, $\triangle PQR$ の2辺 $\overrightarrow{P'Q'}$ と $\overrightarrow{P'R'}$, $\overrightarrow{PQ}$ と $\overrightarrow{PR}$ は次のようになる.

単位円上の点 　　　だ円上の点

$P'(p_1, p_2) \xrightarrow{f} P\left(p_1, \dfrac{b}{a}p_2\right)$

$Q'(q_1, q_2) \xrightarrow{f} Q\left(q_1, \dfrac{b}{a}q_2\right)$

$R'(r_1, r_2) \xrightarrow{f} R\left(r_1, \dfrac{b}{a}r_2\right)$

$\overrightarrow{P'Q'}=(q_1-p_1,\ q_2-p_2)$ 　　$\overrightarrow{PQ}=\left(q_1-p_1,\ \dfrac{b}{a}(q_2-p_2)\right)$

$\overrightarrow{P'R'}=(r_1-p_1,\ r_2-p_2)$ 　　$\overrightarrow{PR}=\left(r_1-p_1,\ \dfrac{b}{a}(r_2-p_2)\right)$

これより，$\triangle PQR$ と $\triangle P'Q'R'$ の関係は次のようになる.

$\triangle PQR = \dfrac{1}{2}\left|\dfrac{b}{a}(q_1-p_1)(r_2-p_2)-\dfrac{b}{a}(q_2-p_2)(r_1-p_1)\right|$ 　（（注）参照）

$\qquad = \dfrac{b}{2a}|(q_1-p_1)(r_2-p_2)-(q_2-p_2)(r_1-p_1)|$

$\qquad = \dfrac{b}{a}\triangle P'Q'R'$

よって，$\triangle P'Q'R'$ の面積が最大となるとき，$\triangle PQR$ の面積も最大となる（図5）. **だ円に内接する $\triangle PQR$ の面積が最大となるのは，補助円に内接する $\triangle P'Q'R'$ が正三角形のときである** 　……（答）

（したがって，いろいろな向きの三角形が考えられる）.

(a) $a > b$ のとき　　　　　**(b)** $b > a$ のとき

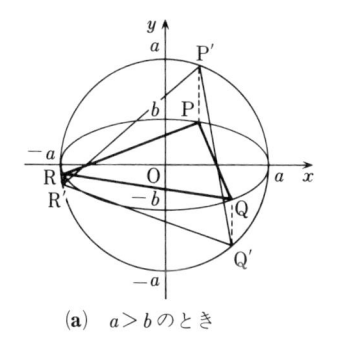

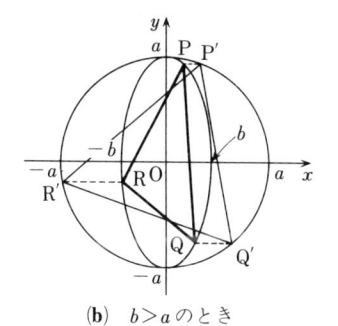

図5　太線の三角形が，だ円に内接する面積最大の三角形（の1つ）である．

（注）　ここで，三角形の面積を求める公式をまとめておく．

平面上の三角形は，適当な平行移動をすることにより，その頂点の1つを原点に移動することができる（図6）．

3点 $O(0, 0)$，$P(x_1, y_1)$，$Q(x_2, y_2)$ を頂点とする $\triangle OPQ$ の面積は，次の式で求めることができる．$\angle POQ = \theta$ とする．

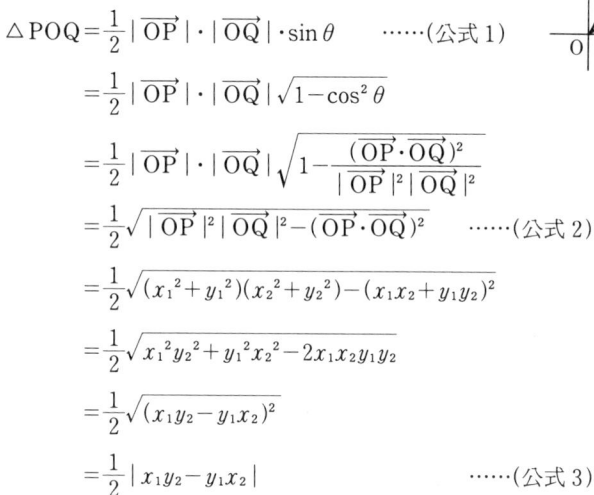

$$\triangle POQ = \frac{1}{2} |\overrightarrow{OP}| \cdot |\overrightarrow{OQ}| \cdot \sin\theta \quad \cdots\cdots(\text{公式1})$$

$$= \frac{1}{2} |\overrightarrow{OP}| \cdot |\overrightarrow{OQ}| \sqrt{1 - \cos^2\theta}$$

$$= \frac{1}{2} |\overrightarrow{OP}| \cdot |\overrightarrow{OQ}| \sqrt{1 - \frac{(\overrightarrow{OP} \cdot \overrightarrow{OQ})^2}{|\overrightarrow{OP}|^2 |\overrightarrow{OQ}|^2}}$$

$$= \frac{1}{2} \sqrt{|\overrightarrow{OP}|^2 |\overrightarrow{OQ}|^2 - (\overrightarrow{OP} \cdot \overrightarrow{OQ})^2} \quad \cdots\cdots(\text{公式2})$$

$$= \frac{1}{2} \sqrt{(x_1^2 + y_1^2)(x_2^2 + y_2^2) - (x_1 x_2 + y_1 y_2)^2}$$

$$= \frac{1}{2} \sqrt{x_1^2 y_2^2 + y_1^2 x_2^2 - 2 x_1 x_2 y_1 y_2}$$

$$= \frac{1}{2} \sqrt{(x_1 y_2 - y_1 x_2)^2}$$

$$= \frac{1}{2} |x_1 y_2 - y_1 x_2| \quad \cdots\cdots(\text{公式3})$$

図6

[例題 Ⅱ・2・2]

線分ABを直径とする半円周上に両端をおく長さ一定の弦XYがある．弦XYの中点をMとし，点X, Yから線分ABに下ろした垂線の足を，それぞれ点C, Dとする．
△MCDは二等辺三角形であり，かつ，弦XYの位置にかかわらず相似であることを示せ．

発想法

まず，この問題の事実は，不思議で，かつ美しい．それを感じる心をもってほしい．
弦XYを少しずつ動かしたとき，△MCDがどのようなふるまいをするのか実験してみよう．問題文に従って，たくさん図を描く．描いて，視覚に訴えることが大切である（図1）．

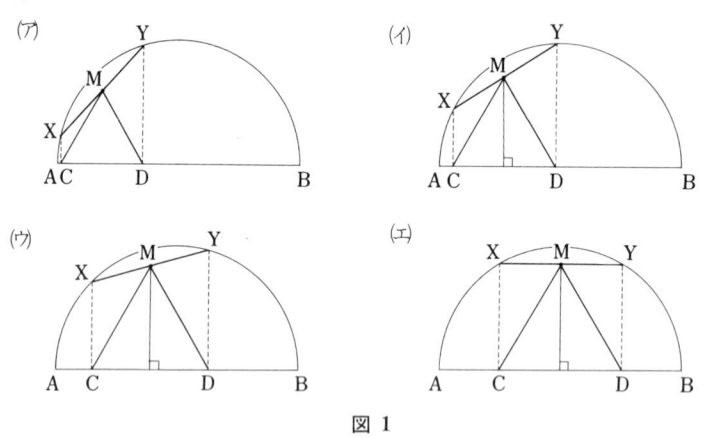

図1

さて，三角形がつねに相似であることを示すためには，一般に，ある2つの角の大きさがそれぞれ一定であることを示せばよい．本問では，△MCDが二等辺三角形であることを示した後に，∠MCD（または∠MDC）または∠CMDのいずれか1つが，弦XYの位置にかかわらず，一定の大きさであることを示せばよい．

そのためには，「弦XYの位置にかかわらず一定の値をとる別のものを見つけ，利用しよう」と考えることが大切だ．この図形において，一定な値を保ちつづけるのは，弦XYの長さ，したがって，線分ABを直径とする円を考えると劣弧$\stackrel{\frown}{XY}$に対する円周角の大きさである．このことを利用するとよい（図2）．

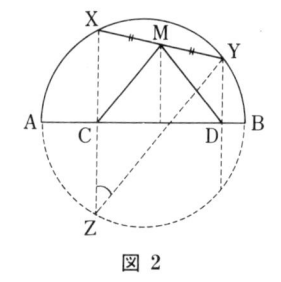

図2

§2 補助線・補助曲線を利用せよ　27

解答　まず，△MCD が二等辺三角形であることを示す．

点 M から線分 AB へ下ろした垂線の足を点 N とする．このとき，XC⊥AB，YD⊥AB より，XC∥MN∥YD であり，XM＝MY より，点 N は線分 CD の中点である．△MNC と △MND において，辺 MN は共通であり，かつ，CN＝DN，∠MNC＝∠MND（＝90°）（図3）．

　　　∴　△MNC≡△MND　　∴　MC＝MD

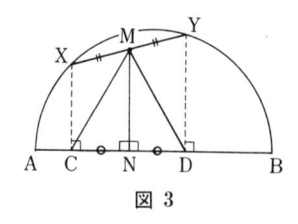

よって，△MCD は二等辺三角形である．

次に，△MCD が弦 XY の位置にかかわらず相似であることを示す．

直線 XC と半円を含む円周との交点を Z とする（図4）．このとき，点 C, M はそれぞれ線分 XZ, XY の中点であり，中点連結定理より，CM∥ZY だから，

　　　∠XCM＝∠XZY　……(*)

が成り立つ（図5●印）．

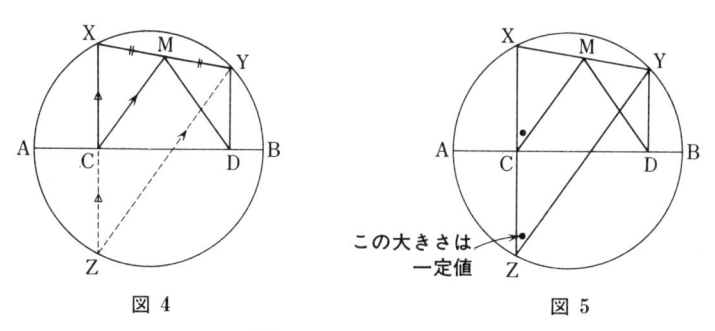

∠XZY（図5●印）は，劣弧 $\overparen{XY}$ に対する円周角であるから，その大きさは，弦 XY の長さにのみ依存する．

弦 XY の長さは一定であることから，∠XZY（図5●印）の大きさも一定である．

よって，(*) より，

　　　∠XZY（図5●印）＝∠XCM（図5●印）＝（一定）

　　　∴　∠MCD＝90°－∠XCM（図5●印）＝（一定）

以上より，二等辺三角形 MCD の底角が弦 XY の位置にかかわらず一定であるから，△MCD は弦 XY の位置にかかわらず相似である．

[例題 1・2・3]

△ABC の外側に各辺を1辺とする正三角形 ABC′, BCA′, CAB′ をつくる．これら3つの正三角形の重心をそれぞれ X, Y, Z とするとき，3点 X, Y, Z は正三角形をつくることを示せ．

発想法

題意の状態を図示すると，図1のようになる．どのような三角形にも，この事実があてはまるということは，たいへん不思議である．この問題に対しては，次の3通りの解法が考えられる．

(ア) 鋭角三角形の場合　　　　(イ) 鈍角三角形の場合

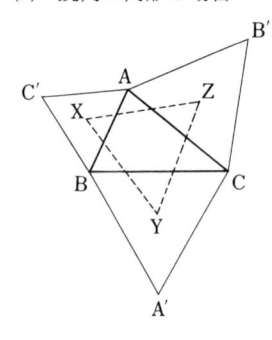

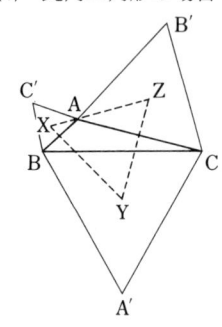

△XYZ は正三角形

図 1

[方針1] 3つの正三角形 ABC′, BCA′, CAB′ それぞれの外接円の円周上に頂点を置き，△ABC に外接する正三角形 PQR を補助的に利用する (図2)．

[方針2] 余弦定理を駆使して，△XYZ の各辺の長さが等しいことを示す．

[方針3] 60° 回転を表す行列を R とする．このとき，△XYZ が正三角形であることを示すには，

$R\overrightarrow{ZX} = \overrightarrow{ZY}$ 　または　 $R\overrightarrow{ZY} = \overrightarrow{ZX}$ 　を導く (図3)．

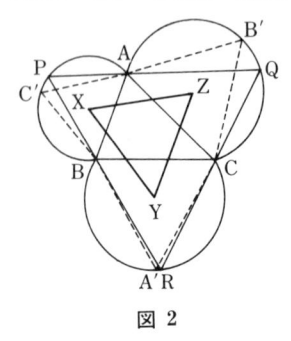

図 2

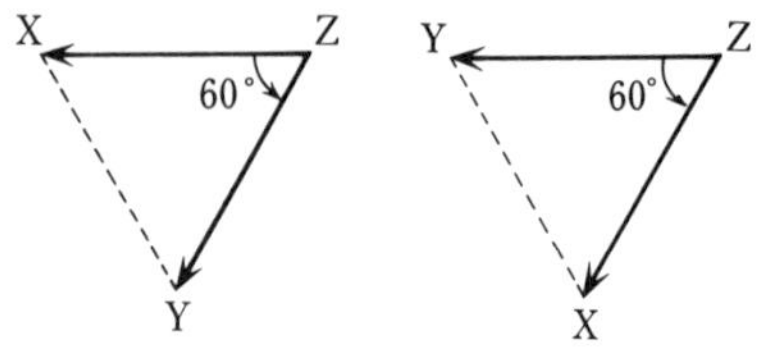

図 3

§2 補助線・補助曲線を利用せよ

解答 1 3つの正三角形 △ABC′, △BCA′, △CAB′ のおのおのの外接円を描く。以下の証明に用いるのは，それぞれの優弧 $\overset{\frown}{AB}$, $\overset{\frown}{BC}$, $\overset{\frown}{CA}$ だけである。また，これら3つの正三角形は，以下の証明においてまったく必要としない。

頂点 A を通る直線 l が優弧 $\overset{\frown}{AB}$, $\overset{\frown}{AC}$ と交わる点をそれぞれ P, Q とし，2直線 PB, QC の交点を R とする。このとき，∠P = ∠Q = 60° より ∠R = 60° なので，点 R は優弧 $\overset{\frown}{BC}$ 上にある。よって，△PQR は与えられた △ABC に外接する正三角形である（図4参照）。

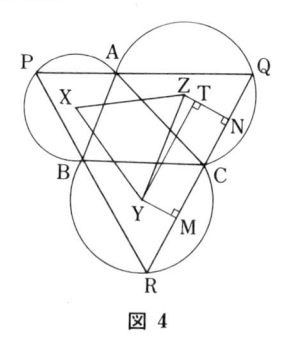

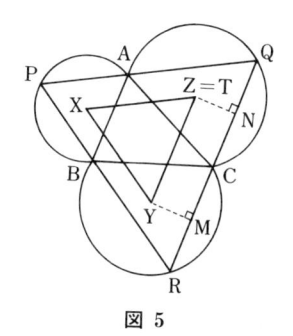

図 4　　　　　　　　　図 5

頂点 A を通る直線 l を変化させる（点 P の位置を弧 $\overset{\frown}{AB}$ 上で変化させる）と，正三角形 PQR の辺の長さはいろいろ変化する。そのなかで，辺の長さが最大の三角形に注目する。

この最大の長さの辺をもつ正三角形 PQR を得るために，次の考察をする。重心 Y, Z から辺 QR へ下ろした垂線の足をそれぞれ M, N とする。このとき，点 M, N はそれぞれ弦 RC, CQ の中点である。また，点 Y から直線 ZN に下ろした垂線の足を T とする。このとき，四角形 YMNT は長方形となり，

$$\overline{QR} = 2\overline{YT} \quad \cdots\cdots(*)$$

である。QR ∦ YZ のときは，斜辺を YZ とする直角三角形 YZT に注目すると，不等式 $\overline{YT} < \overline{YZ}$ が成り立つ。

QR ∥ YZ のとき，直角三角形はつぶれて $\overline{YT} = \overline{YZ}$ となる（図5）。点 Q, R の位置によらず $\overline{YZ}$ は一定だから，QR ∥ YZ のとき $\overline{YT}$ は最大となり，(*)より，

$$\max \overline{QR} = 2\overline{YZ} \quad \cdots\cdots①$$

同様に，

$$\max \overline{PQ} = 2\overline{XT}, \quad \max \overline{PR} = 2\overline{XY} \quad \cdots\cdots②$$

が成り立つ。

△PQR はつねに正三角形であるので，それらの3辺は等長で，各辺の最大値は同時に達成され，それらの最大値は等しい。

ゆえに，①, ②より，

$$2\overline{XY} = 2\overline{YZ} = 2\overline{ZX}$$

だから，△XYZ は正三角形である．

解答 2 ∠BAC＝θ とする．

点 X, Z は，それぞれ △ABC′, △ACB′ の重心であるから，

$$\angle XAB = \angle ZAC = \frac{\pi}{6}$$

である (図6)．

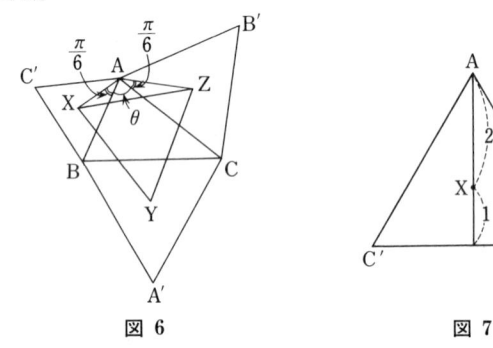

図 6

図 7

ゆえに，△XYZ の 1 辺 XZ の長さは，△AXZ に余弦定理を用いて，

$$XZ^2 = AX^2 + AZ^2 - 2AX \cdot AZ \cos\left(\theta + \frac{\pi}{3}\right)$$
$$= AX^2 + AZ^2 - AX \cdot AZ \cos\theta + \sqrt{3} AX \cdot AZ \cdot \sin\theta \quad \cdots\cdots (*)$$

で与えられる．

ここで，図 7 より，(*)の右辺第 1 項は，

$$AX = \frac{2}{3} AB \sin 60° = \frac{2}{3} \cdot AB \cdot \frac{\sqrt{3}}{2} = \frac{1}{\sqrt{3}} AB \quad \cdots\cdots ①$$

同様にして，(*)の右辺第 2 項は，

$$AZ = \frac{1}{\sqrt{3}} \cdot AC \quad \cdots\cdots ② \quad (①における X, B をそれぞれ Z, C で書き換えるだけ)$$

(*)の右辺第 3 項は，①，② より，

$$AX \cdot AZ \cdot \cos\theta = \frac{1}{\sqrt{3}} \cdot AB \times \frac{1}{\sqrt{3}} \cdot AC \times \cos\theta$$
$$= \frac{1}{3} \cdot AB \cdot AC \cdot \cos\theta$$
$$= \frac{1}{6} \cdot (2 \cdot AB \cdot AC \cdot \cos\theta)$$

また，△ABC の ∠A に余弦定理を用いることにより，

$$BC^2 = AB^2 + AC^2 - 2AB \cdot AC \cdot \cos\theta$$

$\S 2$ 補助線・補助曲線を利用せよ

$$\therefore\ 2\mathrm{AB}\cdot\mathrm{AC}\cdot\cos\theta=\mathrm{AB}^2+\mathrm{AC}^2-\mathrm{BC}^2$$

ゆえに，

$$\mathrm{AX}\cdot\mathrm{AZ}\cdot\cos\theta=\frac{1}{6}(\mathrm{AC}^2+\mathrm{AB}^2-\mathrm{BC}^2)\quad\cdots\cdots③$$

(＊)の右辺第4項は，①，②より，

$$\mathrm{AX}\cdot\mathrm{AZ}\cdot\sin\theta=\frac{1}{\sqrt{3}}\cdot\mathrm{AB}\times\frac{1}{\sqrt{3}}\cdot\mathrm{AC}\times\sin\theta$$

$$=\frac{1}{3}\cdot\mathrm{AB}\cdot\mathrm{AC}\cdot\sin\theta$$

$$=\frac{2}{3}\cdot\left(\frac{1}{2}\mathrm{AB}\cdot\mathrm{AC}\cdot\sin\theta\right)$$

$$=\frac{2}{3}\cdot\triangle\mathrm{ABC}\quad\cdots\cdots④$$

以上より，辺 XZ の長さは，①～④を(＊)に代入して，

$$\mathrm{XZ}^2=\left(\frac{1}{\sqrt{3}}\cdot\mathrm{AB}\right)^2+\left(\frac{1}{\sqrt{3}}\cdot\mathrm{AC}\right)^2-\frac{1}{6}(\mathrm{AC}^2+\mathrm{AB}^2-\mathrm{BC}^2)+\sqrt{3}\cdot\frac{2}{3}\cdot\triangle\mathrm{ABC}$$

$$=\frac{1}{6}(\mathrm{BC}^2+\mathrm{AC}^2+\mathrm{AB}^2)+\frac{2}{3}\sqrt{3}\cdot\triangle\mathrm{ABC}\quad\cdots\cdots(☆)$$

辺 ZY, YX の長さは，式(☆)が AB, BC, CA に関して対称式となっている（また，θ にもよらない）ことから，同様にして，

$$\mathrm{ZY}^2=\frac{1}{6}(\mathrm{BC}^2+\mathrm{AC}^2+\mathrm{AB}^2)+\frac{2}{3}\sqrt{3}\cdot\triangle\mathrm{ABC}$$

$$\mathrm{YX}^2=\frac{1}{6}(\mathrm{BC}^2+\mathrm{AC}^2+\mathrm{AB}^2)+\frac{2}{3}\sqrt{3}\cdot\triangle\mathrm{ABC}$$

となる．

よって，

$$\mathrm{XZ}^2=\mathrm{ZY}^2=\mathrm{YX}^2\Longleftrightarrow\mathrm{XZ}=\mathrm{ZY}=\mathrm{YX}$$

（ただし，XZ, ZY, YX>0）

ゆえに，△XYZ は正三角形である．

[解答] 3 図8のように，点 A を始点とする点 B, C, ……の位置ベクトルを $\vec{b},\vec{c}$, ……など，対応する小文字を用いて表し，また，$60°$ 回転を表す行列を R とする．

$\vec{c'}$ は $\vec{b}$ を $60°$ または $-60°$ 回転したものだから，$\vec{c'}=R\vec{b}$，または $\vec{c'}=R^{-1}\vec{b}$ であるが，前者の場合には頂点 B, C の名前をつけかえることにより（したがって X と Z も名前がかわる），後者の場合で考えることができる．

よって，一般性を失うことなく $\vec{c'}=R^{-1}\vec{b}$ としてよい．

ゆえに，

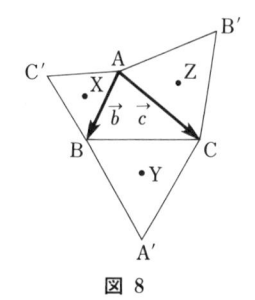

図 8

$$\vec{x} = \frac{\vec{b} + \vec{c}'}{3}$$

よって,
$$3\vec{x} = \vec{b} + \vec{c}' = (E + R^{-1})\vec{b} \quad (\text{図 } 9) \quad \cdots\cdots ①$$

このとき, $\vec{b}' = R\vec{c}$ であることに注意すれば,同様にして,
$$3\vec{z} = \vec{c} + \vec{b}' = (E + R)\vec{c} \quad \cdots\cdots ②$$

また,$\overrightarrow{CB} = \vec{b} - \vec{c}$, $\overrightarrow{CY} = \vec{y} - \vec{c}$ であることから,同様にして,
$$3\overrightarrow{CY} = \overrightarrow{CB} + R\overrightarrow{CB} \iff 3(\vec{y} - \vec{c}) = (\vec{b} - \vec{c}) + R(\vec{b} - \vec{c})$$
$$\iff 3\vec{y} = \vec{b} + 2\vec{c} + R(\vec{b} - \vec{c})$$
$$= (R + E)\vec{b} - (R - 2E)\vec{c} \quad \cdots\cdots ③$$

示すべきことは $R\overrightarrow{ZX} = \overrightarrow{ZY}$ であるが,$\overrightarrow{ZX}$, $\overrightarrow{ZY}$ は,①, ②, ③ より,
$$3\overrightarrow{ZX} = 3\vec{x} - 3\vec{z}$$
$$= (E + R^{-1})\vec{b} - (E + R)\vec{c}$$
$$3R\overrightarrow{ZX} = R\{(E + R^{-1})\vec{b} - (E + R)\vec{c}\}$$
$$= (R + E)\vec{b} - (R + R^2)\vec{c} \quad \cdots\cdots ④$$
$$3\overrightarrow{ZY} = 3\vec{y} - 3\vec{z}$$
$$= (R + E)\vec{b} - (R - 2E)\vec{c} - (E + R)\vec{c}$$
$$= (R + E)\vec{b} - (2R - E)\vec{c} \quad \cdots\cdots ⑤$$

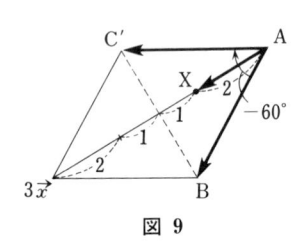

をみたす.

$R\overrightarrow{ZX} = \overrightarrow{ZY}$ を示すためには,$\vec{b}, \vec{c}$ が 1 次独立であること,および,④, ⑤ より $\vec{c}$ の係数を比較することにより,$R^2 + R = 2R - E$,すなわち $R^2 - R + E = O$ を示せばよい.

$\theta = 60°$ として,
$$R^2 - R + E = \begin{pmatrix} \cos 2\theta & -\sin 2\theta \\ \sin 2\theta & \cos 2\theta \end{pmatrix} - \begin{pmatrix} \cos \theta & -\sin \theta \\ \sin \theta & \cos \theta \end{pmatrix} + \begin{pmatrix} 1 & 0 \\ 0 & 1 \end{pmatrix}$$
$$= \begin{pmatrix} \cos 2\theta - \cos \theta + 1 & -\sin 2\theta + \sin \theta \\ \sin 2\theta - \sin \theta & \cos 2\theta - \cos \theta + 1 \end{pmatrix}$$

であるが,
$$\cos 120° - \cos 60° + 1 = -\frac{1}{2} - \frac{1}{2} + 1 = 0$$
$$-\sin 120° + \sin 60° = -\frac{\sqrt{3}}{2} + \frac{\sqrt{3}}{2} = 0$$

より,
$$R^2 - R + E = O$$

よって,証明は完結した.

---〈練習 Ⅱ・2・1〉---

凸四角形 ABCD の外側に各辺を 1 辺とする正方形 ABEF, BCGH, CDIJ, DAKL をつくるとき, 8 個の頂点 E, F, G, H, I, J, K, L が同一円周上にあるならば, 四角形 ABCD はどのような四角形か.

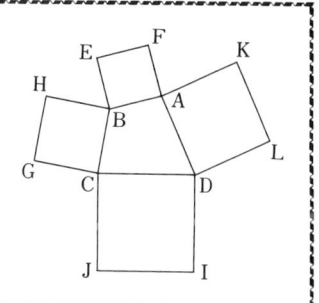

[解答] 8 個の点 E, F, G, H, I, J, K, L が同一円周上にあるとき, その円の中心を O とする. 点 O は, 辺 EF, GH, IJ, KL それぞれの垂直二等分線の交点, すなわち辺 AB, BC, CD, DA, それぞれの垂直二等分線の交点である. ゆえに, 四角形 ABCD は円に内接し, その円の中心は O である. これから先に進むために, 次の補題を示しておこう.

[補題] △ABC の外側に正方形 ABEF, BCGH をつくるとき, 4 点 E, F, G, H が同一円周上にあるための必要十分条件は, AB=BC または ∠ABC=45° である.

【証明】 4 個の点 E, F, G, H が同一円周上にあるとき, その円の中心を O とする. 点 O は辺 EF, GH それぞれの垂直二等分線の交点, すなわち辺 AB, BC それぞれの垂直二等分線の交点であるから, 点 O は △ABC の外心である (図 1).

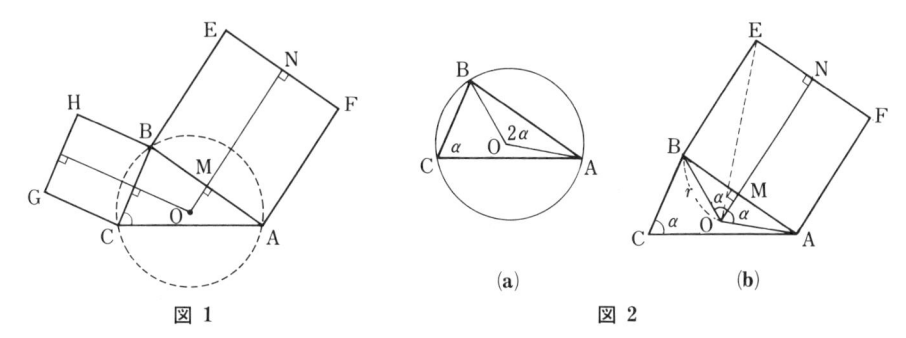

図 1

図 2

∠BCA=α, ∠BAC=β とおき, 点 O から辺 EF へ下ろした垂線と辺 AB, EF の交点をそれぞれ M, N とする. また, △ABC の外接円の半径を r とおく. このとき, ∠ACB, ∠AOB はそれぞれ劣弧 AB の円周角, 中心角であり, 直線 ON は ∠AOB の二等分線だから,

∠AOB=2∠ACB=2α （図 2(a)）

∠BON=∠NOA=α （図 2(b)）

が成り立つ．
　4点 E, F, G, H が同一円周上にあるための条件は，
　　　OE＝OH　　　……（＊）
である．
　まず，OE を求める．△ONE に三平方の定理を求めると，
　　　OE²＝ON²＋EN²　……（＊＊）
が成り立つ．
　ここで，
　　　ON＝$\begin{cases} \text{OM}+\text{MN} & (α≦90° \text{のとき}) \\ \text{MN}-\text{OM} & (α>90° \text{のとき}) \end{cases}$
　　　MN＝2BM
より，
　　　ON＝$r\cos α+2r\sin α$　　　……①
　　　EN＝BM＝$r\sin α$　　　　……②
である．
　①，②を（＊＊）に代入して，
　　　OE²＝ON²＋EN²
　　　　　＝$(2r\sin α+r\cos α)^2+(r\sin α)^2$
　　　　　＝$r^2[1+4\sin^2 α+4\sin α\cos α]$
　　　　　＝$r^2[1+2(1-\cos 2α)+2\sin 2α]$
　　　　　＝$r^2[3+2(\sin 2α-\cos 2α)]$
　　　　　＝$r^2[3+2\sqrt{2}\sin(2α-45°)]$　……③
同様に，
　　　OH²＝$r^2[3+2\sqrt{2}\sin(2β-45°)]$　……④　（①における $α$ を $β$ で書き換えて得られる）
　③，④を（＊）に代入して，
　　　$r^2[3+2\sqrt{2}\sin(2α-45°)]=r^2[3+2\sqrt{2}\sin(2β-45°)]$
　　⟺ $\sin(2α-45°)=\sin(2β-45°)$
　よって，n を整数として，
　　　$2α-45°=2β-45°+360°n$　または　$2α-45°=180°-(2β-45°)+360°n$
すなわち，
　　　$α=β+180°n$　または　$α=135°-β+180°n$
であるが，$0<α, β<180°$ であることから，いずれの場合も $n=0$ である．
　よって，
　　　$α=β$　または　$α+β=135°$
　　⟺ AB＝BC　または　∠ABC＝45°

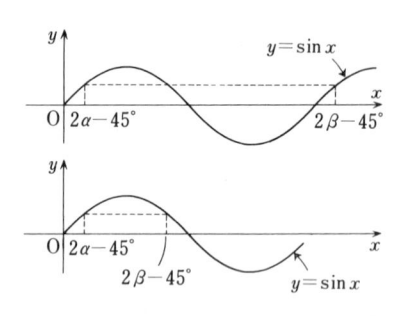

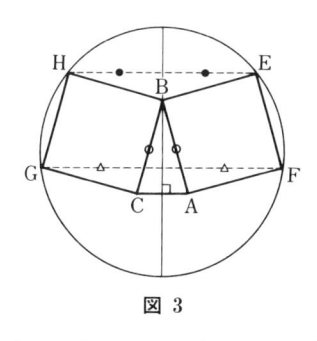

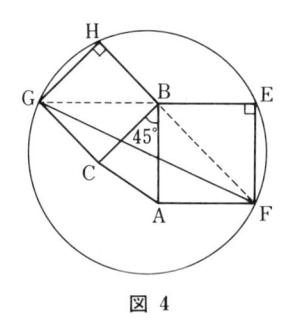

§2 補助線・補助曲線を利用せよ　35

図 3　　　　　　　　　　図 4

　逆に，AB=BC のとき，点 E と H，点 F と G は，それぞれ辺 AC の垂直二等分線に関して対称であるから，点 E, F, G, H は同一円周上にある（図 3）．また，∠ABC=45°のとき，3 点 E と B と G，3 点 F と B と H は同一直線上にあるから，点 E, F, G, H は，線分 FG を直径とする円周上にある（図 4）．

　さて，本題の問題に戻る．[補題]により，円に内接する四角形 ABCD の各頂点について，次の(i), (ii)のいずれか一方が成り立つ．
　(i)　その頂点を端点とする 2 辺の長さは等しい．
　(ii)　その頂点は 45°である．
　(i), (ii)の組合せに関して，次の 2 つの場合を調べれば十分である．
(I)　4 頂点ともに，(i)が成り立つとき
　　各辺の長さがすべて等しい四角形 ABCD は，円に内接するひし形すなわち，正方形である（図 6(a)）．
(II)　ある頂点（たとえば A）に，(ii)が成り立つとき
　　∠A=45° より，
　　　∠C=180°−∠A
　　　　　=135°
　　∠C≠45° なので，[補題]より，頂点 C に関して(i)
　が成り立つ．
　　ゆえに，　　BC=CD　（図 5）
　このとき，頂点 B に関して，
　　AB=BC　または　∠B=45°
が成り立つ．

図 5

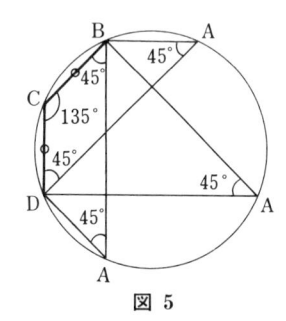

　四角形 ABCD は，前者のとき，AB=BC=CD，∠A=∠D=45°の等脚台形となり，後者のとき，BC=CD=DA，∠A=∠B=45°の等脚台形となる（図 6(b)）．
　他の 3 つの頂点の場合も同様である．
　逆に，これらが条件に適することは容易にわかる（図 6）．

(a) (I)のとき (b) (II)のとき

図 6

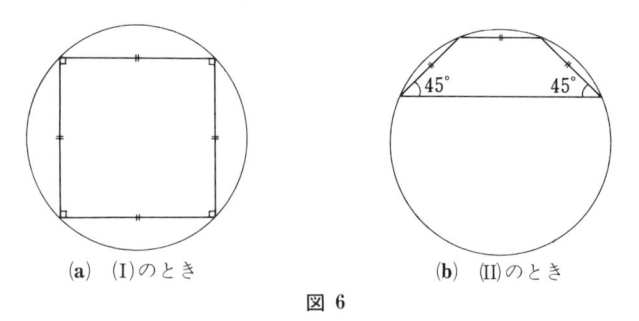

したがって，四角形 ABCD は，

正方形，または，3 辺の長さが等しく残りの 1 辺の両端の角が 45° の等脚台形

……(答)

§2 補助線・補助曲線を利用せよ 37

[例題 1・2・4]

　四面体 OABC において，
　　OA＝OB＝OC＝1，∠BAC＝90°，BC＝p
とする．
(1) p を一定にしたとき，四面体の体積の最大値 $V(p)$ を求めよ．
(2) (1)で求めた体積 $V(p)$ の最大値を求めよ．

発想法

(1) まず，四面体 OABC の概形を把握しよう．次のように，少しずつ修正しながら，概形をとらえるとよい．

　四面体 OABC の3辺 OA, OB, OC の長さがすべて1であることから，3点 A, B, C は，点 O を中心とする半径1の球（補助球）上にあるとみなせる．この球を R とする（図1）．

　3点を通る平面は一意に定まるので，3点 A, B, C を通る平面が存在する．その平面を α とする（以下，簡単のため，平面 α は水平に平行移動するものとする）．球 R と平面 α の交わりは円なので，その円を r とすると，3点 A, B, C は円 r の周上の点である（図2）．

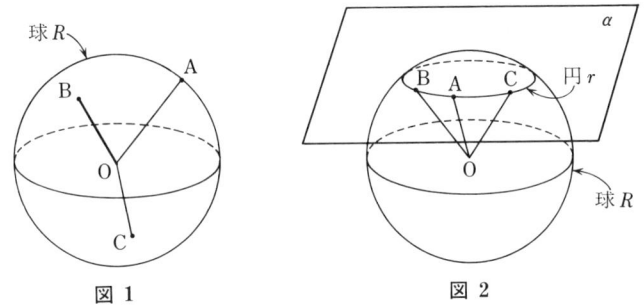

図1

図2

　△ABC は，∠BAC＝90°より，辺 BC を円 r の直径とする直角三角形である（図3）．

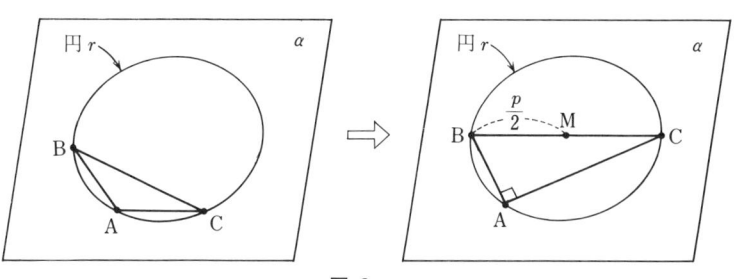

図3

辺 BC の中点，すなわち円 r の中心を点 M とする．点 O から平面 α に下ろした垂線は，図形の対称性により，円 r の中心 M を通過する．よって，線分 OM は四面体の「高さ」である（図 4）．

このように，補助球を利用すると，図 5 のような，頂点 O から下ろした垂線の足 H が △ABC の内部にくるような四面体を想像し，高さ OH の長さを求める計算に手間どる心配はなくなる．

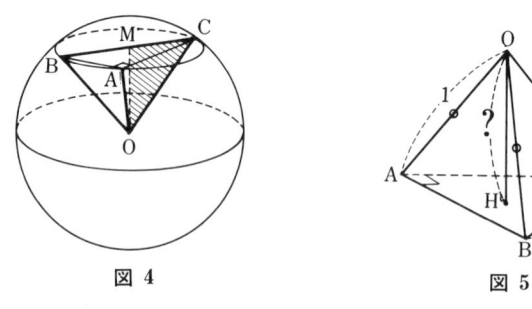

図 4

図 5

(2) "p を動かす" ことは，"平面 α と補助球 R の中心 O との距離が変化する" ことにほかならない．平面 α が変化するとき，四面体 OABC の底面 ABC の面積と高さ OM の 2 つの値が変化するので，図のうえから $V(p)$ の最大値を求めることはできない．

そこで，$V(p)$ の最大値は，$V(p)$ を微分して調べる．

なお，図 6 より，p の変域は $0<p<2$ であることがわかる．

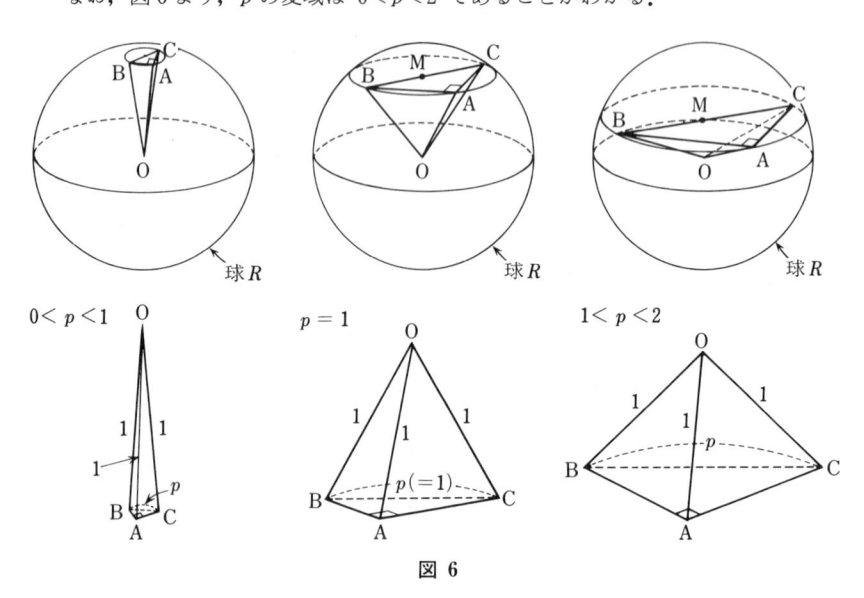

図 6

§2 補助線・補助曲線を利用せよ 39

解答 (1) 四面体 OABC の体積を $v(p)$ とする．$v(p)$ は，頂点 O から平面 ABC に下ろした垂線の足を M とすると，
$$v(p) = \frac{1}{3} \cdot \triangle \text{ABC} \cdot \text{OM} \quad \cdots\cdots(*)$$
で与えられる．

ここで，「発想法」の考察により，線分 OM の長さは，直角三角形 OMC に三平方の定理を用いて，
$$\text{OM} = \sqrt{1^2 - \left(\frac{p}{2}\right)^2} = \frac{\sqrt{4-p^2}}{2} \quad (\text{一定}) \quad \cdots\cdots①$$
である．

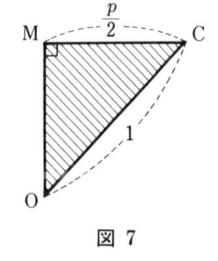

図 7

よって，四面体 OABC の体積 $v(p)$ が最大 $V(p)$ となるのは，$\triangle$ABC の面積が最大となるときである．

$\triangle$ABC の面積は，
$$\triangle \text{ABC} = \frac{1}{2} \cdot \text{BC} \cdot (\text{点 A と辺 BC の距離})$$
である．BC $= p$（一定）だから，点 A と辺 BC の距離が最大になるのは，図 8 より，点 A と辺 BC の距離が $\frac{p}{2}$ になるときである．

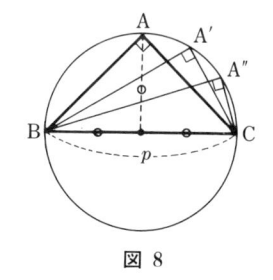

よって，$\triangle$ABC の面積の最大値は，
$$_{\max}\triangle \text{ABC} = \frac{1}{2} \cdot p \cdot \frac{p}{2}$$
$$= \frac{p^2}{4} \quad \cdots\cdots②$$

図 8

以上より，p を一定にしたときの四面体 OABC の体積の最大値 $V(p)$ は，①，② を $(*)$ に代入して，
$$V(p) = \frac{1}{3} \cdot (_{\max}\triangle \text{ABC}) \cdot \text{OM} = \frac{1}{3} \cdot \frac{p^2}{4} \cdot \frac{\sqrt{4-p^2}}{2}$$
$$= \frac{1}{24} p^2 \sqrt{4-p^2} \quad \cdots\cdots(\text{答})$$

(2) $p^2 = t$ とおくと，$0 < p < 2$ より t の変域は，
$$0 < t < 4 \quad \cdots\cdots③$$
である．また，
$$V(p) = \frac{1}{24} \cdot t \cdot \sqrt{4-t} = \frac{1}{24}\sqrt{4t^2 - t^3}$$
となる．ここで，
$$f(t) = 4t^2 - t^3$$
とおくと，

$$V(p)=\frac{1}{24}\sqrt{f(t)}$$

なので，$f(t)$ が最大値をとるとき，$V(p)$ は最大値をとる．

③の範囲で，$f(t)$ の増減を調べる．

$$f'(t)=8t-3t^2=t(8-3t)$$

これより，右の増減表を得る．

よって，$f(t)$ は，$t=\dfrac{8}{3}$ のとき，最大値 $\dfrac{4^4}{3^3}$

t	(0)		$\dfrac{8}{3}$		(4)
$f'(t)$		+	0	−	
$f(t)$		↗	$\dfrac{4^4}{3^3}$	↘	

をとる．

以上より，$V(p)$ の最大値は，

$$\max V(p)=\frac{1}{24}\sqrt{f\left(\frac{8}{3}\right)}=\frac{1}{24}\cdot\frac{4^2}{3}\cdot\frac{1}{\sqrt{3}}$$

$$=\frac{16\cdot\sqrt{3}}{24\cdot 3\cdot 3}=\frac{2\sqrt{3}}{27} \quad\cdots\cdots\text{(答)}$$

【別解】（$p^2>0$，$4-p^2>0$ より，相加平均・相乗平均の関係を利用する．）

(2) $V(p)=\dfrac{1}{24}\sqrt{p^4(4-p^2)}$

$$p^4\cdot(4-p^2)=4\cdot\frac{p^2}{2}\cdot\frac{p^2}{2}\cdot(4-p^2)$$

$$\leq 4\left\{\frac{1}{3}\left(\frac{p^2}{2}+\frac{p^2}{2}+(4-p^2)\right)\right\}^3$$

$$=\frac{256}{27}$$

$$\therefore\quad V(p)\leq\frac{1}{24}\sqrt{\frac{256}{27}}=\frac{2}{27}\sqrt{3}$$

等号が成り立つのは，

$$\frac{p^2}{2}=\frac{p^2}{2}=4-p^2$$

$$\therefore\quad p=\frac{2}{3}\sqrt{6} \quad\left(0<\frac{2}{3}\sqrt{6}<2\right)$$

のときである．ゆえに，$V(p)$ の最大値は，$\dfrac{2}{27}\sqrt{3}$ ……(答)

§3 〝考えるための色〟を導入せよ

　本を読んでいて，重要なところに赤線をひいたり，マーカーで印をつけたりする．これは重要なところを浮き彫りにし，学習効果があがるからであろう．幼稚園児は，登園するとき，黄色い帽子をかぶり，運転手の注意をひく．多様な交通の流れは，赤信号や青信号で分類される．

　このように，日常生活においてでさえ，物事を強調したり，分類整理するために，しばしば色がつかわれる．同様に，数学の問題を解く際にも，適宜，色を利用し，思考能力を高めたり，分類・整理の能力を増加させたりするための手助けにつかうとよい．

　問題解決の手段として，色の導入が威力を発揮する例を以下に示そう．

（**例**）　$4 \times 4 = 16$〔個〕のマス目からなるチェス盤の，対角線上の角に位置する2つのマス目を除いてできた，14個のマス目からなる図形がある（図A）．これを欠損チェス盤とよぶことにする．また，図Bのように，隣接する2つの単位正方形からなる図形をドミノとよぶ．ドミノ7枚でこの欠損チェス盤を覆い尽くせないことを証明せよ．

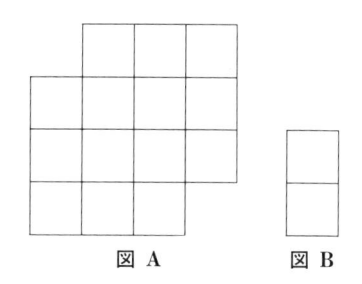

　さて，ほんとうに覆い尽くせないだろうか．ドミノの置き方は何通りもあるから，もしかしたら，うまく覆い尽くせるかもしれない．面積に注目すると，（欠損チェス盤の面積）＝（ドミノ7枚の面積）＝14 だから，ドミノ7枚で欠損チェス盤を覆い尽くせる可能性はある．ところが，実際に実験してみると，ドミノで覆えないマス目が生じてしまうことを確認することができる（図C）．

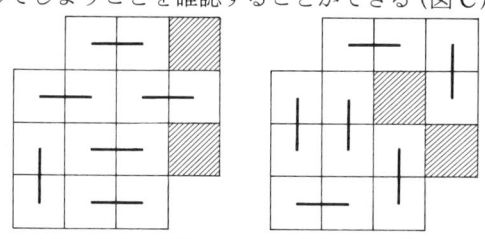

▨；ドミノで覆うことのできないマス目

図 C

それでは，色を導入してドミノ7枚でこの欠損チェス盤を覆い尽くせないことを証明してみよう．この問題を解くために，図Dのように，この欠損チェス盤に黒と白の色を交互につけよう．欠損チェス盤に色がついているか否かは，それがドミノ7枚で覆い尽くせるか否かには，まったく関係はないことに注意せよ．すなわち，ここで導入した色は"考えるための色"なのである．

前節（第1章§2）で学んだように，昔の数学者は補助線をひいて，いろいろな定理を首尾よく証明した．いろいろな補助線をひいて視覚に訴えた．そうすることにより，全貌が見やすくなったのだ．今まで見えなかったことが見えるようになり，整然とその構造を浮かび上がらせ，その効果で難問が解けたのである．

さあ，この問題では，色の効果がどう現れてくるだろうか．ドミノの置き方はいろいろあるから，すべての場合を尽くして証明するのは，たいへんだ．このような場合には，背理法を用いるとよい．すなわち，欠損チェス盤を7枚のドミノで覆い尽くすことができたと仮定して矛盾を導こう．

どのようにドミノを置いても（すなわち，タテに置こうと，ヨコに置こうと），1個のドミノは黒のマス目1個と白のマス目1個を覆っているはずだ．ドミノを1つ置いて黒のマス目2個を覆ったとか，白のマス目2個を覆ったなんてことはありえない．この事実をもとに，本問を証明する．

〔証明〕図Dのように，欠損チェス盤とドミノに，黒と白の色を交互につける．

　欠損チェス盤をドミノ7枚で覆い尽くせると仮定すると，7枚のドミノは，それぞれ黒と白1個ずつのマス目を覆っている．だから，欠損チェス盤には，黒と白のマス目は7個ずつあることが必要である．ところが，図Dより，欠損チェス盤には，黒のマス目が6個，白のマス目が8個ある．これは矛盾である．よって，「この欠損チェス盤を7枚のドミノを使って覆い尽くすことができない」

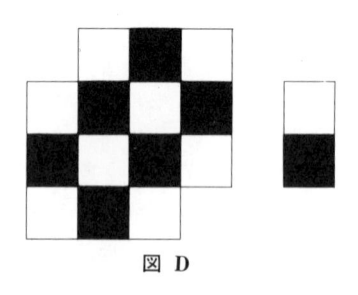

図 D

この問題では，ただ単にチェス盤に黒と白の色を交互につけたことが，問題を解決に導いた．少し大げさにいうと，世の中の進歩はそういう1つの思いつきで促進されるのである．

[例題 1・3・1]

座標空間の点集合 S を次のように定める.
$$S = \{(i, j, k) \mid 0 \leq i, j, k \leq 4 \text{ なる整数}\}$$
S の各点に蜜が配置してある. 点 $A(1, 1, 2)$ にいるチョウが 125 か所に配置されている蜜をすべて吸って, 再び点 A に戻る距離 125 のルートは存在するか.

発想法

格子点の集合 S は, 図 1 のような, ジャングルジム上の点集合である.

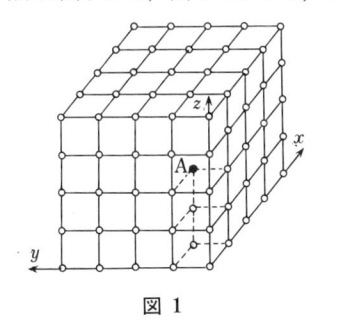

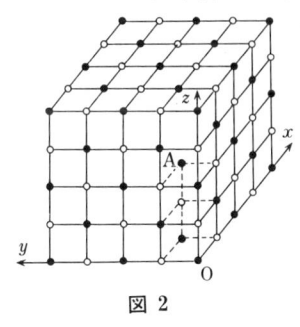

図 1   図 2

まず, 集合 S の各点を次の規則 (☆) に従って黒, 白に分類してみよ.

「点 $A(1, 1, 2)$ を黒で塗る. 点 A からジャングルジムの辺に沿ってチョウが歩いたとき, 点 A からその点までの辺の距離が奇数の点を白で塗り, 偶数の点を黒で塗る.」……(☆) (図 2)

所望のルート (もし, あれば) 上に現れる格子点の色は黒, 白が交互に現れることを利用せよ.

次に,

「集合 S の任意の点 P, Q の距離は 1 以上である」……(☆☆)

ことに注意せよ (図 3).

点 A から出発して点 A に戻るとき, 125 個の点を 1 つのリングでつなぐことになるので, そのリング上の点と点を結ぶ線分は全部で 125 本ある (図 4). リング上の 2 点を結ぶ線分の長さは, 事実 (☆☆) より 1 以上であるから, ルートの中に距離が 1 より大きい 2 点が含まれると仮定すると, 全体のルートの長さが 125 より長くなり題意はみたされない.

これより, 所望のルートがあれば, それは距離 1 の点どうしを結んで得られるルートである.

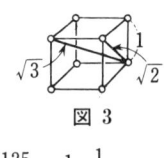

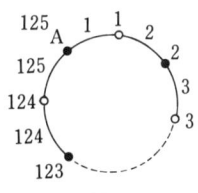

図 3

図 4

[解答] 集合 S の各点を,「**発想法**」に示した, 規則 (☆) に従って塗る. すると, 距離 1 に位置する任意の 2 点は異色で塗られている. また,

「集合 S の点は全部で 125 個存在するから, 黒点と白点の個数が等しいということはあり得ない.」……(*) (この場合は, 黒点…63 個, 白点…62 個)

距離 125 の所望のルートがあれば,「**発想法**」に示した事実 (☆☆) により, そのルート上に連続して現れる 2 点間の距離はすべて 1 でなければならない. よって, 点 A から A に戻る所望の閉じたルート上には, 距離 1 の間隔にある黒点, 白点が交互に現れる (すなわち, 黒点, 白点が同数個ある) ことが必要であるが, これは事実 (*) に反する (図 5).

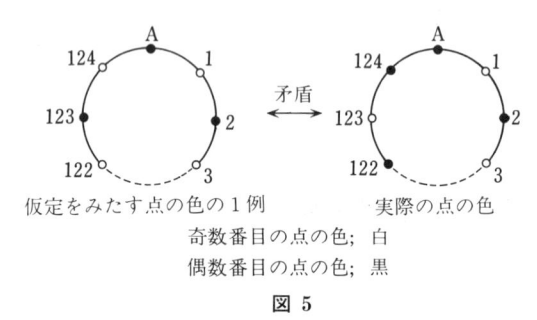

仮定をみたす点の色の 1 例 　　　実際の点の色

奇数番目の点の色; 白
偶数番目の点の色; 黒

図 5

よって, **所望のルートは存在しない**.　　　……(答)

§3 〝考えるための色〟を導入せよ　45

─〈練習 1・3・1〉──────────────
　右図のようなサイズ 10×10 の格子点がある．格子点 A から出発し，すべての格子点をちょうど 1 回だけ通過して，格子点 B に行くルートは存在するか．
　ただし，ルート上で，ある格子点から次の格子点に移動可能なのは，それら 2 個の格子点が辺で結ばれているとき，すなわち距離 1 のときに限るものとする．

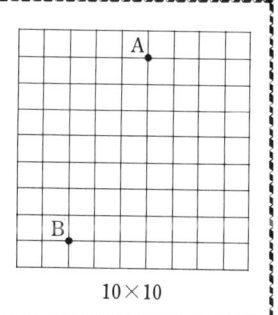

10×10

発想法

　100 個の格子点を交互に黒と白で塗る（図 1）．そうすると，互いに移動可能な格子点の色が異なることに注目せよ．

　なお，[例題 1・3・1] では，点 A から点 A へ再び戻る閉路（リング）の存在を扱ったが，本問はそれとは異なる．すなわち，本問では点 A から出発して，点 A とは異なる点 B への開いた道を扱っているので，100 個の点を 1 回だけ通過するルートの長さは，100 ではなく，99 であることに注意せよ（図 2）．

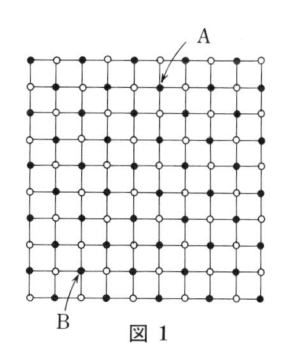

解答　図 1 のように各格子点に色を塗る．
　題意をみたすルートが存在しないことを背理法で示す．
　点 A から点 B に行く題意をみたすルートが存在すると仮定する．そのルートの長さは 99 であり，その開いたルート上には，黒点，白点が交互に現れる．すなわち，このルートに沿った道のりに関して，点 A からの道のりが奇数の点には白が塗られており，偶数の点には黒が塗られている．よって，点 A から点 B への道のりは 99（奇数）だから，点 B には白が塗られていることになる．しかし，図 1 より，点 A，B は，ともに，黒で塗られているので矛盾（図 3）．

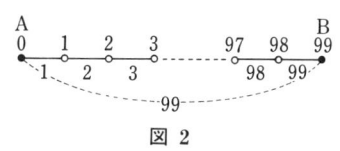

図 2

図 3

　以上より，**題意をみたすルートは存在しない．**　……（答）

46   第1章　視覚を刺激する方法

[例題 1・3・2]

8×8サイズの部屋に，畳半畳分（サイズ1×1）のコタツを1個掘る．その後，この部屋を1×3サイズの変形畳で敷きつめたい．どこにコタツを掘ればよいか．

発想法

この節の冒頭の解説のなかの(例)の攻略法を思い出してほしい．そこでの問題解決のカギは，「欠損チェス盤の各マス目を黒，白で交互に塗り，ドミノをどのように配置しようとも，ドミノが黒，白のマス目1個ずつを占拠する」という事実であった．
この問題においては，8×8サイズの部屋の各マス目を3色（赤，青，白）を用いて，次の条件がみたされるように塗ることにより得られる事実を利用する．すなわち，どのように1×3サイズの変形畳を配置しようとも，1×3サイズの変形畳が赤，青，白のマス目を1個ずつ占拠するように塗るのである．

[解答]　まず，8×8サイズの部屋の各マスを，図1(a)に示す基本パターンを繰り返して，図1(b)のように，3色（赤，青，白）で塗る．

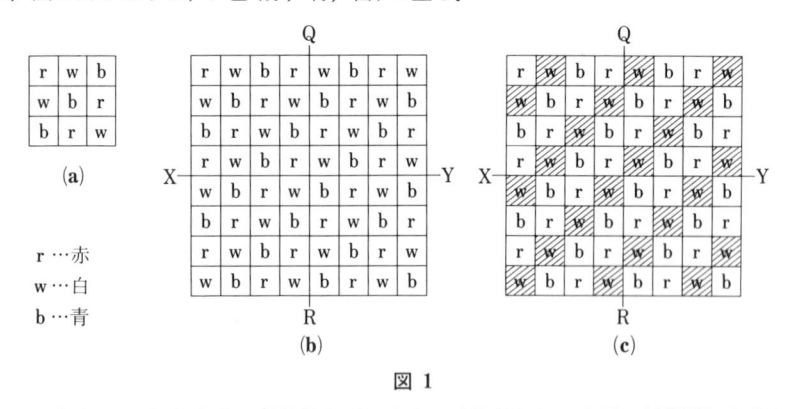

r	w	b
w	b	r
b	r	w

(a)

r …赤
w …白
b …青

(b)

(c)

図 1

このとき，1×3サイズの変形畳をどのように（垂直または水平に）配置しようとも，1個の変形畳は赤，青，白のマス目を1個ずつ占拠するので，赤，青，白のマス目がそれぞれ21個ずつ占拠されることになる．図1(b)には，赤，青のマス目がおのおの21個あり，白のマス目は22個ある．
よって，

『コタツを掘る場所は白のマスの部分でなければならない』　……①　（図1(c)）

次に，図1(b)（または(c)）の最上段の左から2個目の白のマスPの部分にコタツを掘るとき，残りの部分を変形畳で敷きつめることができると仮定する．このとき，図形の対称性により，図1の水平な中心線XYに関して対称なマスP′にコタツを掘っても，変形畳でこの部屋を敷きつめることができるはずである（図2参照）．

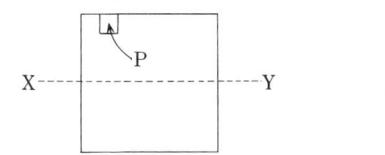

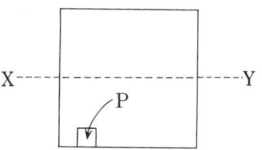

図 2

しかし，P′ は青のマスだから，①により，このような敷きつめは不可能である．
ゆえに，
　『XY に関する対称なマスも白となるような白のマスの部分にコタツを掘ることが必要である．』　……②
同様な考察により，
　『図 1 の QR に関する対称なマスも白となるような白のマスの部分にコタツを掘ることが必要である．』　……③
以上①，②，③より，図 3(a)の 4 つのマスが，コタツを掘る場所の候補地として絞られる．逆に，そのどの 1 つにコタツを掘っても，図 3(b)のような変形畳の敷きつめ方が存在するので，十分である．

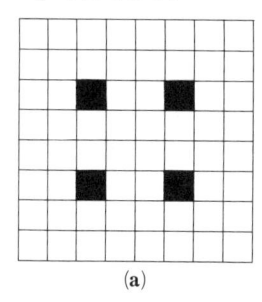

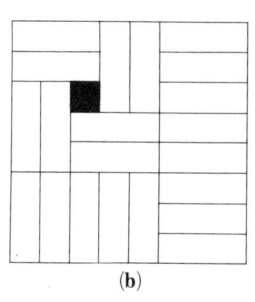

図 3

よって，
　図 3(a)の黒いマスのいずれか 1 か所の部分にコタツを掘ればよい．　　……(答)

┌───┐
│ ⟨練習 1・3・2⟩   │
│ $a \times b$ のサイズの長方形を4目L字牌(図(a))で敷きつめる問題を考える．│
│ たとえば，4×6 の長方形を4目L字牌で敷きつめることは可能である(図│
│ (b))．10×10 の正方形(図(c))を4目L字牌で敷きつめることは，不可能であ│
│ ることを示せ．   │
│   │
│   10   │
│   (a)   (b)   (c)   │
└───┘

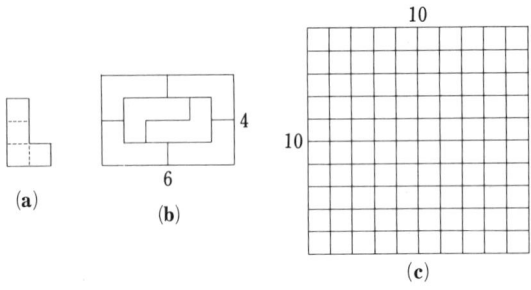

発想法

まず，一般の $a \times b$ サイズの長方形が4目L字牌で敷きつめられる条件を調べてみよう．10×10 サイズの正方形については，一般の $a \times b$ サイズの長方形の特別な場合として答えを得ることができる．このように，問題を一般化することにより解を得るという方針についてはIIIの第3章§3を参照せよ．

$a \times b$ のサイズの長方形が4目L字牌で敷きつめられたと仮定する．長方形の面積は ab だから，ab は4の倍数でなければならない．a, b がともに奇数ということはありえないので，長方形の横の長さ b が偶数であるとしても一般性を失わない．このとき，この長方形は偶数本の列をもつので，これらの列を交互に黒，白で塗る．黒色の列と白色の列は同数であり，したがって与えられた長方形における黒色のマス目と白色のマス目は同数個ずつある(図1)．

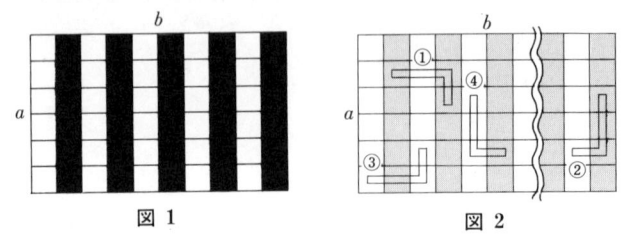

図1　　　　図2

このとき，4目L字牌をどのように配置しようとも，各牌は，次のいずれか一方をみたす．

(i) 3個の黒マスと1個の白マスを占拠する．(図2①，②参照)

(ii) 1個の黒マスと3個の白マスを占拠する．(図2③, ④参照)
　(i), (ii)の事実より，長方形を敷きつめるために必要な4目L字牌の個数の偶奇を決定することができる．
　最初に次の補題を証明する．

【補題】「ある長方形が，4目L字牌で敷きつめられるならば，敷きつめに用いる4目L字牌の個数はいつも偶数である．」……(＊)

【証明】(i)のパターンのL字牌の個数を x，
　　　　(ii)のパターンのL字牌の個数を y
とする．
　このとき，占拠された黒マスの個数，白マスの個数は，それぞれ $3x+y$，$x+3y$ である．長方形の中にある黒，白のマスの個数は同数だから，
$$3x+y = x+3y$$
$$\therefore \quad x = y$$
が成り立つ．
　よって，長方形を敷きつめるために用いた4目L字牌は，$2x$個，すなわち，偶数個である．

[解答] 事実(＊)より，4目L字牌で敷きつめることが可能な長方形は，ab(縦×横)が8の倍数であることが必要である．100は8の倍数ではないので，10×10の正方形を4目L字牌で敷きつめることは不可能である．

[例題 1・3・3]

4×11 サイズのチェス盤（図(a)）上の任意のマス目に，ナイトを1つ置く．44回の連続したナイトの動きで，このチェス盤のすべてのマス目を1回ずつ通過して元のマス目に戻ることは不可能であることを示せ．ただし，ナイトの動きは，将棋の桂馬の動きを8方向に拡張したものである（図(b)）．

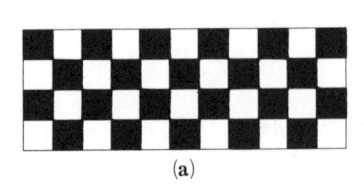

ナイトは，☆の地点からは*のところに進める．

(a) (b)

発想法

[例題 1・3・1～2] の方針にのっとると，図(a)を利用して，証明を背理法で与えることになる．（所望のルートが存在したとして矛盾を導けばよい．）

ところが，本問の場合，図(a)のような黒，白のパターンで議論しても，何の手がかりもつかめない．

このことは，次の理由による．

図(a)の黒白パターンで，ナイトを動かすと，

「ナイトは黒，白のマス目を交互に通過する」 ……(*)

という事実が得られる．

これまでの問題では，

「通過すべき点（またはマス目）が奇数個であったので，《黒点（または黒色のマス目）の数》と《白点（または白色のマス目）の数》が等しいことはあり得ないので(*)に矛盾する」

として証明を完了することができた．しかし，本問の場合，通過すべきマス目の数が44と偶数であるから，44回の連続したナイトの動きで条件(*)をみたすものが存在しないとは断言できないからである．

そこでまず，4×11のチェス盤の黒，白の色を，矛盾を引き出しやすいよう，図1のように塗り変える．

図1のように塗り変えたチェス盤において，ナイトの動きを分析すると次のようになる．（図1において，横の列を上から順に1行目，2行目，3行目，4行目とする．）

図1

§3 "考えるための色"を導入せよ　51

〔カラー〕

行色＼行色	1b	1w	2b	2w	3b	3w	4b	4w
1b			○			○		
1w				○	○			
2b	○※					○	○	
2w		○			○			○
3b	○			○				○
3w		○	○				○	
4b			○			○		
4w				○	○			

図 2

- 1b ……「1 行目の黒マス」という意味の記号.
- ○印は, 移動可能なマス目のペアが存在することを意味する (たとえば, ※のついた○は, 1 行目の黒マスと, 2 行目の黒マスのペアで, 1 行目の黒マスから 2 行目の黒マスへ移動可能なものが存在することを意味する. ナイトの動かし方は, 図(b)に示すように, 多数の場合がある.

1 行目黒マス (1b), 4 行目黒マス (4b) へ移動可能なマス目はそれぞれ 2 行目黒マス (2b) と 3 行目黒マス (3b) からのみであることなどを図 2 からよみとり, 解答に活かす.

解答　チェス盤を図 1 のように塗る. このとき, 次の事実を得る.

「1, 4 行目の任意の黒マスからは, 2, 3 行目の黒マスにしか移れない.」……①
「1, 4 行目の任意の黒マスへは, 2, 3 行目の黒マスからしか移れない.」……②
「1, 4 行目の黒マスの個数は合計 11 個, 2, 3 行目の黒マスの個数は合計 11 個」
……③

44 回の連続したナイトの動きで,
「4×11 サイズのチェス盤のすべてのマス目を 1 回ずつ通過して, 元のマス目に戻ることが可能である」……(☆)
と仮定する.

このとき, 事実②, ③より,
「2, 3 行目の黒マスを通過したナイトは, 次に, 1, 4 行目の黒マスに移動しなければならない」　　……④

ことが示される. なぜならば, そうでなければ, ②より 1, 4 行目の黒マスの個数は, 2, 3 行目の黒マスの個数より少ないことになり, ③に矛盾するからである.

ゆえに, ①, ④より,
「1, 4 行目の黒マスを通過したナイトは 2, 3 行目の黒マスへ移動し,
　2, 3 行目の黒マスを通過したナイトは 1, 4 行目の黒マスへ移動する」
ので,
「ナイトは黒マスしか移動できない」

これは, 仮定 (☆) に矛盾する.

よって, 44 回の連続したナイトの動きで, 4×11 サイズのチェス盤のマス目を 1 回ずつ通過するルートは存在しない.

(**注**)　以上の議論において (1, 4 行目の黒マス), (2, 3 行目の黒マス) をそれぞれ (1, 4 行目の白マス), (2, 3 行目の白マス) に変えて議論もできる.

52   第1章 視覚を刺激する方法

┌───┐
│ ⟨練習 1・3・3⟩   │
│   図(a)のサイズ 6×6 の正方形を，図(b)の 11 個のタイルで敷きつめること │
│ が可能か否かを答えよ．   │
│   │
│   (a)   (b)   │
└───┘

[解答] 6×6 の正方形(下地)と各タイルを図1のように交互(市松模様)に塗り分ける．

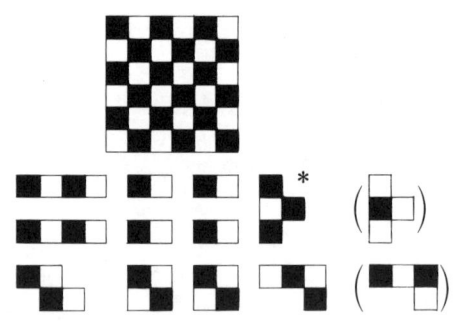

下地；黒18個，白18個
タイル；黒19個，白17個
　　　（黒17個，白19個）

図 1

　下地となる正方形には黒マスが 18 個，白マスが 18 個あるのに対し，タイルのマス目では黒マスが合計 19 個 (17 個)，白マスが合計 17 個 (19 個) となっており，下地とタイルで，黒，白のマス目の個数が合わない．
　よって，6×6 の正方形を図(b)の 11 個のタイルで，敷きつめることは**不可能である**．
　　　　　　　　　　　　　　　　　　　　　……(答)

(注) ＊印のついたタイルが存在するので，タイル全体の黒マスの個数と白マスの個数が下地に一致しない．

第2章　情報の図による表現のしかた

　昔，ラジオは大きくて，ラジオの中には大きな真空管が入っていた．ラジオが壊れたときは，その中を開ければおよその構造がわかり，たとえば，真空管をとり替えれば，ラジオが聞こえるようになり，修理が簡単だった．現在のラジオは，小さくてコンパクトであり，性能も良いが，中を開けると小さなトランジスタといわれるものがいっぱい詰まっていて，構造を見抜きにくい．だから，壊れたときに修理するのは，素人にはほとんど不可能だ．

　ひと昔前は，預金を引き下ろしに銀行へ行くと，長い列で長時間待たされたが，いまは自動現金引き出し機で，数秒のうちに現金を引き出すことができる．

　科学技術が進歩すると，ハイテクとやらが導入され，さまざまなことが俊敏になり，便利になったが，その反面，物事の仕組みやカラクリが専門家にしか見えなくなった．銀行はデータバンクに預金者すべての預金高のデータを記憶し，エレクトロニクスは人の代わりに敏速にかつ正確にはたらいてくれるのである．

　現在は，情報化時代といわれているが，数学の問題を解くときも情報を上手に管理し，表現し，また，それらを活用しなければならない．

　本章では，集合の2つの要素の間にある関係（この関係を2項関係とよぶ）を図で表現し，視覚に訴え，ものごとの本質を浮き彫りにし，その結果として，問題を首尾よく解く方法を学習する．

　また，確率や数列などの問題を格子点や図表を利用することによって，おこりうるパターンを網羅したり，状態の推移を視覚的にとらえ，ものごとを考えやすくするくふうについて考察する．

§1 関係を図で表現せよ

問題文には，一般に，多くの情報が含まれている．与えられた情報を有益に問題解決に活用するためには，情報を整理整頓し，見やすくしておく必要がある．机の上に散乱している書類から必要な書類を捜し出すのは骨が折れるが，もし，書類が体系的にファイルしてあれば，必要な書類を難なく捜し当てられることは，諸君も納得のいくところであろう．この事実は，問題文に含まれるデータの整理や体系的な管理が問題解決のためにも重要であることを物語っている．

この節では，複雑多岐な情報を図で表現し，視覚に訴えて，その問題の本質を浮き彫りにし，難問を首尾よく解決する方法を学ぶ．とくに，集合と，集合の2つの要素の間にある関係（**2項関係**）を点と線分（または曲線分）によって表現する方法（このようにして得られる図形を**グラフ**とよぶ）を中心的に取り扱う．

(例)

表 A

国	航路が存在する相手国
A	B, F
B	A, C, G
C	B, D
D	C, E, G
E	D, F
F	A, E, G
G	B, D, F

図 A に示すような7つの国 A, B, C, D, E, F, G がある．航路が存在する相手国を表 A に示してある．

D 国を出発した旅行者が，すべての国をちょうど1回ずつ訪問して，再び D 国に戻る周遊路は存在するか．

(解) 各国を点で表し，2国間に航路が存在するとき，また，そのときに限り，その2国を表す2点を線分で結ぶ（図 B）．図 B より，点 D から出発して，各点をちょうど1回ずつ通過して点 D に戻るルートは存在しないことがわかる．ゆえに，題意をみたすルートは存在しない．

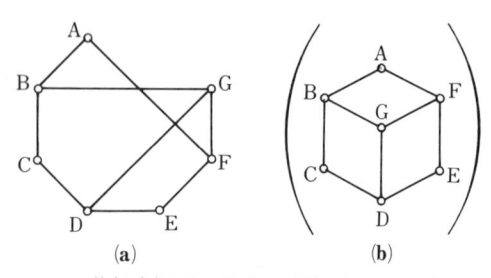

図 B （(a)と(b)は点と線分の連結のしかたは同じであるが，(b)のほうが見やすい．）

§1 関係を図で表現せよ 55

[例題 2・1・1]
　M夫妻は最近，同伴でパーティに出席し，そこには他に5組の夫婦が同伴で出席していた．いろいろな人々の間で握手が交わされた．どの人も自分の同伴者とは握手せず，どの人も同じ人と2度以上は握手をせず，また当然だが，だれも自分自身とは握手をしなかった．
　握手をしたあと，M氏は，彼の妻を含めた各人に，他の人と何回握手を交わしたかと尋ねた．驚いたことに，どの人も異なる回数を答えた．さて，M夫人は何回握手をしただろうか．

発想法
　この問題文には，『M氏以外の11人はすべて異なる回数握手をした』などの，大切な情報が含まれている．この抽象的な情報を，"視覚に訴える"ような何らかのよい表現方法を捜すことが重要である．問題文を"視覚化する"とは，"具体化する"ということである．

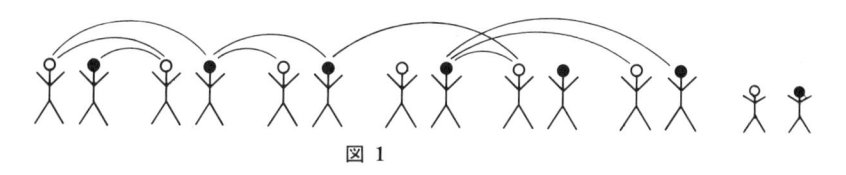

図1

　たとえば，図1は，女性を ⚲ ，男性を ⚫ で表し，握手を交わした人を曲線分で結ぶことにより，題意を表現した図である．このような図を描くと，曲線分が交差するので，どの人々の間で握手が交わされたかの関係が見にくい．これでは，情報を図で表現する意味が薄れる．だから，もっと見やすくするためにひとくふうする必要がある．本質を反映する上手な図で表現するように，心がけることが大切である．
　さて，この問題では，12人の人と，それらの人々の間で交わされた握手の回数が議論の対象となっている．そこで，12人の各人を白点（○）で表し，12個の点を円周上に配置し，握手した2人に対応する2点を線分で結んでいくと図2のような図形（このような，点と線からできる図形を**グラフ**という）がつくられていく．このグラフをもとに議論する．

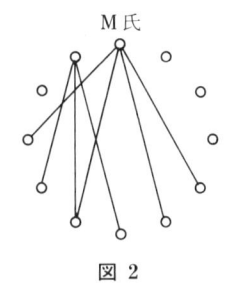

図2

解答　図3に示すように，12人を12個の点で表す．
　M氏の質問に対する返答は11個の異なる回数であったから，自分自身とその同伴者とは握手しないという条件を考慮すれば，11個の数は 0, 1, 2, 3, 4, 5, 6, 7, 8, 9, 10

[回]である（なぜなら，11個の異なる数が，たとえば，0, 1, 2, 3, 4, 6, 7, 8, 9, 10, 11であるとすると，11回握手を交わした人は自分以外のすべての人と握手を交わしたことになり，同伴者と握手をしないという仮定に矛盾するからである）．

だれか1人（たとえばA）は，10人の人々（たとえばB, C, D, E, F, G, H, I, J, K（M氏，M夫人もこの中に含む））と握手した．これをグラフに表現しよう．すなわち，図4のように，点Aと他の10点を辺で結ぶ．

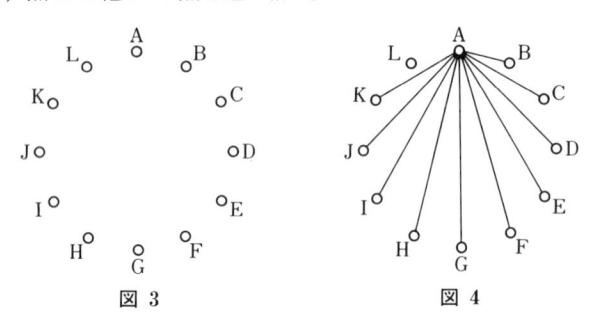

図 3　　　　　図 4

このグラフ（図4）から，

『10人の人々と握手をした人（A）の同伴者はLであり，Lはだれとも握手をしなかった』

ことがわかる．なぜなら，"10人と握手をした"という人（A）は，12人のうちで握手をしなかった人は2人だけで，その2人とは，その人自身（A）と，その人（A）の同伴者しかありえないからである．また，その人（A）と握手をしなかった人（L）が，他のだれとも握手をしなかったと断定してよい理由は，その人（A）と握手をしなかった人（L）が1回でも握手をしていたなら，"0人と握手した"という人がいなくなってしまうからである．

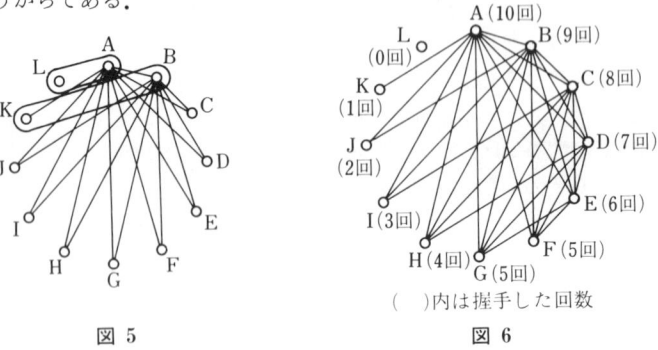

図 5　　　　　図 6
（　）内は握手した回数

10人の人々と握手をした人（A）と握手をしたうちのだれか1人（たとえばB）は，9人の人々（たとえばA, C, D, E, F, G, H, I, J）と握手している．図5のグラフより，

『9回握手をした人(B)の同伴者はKであり，Kは1回だけ握手をした』ことがわかる．なぜなら，"9人と握手をした"人(B)の同伴者は，その人(B)とは握手をしていない3人(A, K, L)のうちの1人であるが，そのうちの2人(A, L)は夫婦であることが，すでにわかっており，また1回だけ握手をした人が1人だけいることから，KはA以外のだれとも握手をしていないはずだからである．

同様な議論を繰り返していくと，8回握手した人と2回握手した人，7回の人と3回の人，6回の人と4回の人も夫婦であり，その時点で残った2人（どちらも5回握手している）も夫婦であることがわかる（図6）．

M氏の質問に対する返答はすべて異なる回数であったので，"5回握手した"2人はM夫妻に対応しなければならない（なぜなら，たとえば，"6回握手した人と4回握手した人"がM夫妻に対応すると仮定すると，M氏の質問に対する答えに「5回握手をした」という人が2人存在することになり，「返答がすべて異なる回数であった」という条件に矛盾するからである）．

よって，**M夫人は5回握手したことがわかる．**　　　……(答)

点と線からできる図形をグラフとよぶことは前にも述べたが，そのグラフ自身を扱っている入試問題の例を以下に紹介しよう．

── ⟨練習 2・1・1⟩ ──

次の文を読み，あとの問いに答えよ．

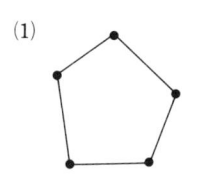

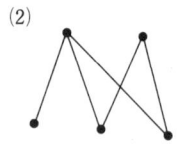

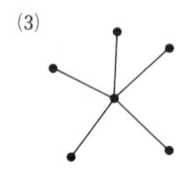

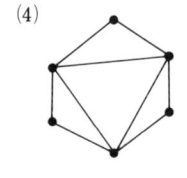

「図のように，いくつかの点(黒丸)を線(実線)で結んだものをグラフといい，それらの点を頂点，線を辺とよぶ．また，1本の両端にある頂点は隣り合っているといい，1つの頂点から出発していくつかの辺をたどってまた元の頂点に戻ってくる辺の列があれば，それを閉路という．

こうしたグラフについて，隣り合った頂点は同じ色に塗らないという条件で，赤と青の2色に塗り分けられるかどうかを考えてみよう．たとえば，右の図の(2), (3)は明らかに2色で塗れるが，(1)と(4)ではそれは不可能である．まず，辺の本数が①□□□の閉路は明らかに2色では塗り分けられないから，そうした閉路を含むグラフは2色では塗り分けられない(a)．

逆に，グラフが②□□□辺数の閉路をもたないと仮定しよう．任意の頂点 A をとりそれを赤で塗る．この頂点から出発して，それに隣接する頂点を③□□□，さらにそれらに隣接する頂点を④□□□ というように交互に2色を塗っていく．このようにすると，頂点 A から⑤□□□辺数だけ隔った頂点には赤が，⑥□□□辺数だけ隔った頂点には青が塗られる．

いま，ある頂点 B が両方の色で塗られたとしよう．このことは，頂点 A から B まで，⑦□□□辺数の辺の列と⑧□□□辺数の辺の列が存在することを意味する．この両方の辺を合わせると⑨□□□ができることになり仮定に反する(b)．

したがって，⑩□□□をもたないグラフの頂点は2色で塗り分けられる．

(1) ①〜⑩にあてはまる適当な数・式・語句を解答欄(省略)に記入せよ．
(2) (b)の論法を何というか．それを用いて(a)を詳しく説明せよ．
(3) ここで証明されたことを簡単な文章(命題)にまとめよ．　(明治大 経営)

§1 関係を図で表現せよ   59

発想法
参考のために，図(2),(3)のグラフの点を2色(黒と白)で塗り分けた図を示す(図1)．

解答 (1) ① 奇数　② 奇数の
　　　　③ 青　④ 赤　⑤ 偶数の
　　　　⑥ 奇数の　⑦ 偶数の
　　　　⑧ 奇数の（または，⑦ 奇数の，⑧ 偶数の）
　　　　⑨ 奇数の辺数の閉路　⑩ 奇数の辺数の閉路

(2) 背理法　　……(答)

【(a)の証明】 辺の本数が奇数の閉路上の頂点を，各辺の両端の頂点が異なる色になるように，2色で塗り分けられたと仮定する．任意の頂点 A を赤で塗るとすると，次の(ア),(イ)の2つの場合が考えられる．

(ア) 頂点 A とは異なる任意の頂点 B が赤で塗られたとき
　　頂点 A から B まで，2つの偶数の辺数の辺の列が存在する(図2(a))．この両方の辺を合わせると偶数の辺数の閉路ができることになり，仮定に反する．

(イ) 頂点 A とは異なる任意の頂点 B が青で塗られたとき
　　頂点 A から B まで，2つの奇数の辺数の辺の列が存在する(図2(b))．この両方の辺を合わせると偶数の辺数の閉路ができることになり，仮定に反する．

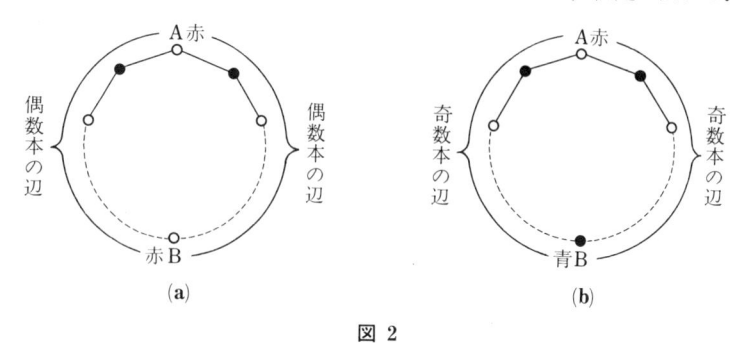

図 2

よって，辺が奇数の閉路上の頂点を辺の両端の頂点が異なる色になるように，2色で塗り分けられない．

(3) グラフの頂点を隣り合った2つの頂点が異なる色になるように，2色(たとえば青と赤)で色分けできるための必要十分条件は，そのグラフに奇数本の辺をもつ閉路が存在しないことである．

―――〈練習 2・1・2〉―――
「どの3点も同一直線上にない6個の点があるとき，それらのうち2点を結ぶ15本の辺を赤か黒かに勝手に塗ると，赤の辺だけをもつ三角形，または，黒の辺だけをもつ三角形が必ずできる」(ラムゼーの定理)の証明は，次のように行われる．

「6個の点のうちの1つの点Pをとると，これと他の5個の点 Q_1, Q_2, Q_3, Q_4, Q_5 を結ぶ5本の辺がある．この5辺のうち(1)[　　]3本は赤か，あるいは(1)[　　]3本は黒でなければならない(2)．いま，前者の場合であるとして，その3本の辺を PQ_1, PQ_2, PQ_3 としても一般性を失わない(3)．

3点 Q_1, Q_2, Q_3 を結ぶ3本の辺のうち1本でも赤の辺があれば，(4)[　　]と結んで赤の三角形ができるから定理は成り立っている．そうでない場合(5)には，黒の三角形(6)[　　]ができるからやはり定理は成り立っている．」

(1) 空欄に入る(同じ)適当な言葉を書け．
(2) なぜか，その理由を述べよ．
(3) なぜか，その理由を述べよ．
(4) 空欄に入る適当な記号を書け．
(5) どういう場合か，詳しく述べよ．
(6) 空欄に入る適当な記号を書け．
(7) 点の数が5個の場合に，この定理は成り立つかどうか．理由を付して答えよ．
(8) 点の数が7個の場合に，この定理は成り立つか．
(9) 点は「人」を表し，2点が赤い辺で結ばれている状態は「知り合いである」こと，2点が黒い辺で結ばれている状態は「知り合いでない」ことを表すと解釈すると，この定理はどのようにいいかえられるか．　　(明治大 経営)

[解答] (1) 少なくとも　……(答)
(2) 赤または黒の辺がいずれも2本以下であるとすると，赤または黒の辺は4本以下になり，5本の辺のいずれをも赤または黒で塗ったことに反するから．　……(答)
(3) 5本の辺のうち少なくとも3本が黒である場合には，以下の議論において「赤」と「黒」を書き換えることにより，命題の成立を示すことができ，また，少なくとも3本が赤のときに，3本の辺が PQ_1, PQ_2, PQ_3 でない場合には，点の名前をつけかえることにより，3本の辺が PQ_1, PQ_2, PQ_3 とすることができるから．
(4) P　……(答)　(図1)

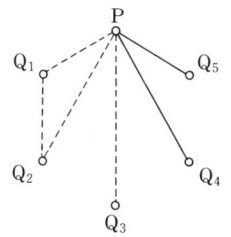

△$Q_1Q_2Q_3$ の3辺のうち,少なくとも1辺(Q_1Q_2)が赤のとき

図 1

△$Q_1Q_2Q_3$ は,3辺とも黒のとき

図 2

(5) 3点 Q_1, Q_2, Q_3 を結ぶ3本の辺がすべて黒の辺である場合. ……(答)
(6) $Q_1Q_2Q_3$ ……(答)(図2)
(7) 成り立たない.反例は,たとえば,図3のように,各頂点に接続する同色の辺が2本ずつになるように辺を塗った場合である. ……(答)
(8) 成り立つ.なぜならば,7個の頂点のうちから任意に6点を選んで,その6点を結ぶ辺だけに着目すればよいから. ……(答)
(9) 勝手に6人の人を集めれば,その中の少なくとも3人は,その中のどの2人もお互いに「知り合い」であるか,または,お互いに「知り合いでない」. ……(答)

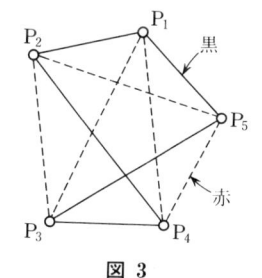

図 3

[例題 2・1・2]

セミナーに16人の学生がいる．これらの学生 a, b, c, ……, p のおのおのにアンケートをとり，おのおのが親友と思っている学生を調査した．その結果は表(a)のようになった．16人の学生をそれぞれ点で表し，親友である学生どうしを線分で結んで表した図が図(a)である．

ある日，彼らは中華飯店に行って，16人用の丸いテーブルを囲んで会食することになった．宴会の世話人は，この大きなテーブルで「各人の両隣に親友が着席する」……(☆)　ように着席順をきめたいと考えている．さて，このような着席順を決定することは可能だろうか．可能ならばその着席順をすべて示せ．

表(a)

学生	各学生の親友	学生	各学生の親友
a	b, f, g	i	c, h, j, m, n
b	a, c, h	j	d, i, k
c	b, d, i	k	e, j, l, n, o
d	c, e, j	l	f, g, k
e	d, f, k	m	g, i, p
f	a, e, l	n	i, k, p
g	a, h, l, m, o	o	g, k, p
h	b, g, i	p	m, n, o

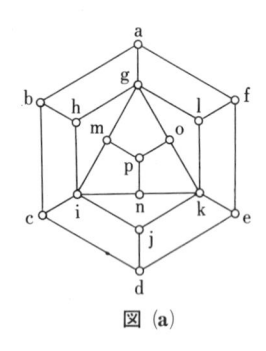

図(a)

発想法

条件(☆)をみたす着席順が存在することは，図(a)の中に，16個の点すべてをちょうど1回ずつ通過する閉路が存在することと同値であることに注目すればよい．

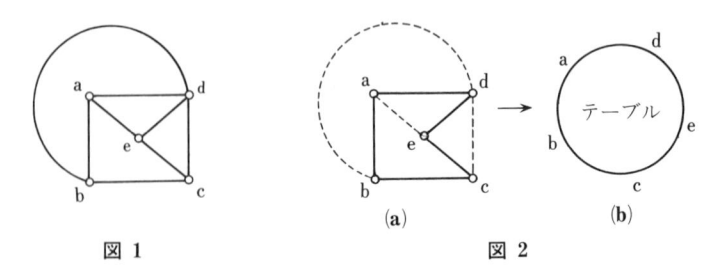

図1　　　図2

たとえば，図1に示すような人間関係が成り立っている場合について考えよう．図1において，各点を1回ずつ通過する閉路が存在する（図2(a)の実線）．このとき，そ

の閉路に現れる順に着席順をきめると，(☆)の条件をみたすような着席順を決定することができる (図2(b))．

解答 図3において，各点は学生を表し，2人の学生が親友のとき，またそのときに限り，学生に対応する2点を辺（線分）で結んだものである．

辺で結ばれたどの2点も異なる色になるように黒(●)と白(○)で，16個の点全体を塗り分ける(図3)．"条件(☆)をみたす着席順が存在する"ことと，"図3の中に，すべての点をちょうど1回だけ通過する閉路が存在する"こととは同値である．また，すべての点をちょうど1回だけ通過する閉路が存在すれば，その閉路上には，黒点と白点が交互に現れるはずである．だから，(☆)をみたす着席順が存在するためには，黒点の個数と白点の個数は同数であることが必要である．しかし，図3では黒点9個，白点7個である．

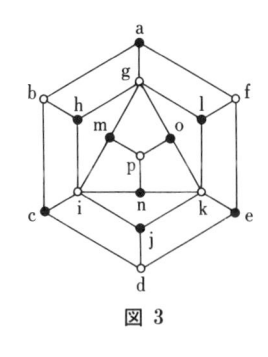

よって，**題意をみたす着席順は存在しない**．　　……(答)

―〈練習 2・1・3〉―

図(a)において，点は世界の 22 の都市のおのおのを，また 2 点を結ぶ線分は対応する 2 都市を結ぶ航路を表すものとする．

ある都市から出発した旅行者が，すべての都市をちょうど 1 回ずつ訪問しながら出発地点に戻る周遊路は存在するであろうか．

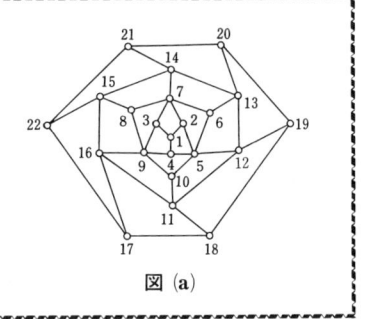

図 (a)

発想法

どの線分の両端も異なる色になるように，各点を黒または白で塗ってみよ．所望のルートが存在すると仮定すると，その閉じたルート上では，黒点，白点が交互に現れるはずである．このことに注目して矛盾を導け（[例題 1・3・1] 参照）．

解答 図(a)は，どの線分の両端も異なる色になるように，各点を黒または白で塗り分けることができる（図1）．よって，題意をみたす周遊が可能ならば，その航路は白点と黒点を交互に通過しているはずである．したがって，白点と黒点は同数個なければならない．

しかし，図1において，白点は 12 個，黒点は 10 個だからこれは不可能である．

よって，**所望の周遊路は存在しない**． ……(答)

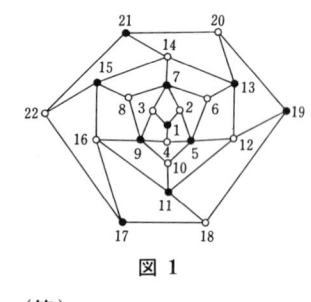

図 1

[例題 2・1・3]

次の各問いに対し，簡単な説明を付して答えよ．
6人の人がいて，

　　条件①　各人は他の5人のうちの3人とは互いに知り合いで，2人とは互いに知り合いではない．

が成立しているとする．

(1) この6人のうちに，互いに知り合いである2人の組はいくつあるか．
(2) この6人のうちから無作為に2人を選んだとき，その2人が互いに知り合いである確率を求めよ．
(3) この6人から2人を選んだら，その2人が互いに知り合いであったとする．残り4人から無作為に2人選んだとき，その2人が互いに知り合いである確率を求めよ．

さらに，上の条件①のほかに，

　　条件②　この6人のうちのある3人は，そのうちのどの2人をとっても，互いに知り合いである．

が成立しているとする．

(4) この6人から無作為に3人を選んだとき，そのうちのどの2人をとっても，互いに知り合いである確率を求めよ．
(5) この6人から無作為に3人を選んだとき，そのうちに互いに知り合いである2人の組が1つしかない確率を求めよ．

発想法

6人の各人を点（○）で表し，2人が互いに知り合いである場合，また，そのときに限り，対応する点どうしを線分で結ぶことにする．すると，試行錯誤の末，条件①をみたす"知り合い"関係を表す2つの異なる状態が存在しうることがわかる（図1(a), (b)）．

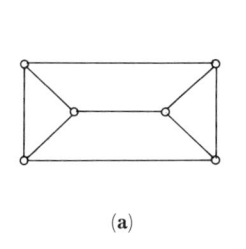

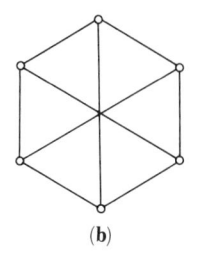

(a)　　　　(b)

図 1

しかし，これら 2 つのうちで，条件 ② をみたすものは図 1 (a) に示されるものだけである．なぜならば，図 1 (b) に示す人間関係においては，"どの 3 人を選んでも，そのうち少なくともある 2 人は，互いに知り合いではない" からである．

たとえば，6 人を A, B, ……, F として，この 6 人の知り合い関係が図 1 (b) と同じ構造をもつ図 2 のようになっているとき，A, B, C 3 人に注目すると，A と B, B と C は互いに知り合いであるが，A と C は互いに知り合いではない．

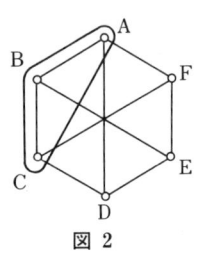

図 2

解答 (1) 知り合い関係の個数は，図 1 の点と点を結ぶ線分の本数に一致する．

各点から線分が 3 本出ているので，線分は，

$$\frac{3 \times 6}{2} = 9 \ [本]$$

である (2 でわるのは，3×6 では 1 本の線分をその両端点で 2 度重複して数えているからである)．

よって，互いに知り合いである 2 人の組は全部で **9 組** である． ……(答)

(2) 6 人から 2 人選ぶ選び方は ${}_6C_2 = \dfrac{6 \cdot 5}{2} = 15$ [通り] であり，15 組のうちのどの 1 組を選ぶのも同様に確からしい．(1) より互いに知り合いである 2 人の組は，9 組である．よって，求める確率は， $\dfrac{9}{15} = \dfrac{3}{5}$ ……(答)

(3) 最初に選ばれた 2 人を A, B とする．

点 A, B に接続している線分は合計 5 本であるから (図 3)，残りの 4 人の間でつかわれている線分は，9−5＝4 [本] である．

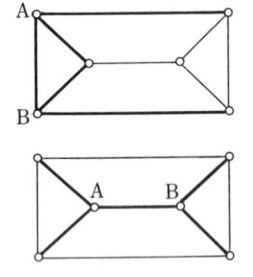

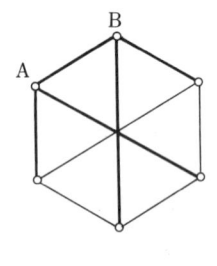

図 3

ゆえに，残りの 4 人のうち，互いに知り合いである 2 人の組は，4 組である．
4 人から 2 人選ぶ選び方は，

$${}_4C_2 = \frac{4 \cdot 3}{2} = 6 \ [通り]$$

である．

よって，求める確率は，　$\dfrac{4}{6} = \dfrac{2}{3}$　……(答)

(4) 条件②をみたす3人をA, B, Cとする．

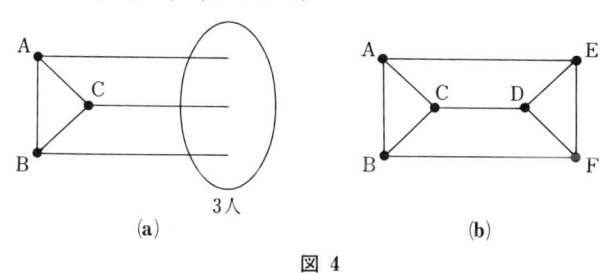

図 4

(a)　　　　　　(b)

点A, B, Cに接続している線分は合計6本あるので(図4(a))，残りの3人(D, E, Fとする)の間でつかわれている線分は 9−6=3 [本] である．このとき，この6人の間の知り合い関係は図4(b)のようなものでしかあり得ない．すなわち，3人すべて知り合いどうし(3人のうち，どの2人をとっても互いに知り合い)であるグループが2つ存在する．6人から3人を選ぶ選び方は，

　　$_6C_3 = 20$ [通り]

である．

　　よって，求める確率は，　$\dfrac{2}{20} = \dfrac{1}{10}$　……(答)

(5) 3人選んで知り合いの組が1つであるのは，一方の3人の知り合いどうしのグループから2人，他方のグループから，その2人のいずれとも線分で結ばれていない1人(この人は前の2人によって一意的にきまる)を選んだ場合である(たとえば，図5におけるA, B, Dの3人)．

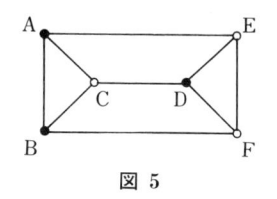

図 5

　　そのような選び方は，$2 \times {}_3C_2 = 6$ [通り] である．

　　よって，求める確率は，　$\dfrac{6}{20} = \dfrac{3}{10}$　……(答)

[コメント] (2)は，6人から任意に2人選んだとき，そのうちの一方(どちらでもよい)の人に着目すれば，他方の人と知り合いである確率は $\dfrac{3}{5}$ である．このことから，求める確率を $\dfrac{3}{5}$ としてもよいが，(3)は辺の本数を考えてしまったほうがスッキリするだろう．

68　第2章　情報の図による表現のしかた

〈練習 2・1・4〉

（縄文式土器の年代順決定問題）　日本の某地域の7つの遺跡から多くの縄文式土器が出土された．それらの土器は，タイプA〜Fに明確に分類することができる．各遺跡から発掘された土器のタイプの組合せは，

　　A-B, A-D, B-C, B-E, C-D, C-F, D-E　　　……（＊）

であった．次の条件①，②，③が成り立つとき，以下の設問に答えよ．

　条件①　同じタイプに属する土器は同一年代に作られたものである．
　条件②　それぞれの土器は，発掘された遺跡となった村で作られてからその村が滅びるまでの期間，人々に使用されていたとする．
　条件③　A〜Fの6タイプの中で，最も古い年代に作られた土器はAタイプの土器である．

これらの条件のもとでは，"A-B"は，ある遺跡においては，村が滅びるまでの間にAとBのタイプの土器が使われていたことを示す．

(1)　考古学の権威，石上嘉康博士は，「同じ遺跡から発掘されたことがないタイプの土器どうし，つまり，

　　A-C, A-E, A-F, B-D, B-F, C-E, D-F, E-F　……（＊＊）

は，どれも，同じ期間には人々に使用されていなかった」と判断した．この判断は正しくないことを証明せよ．

(2)　実際には，（＊＊）の中に，同じ期間に使用されていたタイプの土器が1組だけあるとする．その1組はどれか決定せよ．また，そのとき，最も新しい年代に作られた土器はどのタイプか推定せよ．

[解答]　(1)　6タイプの土器をそれぞれ点（○）で表す．そして，2つのタイプの土器が同じ遺跡から発掘されたとき（すなわち，2つのタイプの土器が同じ期間に使用されていたとき），それら2つのタイプの土器を表す2点を線分で結ぶ（図1）．このとき，たとえば，4つのタイプの土器A, B, C, Dに注目せよ（図2(a)）．すると，

『AとBとD，BとCとDは，それぞれある同一の期間に使用されていたことがあるが，AとC，およびBとDは同一の期間には使用されていない』　……（☆）

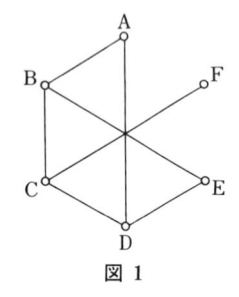

ことがわかる．時間を表す数直線（時間軸）上に土器A, B, Cが使用された期間（数直線上の区間）を，条件（☆）をみたすように描いたものが図2(b)である．数値線上

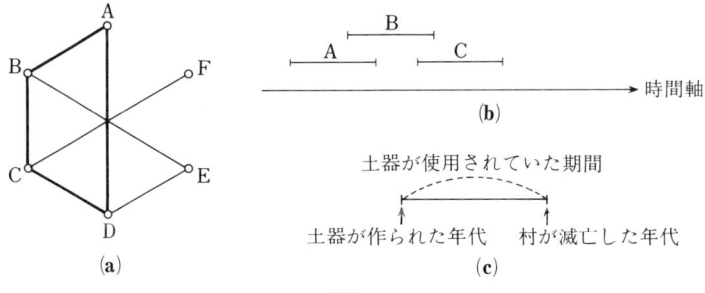

の区間の意味は，図2(c)に示す通りである．

図2

しかし，図2(b)に示す数直線上に，条件(☆)をみたすように土器Dが使用された期間を書き込むことは不可能である．たとえば，図3のように，土器Dが使用された期間を数直線上に記入すると，それぞれ矛盾が生じる．

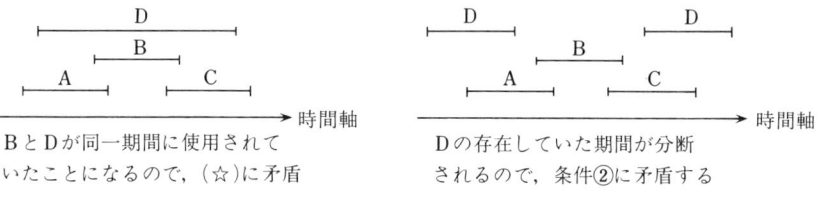

BとDが同一期間に使用されていたことになるので，(☆)に矛盾

Dの存在していた期間が分断されるので，条件②に矛盾する

図3

上述の考察より，図1において，(対角線のない)四角形ABCDやBCDEが存在することは矛盾である．すなわち，石上博士の判断は正しくない．

(2) (1)の考察により図1から対角線のない四角形がなくなれば，A～Fの6タイプの土器が使用されていた期間の順番が決定できる．図1に1本のみ線分を加えることにより，対角線のない四角形をなくすためには，新たに2点B, Dの間を辺で結ぶことになる．ゆえに，求める1組は，**B-D** ……(答)

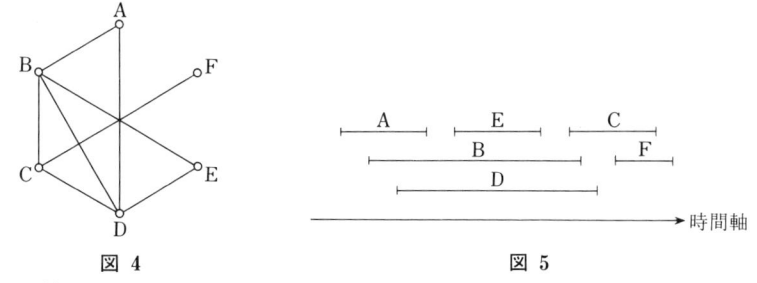

図4　　　　　**図5**

その結果，図4を得る．図4をみたすようにA～Fの土器が使用された期間を数直線(時間軸)上に表現すると，図5を得る．

よって，最も新しい年代に作られたと推定される土器は，**F** ……(答)

§2　状態の推移やおこり得る場合を図で表現せよ

　状態が時間の経過とともに変化していったり，あることを考察する際に，手順が重要になることがある．たとえば，ハノイの塔の問題とよばれている次の問題などはその典型である．

　（ハノイの塔の問題）　いちばん下が最大で，上へいくほど小さくなっていく中心に穴のあいた n 個の円環が木くぎにはめてある．これらの環を一度に1個ずつ動かしながら，別の木釘に移すことにする．環を一時的に置いておくために，もう1本の木くぎを利用できる（図A）．環を動かす途中で小さい環の上に大きい環を置いてはいけないとすると，これらの環を別の木くぎにもとと同じ形になるように最小の移動回数で移すには，どのような手順で動かせばよいか．

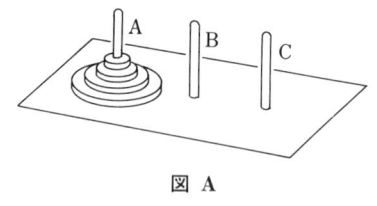

図A

　図Aに示す3本の柱は，それぞれ環を移動するたびに状態が変化する．たとえば，$n=4$ の場合の最小移動回数を与える円環の動かし方は，図Bのようになる．

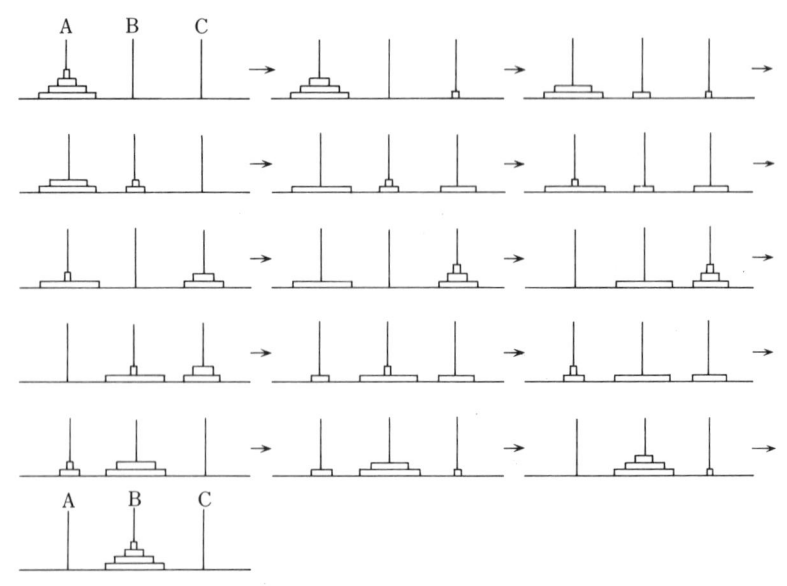

図B　4個の円環を木くぎAから木くぎBへ動かすプロセス

§2 状態の推移やおこり得る場合を図で表現せよ　71

　題意をみたすような最小回数の環の動かし方を考察するためには，その手順が重要になることは当然である．この問題を見通しよく解くためには，ある状態から他の状態に移り行く流れを適切な図で表現し，視覚に訴えることが大切なのである．

　本節の前半では，このような問題への視覚的攻略法について論じる．

　確率等の問題において，"おこり得るすべての場合"や"条件をみたすすべての場合"を数える必要に迫られることがある．このようなとき，座標平面上の格子点を矢印で結ぶ折れ線を利用すると（図C），それらの場合の数をモレなく，ダブリなく数えあげることができ，その結果として，いとも簡単に問題を解決できることが多い．

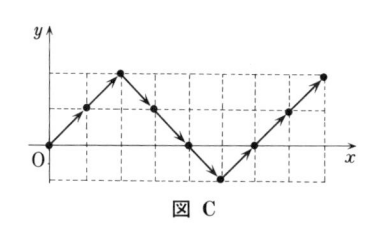

　この考え方と手法を学ぶことが後半の目的である．

[例題 2・2・1]

6人が円陣をつくってすわり、次のゲームをする。
(1) 最初、交互に赤と白の帽子をかぶり、隣り合う2人ずつの3つの組をつくる。各組でジャンケンをし、負けた人は勝った人と同色の帽子をかぶる。
(2) 6人が同色の帽子にならない場合、隣り合う異なる色の帽子をかぶった2人ずつが組をつくり、各組でジャンケンをし、負けた人は勝った人と同色の帽子をかぶる（両隣が自分と同色の帽子の人はジャンケンをしない）。
(3) ゲームは、6人の帽子が同色になれば終了とし、それまで何回か(2)を繰り返す。

このとき、n 回までにゲームが終了する確率を求めよ。ただし、ジャンケンでは、一方が勝つ確率は $\dfrac{1}{2}$ で、勝負がつくものとする。　　（京都大　文系）

発想法

題意の状態を図に描いてみよう。円周上に帽子の色（赤、白）を描くことにより、円陣をつくっている6人の帽子の状態を表す（図1）。◯で囲まれているペアが、ジャンケンをする。

1回目のジャンケンをした結果、おこり得る可能性のある帽子の色の組合せは、座っている位置に適切な回転をすれば、図2の4つのタイプのいずれかになる。

（赤の帽子の人数、白の帽子の人数）を記号 $(i, 6-i)$ で表すことにする。

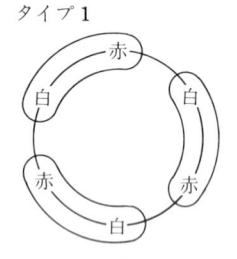

図1　初期状態

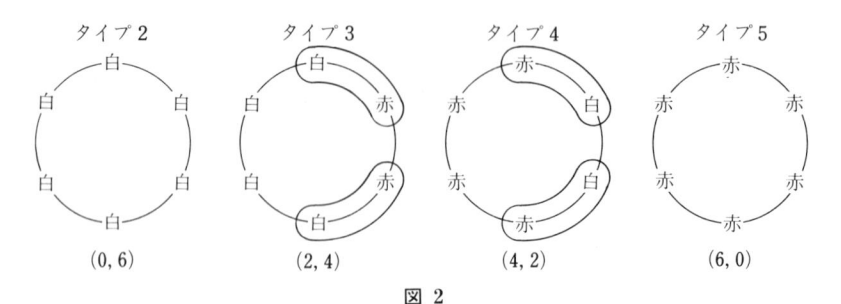

タイプ2　　タイプ3　　タイプ4　　タイプ5
(0, 6)　　(2, 4)　　(4, 2)　　(6, 0)

図2

1回目のジャンケン終了後、状態がタイプ2またはタイプ5になったら、このゲームは終了する。タイプ3やタイプ4の状態になったら、2回目のジャンケンをする。この操作が繰り返され、いろいろな状態がおこり得る。ひょっとすると、タイプ3と

タイプ4の状態が交互に繰り返されて，このゲームは永遠に終了しないことだってあり得るのだ!!

この無限ループを含む無数の場合を，図をつかって上手に表せるか否かが，この問題を解決するためのカギである．

図1，2に示す5つのタイプの状態の移り変わる様子を図で表現すると図3のようになる．

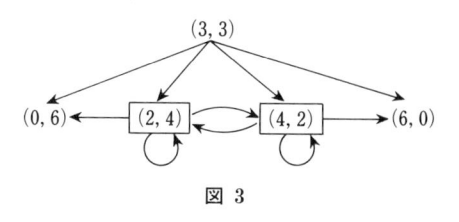

図3

解答 まず，推移のおこり得るタイプ間で，その推移のおこる確率を求める．

○ $(3,3) \longrightarrow (0,6)$，または，$(3,3) \longrightarrow (6,0)$

白(赤)い帽子をかぶっている人が3人とも勝つ場合であるから，

$$\left(\frac{1}{2}\right)^3 = \frac{1}{8}$$

○ $(3,3) \longrightarrow (2,4)$，または，$(3,3) \longrightarrow (4,2)$

白(赤)い帽子をかぶっている人が1人，赤(白)い帽子をかぶっている人が2人勝つ場合であるから，

$$3 \times \left(\frac{1}{2}\right)^3 = \frac{3}{8}$$

○ $(2,4) \longrightarrow (0,6)$，または，$(4,2) \longrightarrow (6,0)$

白(赤)い帽子をかぶっている人が2人とも勝つ場合であるから，

$$\left(\frac{1}{2}\right)^2 = \frac{1}{4}$$

○ $(2,4) \longrightarrow (4,2)$，または，$(4,2) \longrightarrow (2,4)$

赤(白)い帽子をかぶっている人が2人とも勝つ場合であるから，

$$\left(\frac{1}{2}\right)^2 = \frac{1}{4}$$

○ $(2,4) \longrightarrow (2,4)$，または，$(4,2) \longrightarrow (4,2)$

白い帽子をかぶっている人，赤い帽子をかぶっている人がそれぞれ1人ずつ勝つ場合であるから，

$$2 \times \left(\frac{1}{2}\right)^2 = \frac{1}{2}$$

k 回ジャンケンした直後に $(2,4)$ という状態にある確率を記号 p_k，k 回ジャンケンした直後に $(4,2)$ という状態にある確率を記号 q_k で表すことにする．$p_n + q_n$ は，n 回ジャンケンをした直後に $(2,4)$ または $(4,2)$ である確率である．すなわち，$p_n + q_n$ は，"n 回ジャンケンをしても，ゲームが終了していない確率"である．

よって，n 回までにゲームが終了する確率を p とすると，p は，

$$p = 1 - (p_n + q_n) \quad \cdots\cdots (*)$$

で与えられる.

図4より，$k \geq 1$ に対して，次の関係式が得られる.

$$p_{k+1} = \frac{1}{2}p_k + \frac{1}{4}q_k \quad \cdots\cdots ①$$

$$q_{k+1} = \frac{1}{2}q_k + \frac{1}{4}p_k \quad \cdots\cdots ②$$

また，$p_1 = \frac{3}{8}$, $q_1 = \frac{3}{8}$ である.

①+② より，

$$p_{k+1} + q_{k+1} = \frac{3}{4}(p_k + q_k)$$

$$p_n + q_n = \frac{3}{4}(p_{n-1} + q_{n-1})$$

$$= \left(\frac{3}{4}\right)^2 (p_{n-2} + q_{n-2})$$

$$\vdots$$

$$= \left(\frac{3}{4}\right)^{n-1} (p_1 + q_1)$$

$$= \left(\frac{3}{4}\right)^{n-1} \left(\frac{3}{8} + \frac{3}{8}\right) = \left(\frac{3}{4}\right)^n \quad \cdots\cdots ③$$

→ ； p_{k+1} を求めるとき注目すべき矢印
⇨ ； q_{k+1} を求めるとき注目すべき矢印

図 4

よって，求める確率 p は，(＊)に③を代入して，

$$1 - \left(\frac{3}{4}\right)^n \quad \cdots\cdots(答)$$

―― 〈練習 2・2・1〉 ――

箱0，箱1，……というように番号のついた箱が無限個あり，そのなかのどれか1つの箱にボールが1個入っている．これらに対して次の操作を行う．

操作：箱 i ($i=1, 2, \cdots\cdots$) にボールが入っている場合は，さいころを1回振って出た目により，下記のようにボールを移しかえる．

さいころの目	次にボールを入れる箱
1	箱 ($i+1$)
2, 3, 4	箱 i
5, 6	箱 ($i-1$)

また，箱0にボールが入っている場合は，さいころを振って1の目が出たときだけボールを箱1に移し，その他の目が出たときはそのままとする．

(1) 上記の操作を n 回行った後，箱 i にボールが入っている確率を $p_i(n)$ とする．

$$p_i(n+1) \quad (i=0, 1, \cdots\cdots) \text{ を } \{p_{i+k}(n) \mid k=0, \pm 1, \cdots\cdots\}$$

の要素のいくつかを用いて表せ．

(2) 上記の操作を繰り返していくと，$p_i(n)$ は極限値 p_i に収束し，$p_i = a_i p_0$ の形で表せることがわかっている．a_i を求めよ．

(3) p_0 を求めよ．

(東京工科大)

|発想法|

記号 $p_i(n)$ には2種類のパラメータ i と n が入っているから，それらに関する"協定"を正確に把握することが大切である．すなわち，添字 i は"箱の番号"であり，( )内の n は，"操作を n 回行った後の状態"を表している．

設問(1)では，出題者が $p_i(n+1)$ に焦点を合わせているので，操作を n 回行った後の箱 $i-1, i, i+1$ の状態と，操作を ($n+1$) 回行った後の箱 i の状態に注目する．

さらに，箱 i ($i=1, 2, \cdots\cdots$) にボールが入っているときと，箱0にボールが入っているときでは，操作が異なるので場合分けが必要である．それぞれの場合の状態変化を図に描いて考察してみよう（図1）．

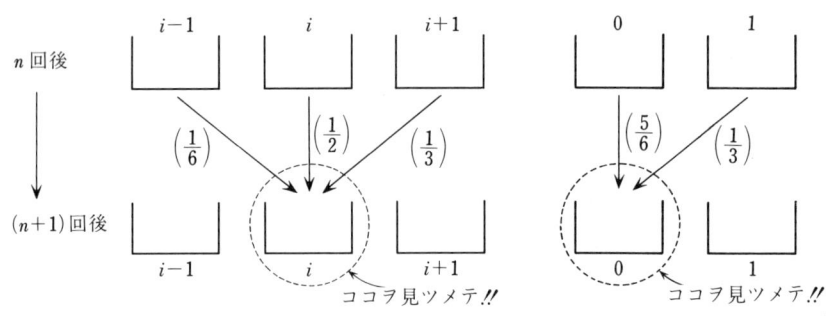

76　第2章　情報の図による表現のしかた

```
         i-1      i       i+1              0        1
n回後     ┌─┐   ┌─┐   ┌─┐           ┌─┐    ┌─┐
         │ │   │ │   │ │            │ │    │ │
              (1/6) (1/2) (1/3)           (5/6) (1/3)

(n+1)回後 ┌─┐   ┌─┐   ┌─┐           ┌─┐    ┌─┐
         │ │   │ │   │ │            │ │    │ │
         i-1    i      i+1             0      1
                 ココヲ見ツメテ!!              ココヲ見ツメテ!!
```

(a) 箱 i ($i=1, 2, \cdots\cdots$) にボールが入っているとき　　(b) 箱 0 にボールが入っているとき

図 1

【解答】 (1) (a)　n 回の操作の後，箱 i ($i=1, 2, \cdots\cdots$) にボールが入っているとき
図1(a)を参考にして，$p_i(n+1)$ は，

$$p_i(n+1) = \frac{1}{6}p_{i-1}(n) + \frac{1}{2}p_i(n) + \frac{1}{3}p_{i+1}(n) \quad \cdots\cdots ① \quad \text{(答)}$$

をみたす．

(b)　n 回の操作の後，箱 0 にボールが入っているとき
図1(b)を参考にして，$p_0(n+1)$ は，

$$p_0(n+1) = \frac{5}{6}p_0(n) + \frac{1}{3}p_1(n) \quad\quad\quad \cdots\cdots ② \quad \text{(答)}$$

をみたす．

(2) 記号 p_i の定義 ($p_i(n) \longrightarrow p_i$ ($n \to \infty$)) を，①，②に適用する．
①において $n \to \infty$ とすると，

$$p_i = \frac{1}{6}p_{i-1} + \frac{1}{2}p_i + \frac{1}{3}p_{i+1} \quad (i=1, 2, \cdots\cdots)$$

$$\therefore \quad p_{i+1} = \frac{3}{2}p_i - \frac{1}{2}p_{i-1} \quad\quad\quad \cdots\cdots ③$$

②において，$n \to \infty$ とすると，

$$p_0 = \frac{5}{6}p_0 + \frac{1}{3}p_1$$

$$\therefore \quad p_1 = \frac{1}{2}p_0 \quad\quad\quad \cdots\cdots ④$$

が成り立つ．

漸化式③，④で与えられる数列の一般項を求める．
③を変形すると，

$$p_{i+1} - p_i = \frac{1}{2}(p_i - p_{i-1})$$

$$= \left(\frac{1}{2}\right)^2 (p_{i-1} - p_{i-2})$$

$$= \cdots\cdots = \left(\frac{1}{2}\right)^i (p_1 - p_0) \quad \cdots\cdots ⑤$$

④, ⑤より，

$$p_{i+1} - p_i = -\left(\frac{1}{2}\right)^{i+1} p_0$$

i に $0, 1, \cdots\cdots, i-1$ を代入すると，

$$\not{p}_1 - p_0 = -\frac{1}{2} p_0$$

$$\not{p}_2 - \not{p}_1 = -\left(\frac{1}{2}\right)^2 p_0$$

$$\vdots$$

$$\not{p}_{i-1} - \not{p}_{i-2} = -\left(\frac{1}{2}\right)^{i-1} p_0$$

$$p_i - \not{p}_{i-1} = -\left(\frac{1}{2}\right)^i p_0$$

であり，辺々加えると，／印の付いた項が相殺するので，

$$p_i - p_0 = -\left\{\frac{1}{2} + \left(\frac{1}{2}\right)^2 + \cdots\cdots + \left(\frac{1}{2}\right)^i\right\} p_0$$

$$= -\frac{\frac{1}{2}\left\{1 - \left(\frac{1}{2}\right)^i\right\}}{1 - \frac{1}{2}} p_0 = -\left\{1 - \left(\frac{1}{2}\right)^i\right\} p_0$$

$$\therefore \quad p_i = \left(\frac{1}{2}\right)^i p_0 \quad (\text{この式は，} i=0 \text{ のときもみたしている})$$

よって， $\bm{a_i = \left(\dfrac{1}{2}\right)^i}$ ……(答)

(3) 無限回の操作の後，箱 0, 箱 1, …… のいずれかの箱にボールが入っている確率は，1 である．ゆえに，

$$p_0 + p_1 + p_2 + \cdots\cdots = 1 \quad \cdots\cdots(*)$$

が成り立つ．

$$(*) \Longleftrightarrow \left(\sum_{i=0}^{\infty} p_i = \sum_{i=0}^{\infty} a_i p_0 = p_0 \cdot \frac{1}{1 - \left(\frac{1}{2}\right)} = \right) 2 p_0 = 1$$

$$\therefore \quad \bm{p_0 = \frac{1}{2}} \quad \cdots\cdots(\text{答})$$

以上の結果，箱 i ($i=0, 1, 2, \cdots\cdots$) にボールが入っている確率 p_i は，

$$p_i = \left(\frac{1}{2}\right)^{i+1}$$

であることがわかる（図 2）．

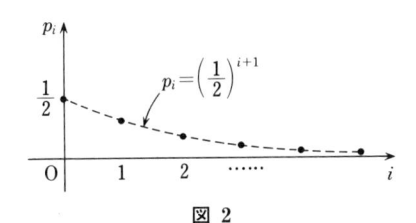

図 2

[例題 2・2・2]

　1匹の犬と，1匹の羊と，キャベツのかご1個を持った男が1隻のボートで川を渡る問題について考える．

　ボートは小さいので，男は，一度に，これらのうち1つだけしか運べない．さらに，犬と羊，あるいは，羊とキャベツのかごをいっしょに残しておく状態は避けなければならないものとする．男がこれらすべて運ぶのに最も効率のよい方法を決定せよ．

発想法

図1　現れてはならない組合せの1つ

　この問題を解くカギは，男のとる行動にある．彼は1人でボートに乗って川を渡ってもよいし，羊と渡ってもよいし，犬と渡ってもよいし，または，キャベツを持って渡ってもよい．

　男と羊，犬，キャベツの位置がどのように変化していくかを，うまく表現してみよう．簡単のために，Man, Sheep, Dog, Cabbage の頭文字をとり，男，羊，犬，キャベツを，それぞれ記号 M, S, D, C で代表させる．たとえば，図1において，右岸から左岸へ行かねばならないとして，左岸に羊とキャベツ，右岸に男と犬がいる"状態"を SC-MD などと表す．そのような組合せは，$2^4=16$ [通り] あるが，そのうち，犬と羊，あるいは，羊とキャベツのかごをいっしょに残しておけないことから，MC-SD, SD-MC, MD-SC, SC-MD, SCD-M, M-SCD という6通りの組合せは現れてはならない．

　ゆえに，考慮すべき組合せは，10通りだけである．

§2 状態の推移やおこり得る場合を図で表現せよ

初めの状態は，ϕ-MSDC であり，最後の状態は，MSDC-ϕ である．図2に示すように，左側，右側にそれぞれ，これら10通りの状態のおのおのを書いてみよう．

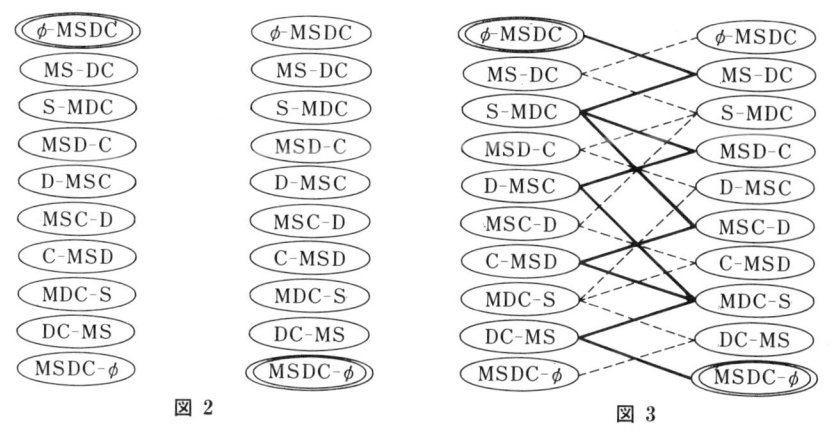

```
φ-MSDC          φ-MSDC          φ-MSDC          φ-MSDC
MS-DC           MS-DC           MS-DC           MS-DC
S-MDC           S-MDC           S-MDC           S-MDC
MSD-C           MSD-C           MSD-C           MSD-C
D-MSC           D-MSC           D-MSC           D-MSC
MSC-D           MSC-D           MSC-D           MSC-D
C-MSD           C-MSD           C-MSD           C-MSD
MDC-S           MDC-S           MDC-S           MDC-S
DC-MS           DC-MS           DC-MS           DC-MS
MSDC-φ          MSDC-φ          MSDC-φ          MSDC-φ
       図 2                            図 3
```

そして，左側に示す状態から，右側に示す状態に1回の川渡り（横断）で変化できるとき，それら2つの状態を線分で結んでみよ（図3）．

[解 答] 図3において，ϕ-MSDC から，最終の状態 MSDC-ϕ への至る経路を捜すと，異なる2通りの経路と，そのほかにループを含む冗長な解が無数に発見できる．それを図示すると図4のようになる． ……(答)

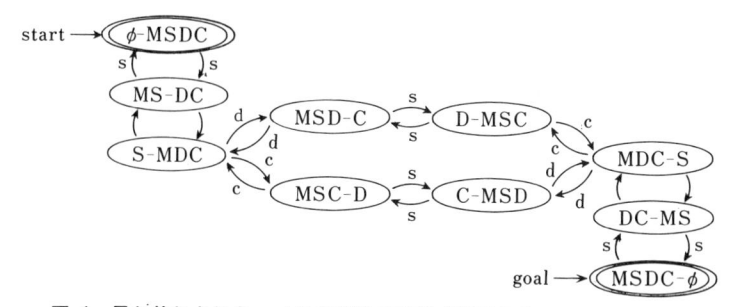

```
start → φ-MSDC
         ↕ s  s
         MS-DC
         ↕
         S-MDC ⇄ MSD-C ⇄ D-MSC ⇄ MDC-S
              d      s       c      ↕
              c      d       d      DC-MS
              MSC-D ⇄ C-MSD          ↕ s  s
                   s                goal → MSDC-φ
```

図 4 男と羊と犬とキャベツの問題の状態の遷移を表現する図

ただし，矢印についている英字は男がいっしょに運ぶものであり，何もついていない矢印は男だけで川を渡ることを意味する．

[例題 2・2・3]

電話を通して，n 人の人々の間でゴシップが広がるとする．n 人の各自が，他人の知らない独自の情報をもっている．

A と B の間の 1 回の電話で，A は自分の聞いたすべてのゴシップを B に伝え，B も自分の聞いたすべてのゴシップを A に伝える．n 人の人々の間で，すべてのゴシップが，すべての人々に伝わるのに必要な最少通話回数を a_n で表す．

このとき，次の問いに答えよ．

(1) a_2, a_3, a_4 を求めよ．
(2) 10 人の人々の間で通話が交わされる．通話回数 16 回で，ゴシップが 10 人すべてにいきわたるような電話のかけ方の順番を 1 つ図示せよ．
(3) $n \geq 4$ に対して，$a_n \leq 2n-4$ を示せ．

[解答] n 人の人に，$P_1, P_2, \ldots, P_n$ と名前をつけておく．各人 $P_1, P_2, \ldots, P_n$ を点で表し，P_k と P_l とが通話したとき，また，そのときに限り，点 P_k と P_l を辺で結ぶことにする．

(1) (ア) $n=2$ のとき最少通話回数は明らかに 1 回（図 1）．

したがって，　　$a_2 = 1$　　……（答）

(イ) $n=3$ のとき，

2 回では不十分（図 2 参照）であり，また，図 3 に示すような順に電話をすれば，P_1, P_2, P_3 すべての人にゴシップが伝わるので，最少通話回数は 3 回．

すなわち，　　$a_3 = 3$　　……（答）

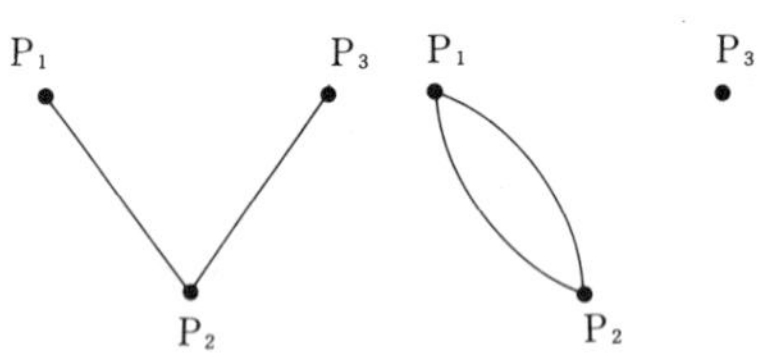

図 1

図 2

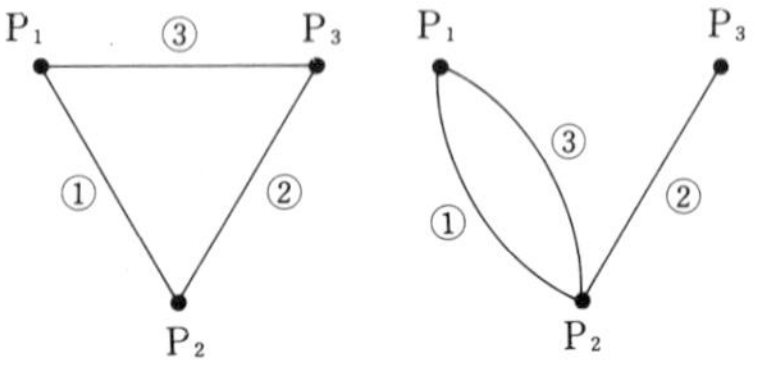

図 3

(ウ) $n=4$ のとき，

3 回では不十分（図 4 参照）であり，また図 5 に示すような順に電話をすれば，全員にゴシップが伝わる．

よって，　　$a_4 = 4$　　……（答）

図 4

図 5

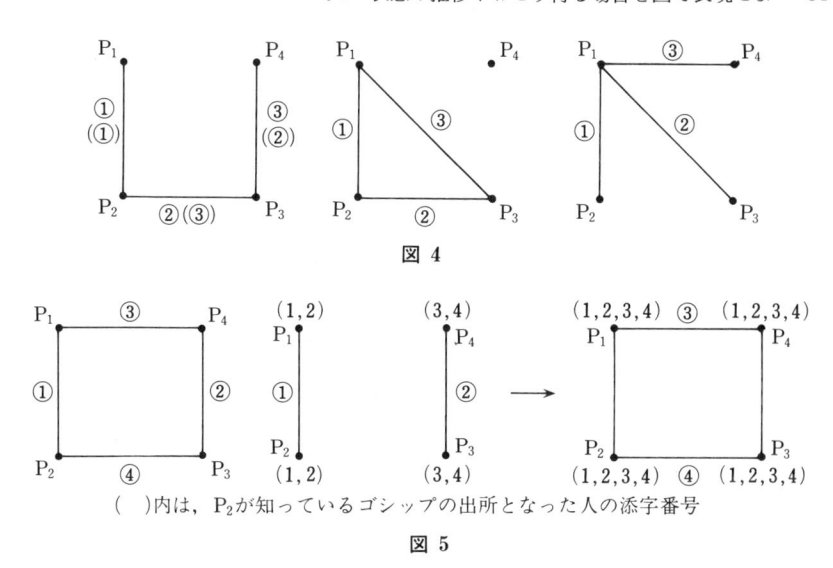

( )内は，P_2 が知っているゴシップの出所となった人の添字番号

(2) 10人の人々の間で交わされる電話の順番は，たとえば，図6に示すようにすればよい．

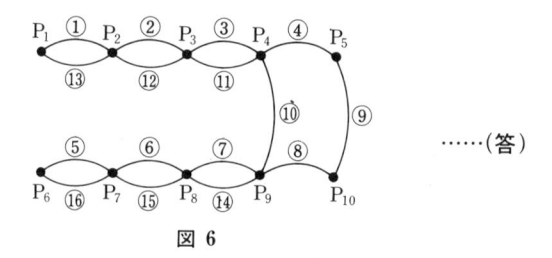

図 6 ……(答)

(3) $n=4$ のときには，$a_4=4=2\cdot 4-4$ が成立している．$n\geq 5$ に対して次のような通話の順序を考える．

① P_1 と P_n が通話する．このとき，P_1 と P_n は，ともに，$(1, n)$ のゴシップを知っている（図7(a)）．

② $P_1, P_2, \cdots\cdots, P_{n-1}$ の $(n-1)$ 人で，P_n の情報も交えて，ゴシップを伝え合う．このとき，$(n-1)$ 人の人々の間で，すべてのゴシップが，すべての人々に伝わるために必要な最少通話回数は a_{n-1} 回である（図7(b)）．

③ $P_1, P_2, \cdots\cdots, P_{n-1}$ のうち，だれか1人が，P_n にゴシップを伝える（図7(c)）．

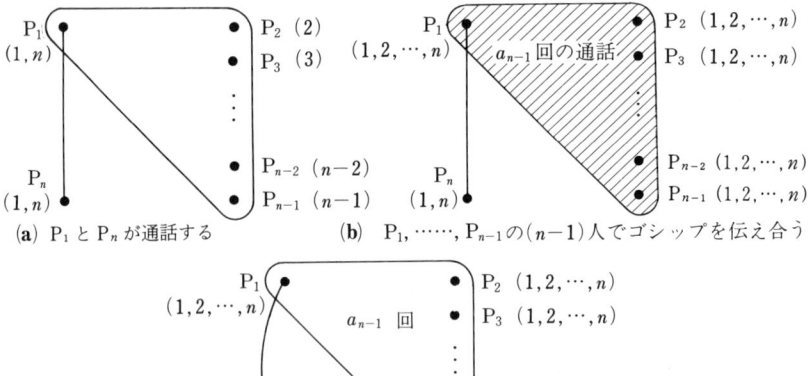

(a) P_1 と P_n が通話する　　**(b)** $P_1, \cdots\cdots, P_{n-1}$ の $(n-1)$ 人でゴシップを伝え合う

図 7　**(c)**

　以上，①, ②, ③ のプロセスは，n 人の人すべてに，すべてのゴシップが伝わる通話のしかたの１つであり，このときの通話回数は，

$$(a_{n-1}+2) 回$$

である．
　よって，n 人に関する最少通話回数 a_n は，これ以下でなければならないので，不等式

$$a_n \leq a_{n-1}+2 \quad \therefore \quad a_n - a_{n-1} \leq 2 \quad \cdots\cdots (*)$$

が成り立つ．
　$(*)$ は $n \geq 5$ に対し成立しているので，$(*)$ の n に $5, 6, \cdots\cdots, n$ を順次代入し，

$$\left. \begin{array}{l} a_5 - a_4 \leq 2 \\ a_6 - a_5 \leq 2 \\ \quad \vdots \\ a_n - a_{n-1} \leq 2 \end{array} \right\} (n-4) 本$$

を得る．
　辺々加えると，

$$a_n - a_4 \leq 2(n-4)$$

　$a_4 = 4$ より，

$$a_n \leq 2n - 4$$

〔コメント〕　実際には $n \geq 4$ に対して $a_n = 2n-4$ である．等号を示すためには，さらに $a_n \geq 2n-4$ を示せば十分であるが，この証明は難しい．

[例題 2・2・4]

ある人が機械を相手に勝ちと負けの確率がどちらも $\frac{1}{2}$ のゲームを行う．この人の初めの持ち点は10点であり，勝てば1点を得，負ければ2点を失う．この人の持ち点が0または1になるとゲームは終了する．このとき，ちょうど9回でゲームが終了する確率を求めよ．

発想法

9回の勝ち，負けのパターンは $2^9(=512)$ 通りもある．どのパターンも等確率でおこるのだから，題意をみたす場合の数が正確に求めることができれば決着がつく．しかし，こんなにたくさんある場合のなかから，題意をみたす場合がいくつあるのかを計算だけにたよって求めるのは，意外とたいへんだ．

樹形図を利用して解決しようとしても，512本の枝をもつ樹形図はノートに書ききれないし，ゲームを1回するごとに変化する持ち点の値を追跡するには有効な手段とはいえない(図1)．

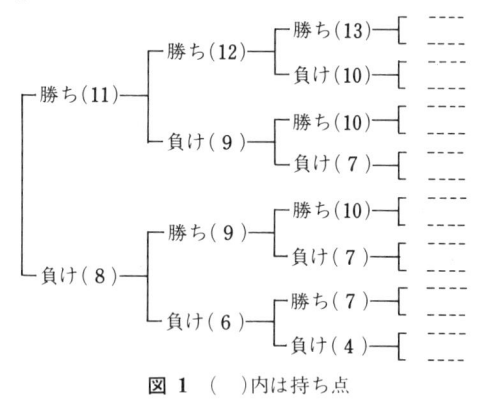

```
         ┌勝ち(12)┬勝ち(13)┬----
         │        └負け(10)┬----
┌勝ち(11)┤                  └----
│        │        ┌勝ち(10)┬----
│        └負け(9) ┤         └----
│                 └負け(7) ┬----
負け(8) ┤                    └----
         │        ┌勝ち(10)┬----
         ┌勝ち(9) ┤         └----
         │        └負け(7) ┬----
         └負け(6) ┤          └----
                  ┌勝ち(7) ┬----
                  │         └----
                  └負け(4) ┬----
                            └----
```

図1 ( )内は持ち点

次のように，格子点(x, y 座標成分が，ともに，整数である点)を使用して視覚に訴えると，数えもらしたり重複して数えることなく，題意をみたす場合の数をきわめて容易に求めることができる．

すなわち，ゲームの回数を x 軸，持ち点を y 軸にとり，xy 平面の第1象限の格子点を利用して，

"点 A(0, 10) を始点とする，題意をみたすすべての経路"

を矢印で図示することを考えればよい．何はともあれ，問題をもう1度読み返した後，図2にそれらの流れを鉛筆で書き込んでみよ．

図 2

図 3

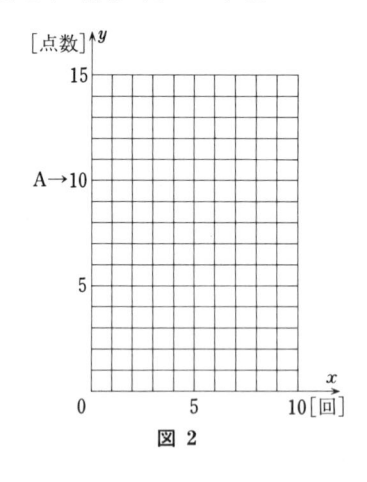

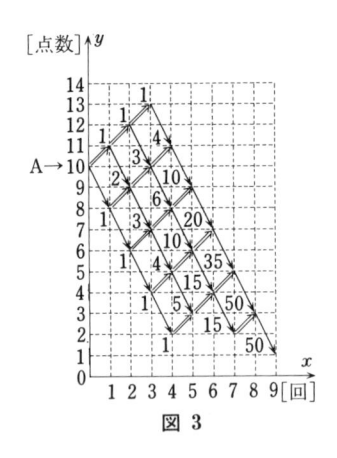

ゲームの経過をグラフで表現すると，図3のようになる．ただし，矢印↗は勝ち，↘は負けを意味する．また，各矢印の先端の左側の数は，点Aからその格子点にいくまでの場合の数を表す．

点Aから各格子点に至る場合の数は，その格子点に向かう2本の矢印の始点に記されている数を加えることにより求めることができる．たとえば，Aから点 (4, 5) に至る場合の数は，点 (4, 5) に向かう2本の矢印の始点 (3, 7), (3, 4) に記されている数字 3, 1 を加えることにより，

　　　3＋1＝4 [通り]

である．

[解答]　9回ゲームを行わないうちにゲームが終了する場合もゲームを行うと考えることによって，9回のゲームの勝ち負けの異なるパターンは，全部で 2^9 [通り] あり，すべての場合は，同様に確からしい．

9回でゲームが終了するのは

　　〝9回に持ち点が1点または0点になる〟

ときであるが，図3より，9回目に持ち点が0になることはあり得ず，また，9回目に持ち点が1点になるのは，50通りであることもわかる．

ゆえに，求める確率は，$\dfrac{50}{2^9} = \dfrac{25}{256}$　　……(答)

§2 状態の推移やおこり得る場合を図で表現せよ　85

────〈練習 2・2・2〉────
　数直線上の原点 O にコマをおく．さいころを振って奇数の目が出たら1だけ進み，偶数の目ならば1だけ後退する．k 回目にさいころを振って動いたコマの座標を Y_k とするとき，
(1) $Y_n (1 \leq n \leq 5)$ のうち，正のものがちょうど3個ある確率を求めよ．
(2) $Y_n (1 \leq n \leq 5)$ がすべて正である確率を求めよ．
(3) $Y_n (1 \leq n \leq 5)$ がすべて正であり，かつ，$Y_6 = 0$ である確率を求めよ．
(4) $Y_n (1 \leq n \leq 7)$ がすべて正であり，かつ，$Y_8 = 0$ である確率を求めよ．
(5) $Y_n (1 \leq n \leq 8)$ がすべて正である確率を求めよ．

発想法

　数直線上のコマの動きをそのまま図としてとらえようとすると，ゴチャゴチャして見にくくなる．
　たとえば，さいころを8回振って，(奇・奇・偶・偶・偶・奇・奇・奇)の目が出る状態を数直線上に書き込むと，図1のようになってしまう．これでは，思考を助けるどころか，かえって混乱してしまう．

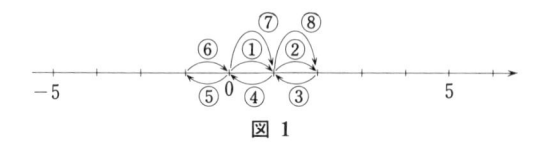

図 1

　そこで，時間とともに移り変わるコマの状態がハッキリ見通せるようにくふうして，1次元的な図(数直線)を次のようにして2次元的な図(xy 平面)に描き直そう．さいころを振って変化するものは Y_k の値と時間の2つだから，2次元で議論しようと考えることは自然なことである．
　すなわち，さいころを振る回数を x 軸，Y_n の値を y 軸にとり，さらに，コマの動きを，$(n+1)$ 個の点
　　点 $(0, 0), (1, Y_1), (2, Y_2), \cdots\cdots, (n, Y_n)$
を矢印で結んだときに得られる〝矢印つき折れ線〟としてとらえる．このとき，前述のさいころの目の出方(奇・奇・偶・偶・偶・奇・奇・奇)は，図2に示す〝矢印つき折れ線〟に対応する．
　この方針でコマの動きを表現すれば，視覚的展望が開け，この問題に対処しやすくなる．

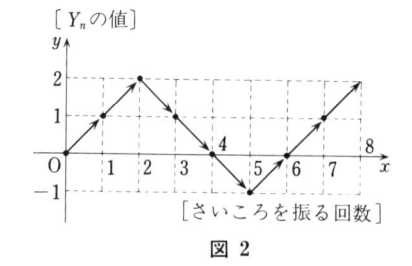

図 2

解答　(「**発想法**」で示した方針で考える.)

(1) $n=5$ までの"矢印つき折れ線"の経路は $2^5(=32)$ [通り] あり，これらは，同様に確からしく選ばれる(図3).

$Y_n(1 \leq n \leq 5)$ のうち，正のものがちょうど3個ある経路は，図4に示す4通りである.

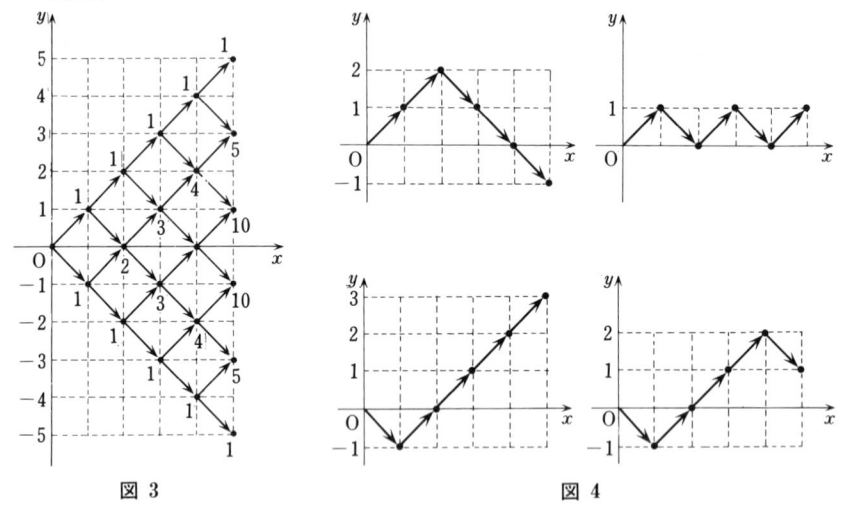

図3

図4

よって，求める確率は，$\dfrac{4}{2^5} = \dfrac{1}{8}$　……(答)

(2) $Y_n(1 \leq n \leq 5)$ がすべて正であるような，原点から各格子点への経路，および，その格子点への経路の本数を"順次書き込む"と図5を得る.

よって，$n=5$ までの経路 2^5 [通り] のうち Y_n $(1 \leq n \leq 5)$ がすべて正であるような場合の数は，

$1+3+2=6$ [通り]

である.

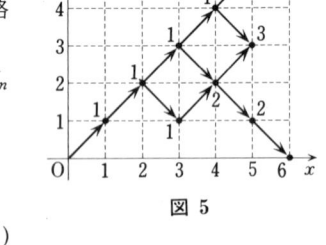

ゆえに，求める確率は $\dfrac{6}{2^5} = \dfrac{3}{16}$　……(答)

図5

(注)　ある格子点への経路の本数を"順次書き込む"というのは，たとえば $(x, y)=(5, 3)$ の点に記されている"3 [通り]"という値を得るには，この点に入ってくるすべての矢印の始点，$(4, 4)$ と $(4, 2)$ に記されている数値 1, 2 を加えることによって得られる，という意味である(図6).

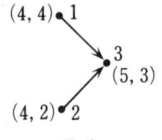

図6

(3) 図5より，$n=6$ までの経路 2^6 [通り] のうち題意をみたす点 $(6, 0)$ に行く経路の数は，2 [通り] である.

ゆえに，求める確率は，　$\dfrac{2}{2^6}=\dfrac{1}{2^5}$　……(答)

(4) $n=8$ までの経路は 2^8 [通り] あり，これらは，同様に確からしく選ばれる。$Y_n(1\leqq n\leqq 8)$ が，すべて正であるような，原点から各格子点への経路，および，その格子点への経路の個数を順次書き込むと，図7を得る(図5を，さらに $x=8$ まで続ければよい)。

題意をみたすような点 $(8,0)$ に行く経路の数は，5[通り] である。

ゆえに，求める確率は，

$\dfrac{5}{2^8}$ [通り]　　……(答)

図 7

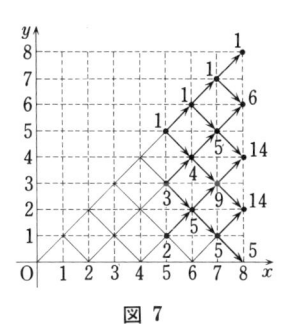

(5) 図7より，$n=8$ までの経路 2^8 [通り] のうち $Y_n(1\leqq n\leqq 8)$ がすべて正であるような場合の数は，

　　$1+6+14+14=35$ [通り]

である。

よって，求める確率は，$\dfrac{35}{2^8}$　　……(答)

―――〈練習 2・2・3〉―――
数直線上に点 P があり,硬貨を投げて表が出たら $+1$,裏が出たら -1 だけ進む操作を繰り返すものとする.
(1) 最初,原点 O にあった点 P が,$2n$ 回 ($n=1, 2, \cdots\cdots$) の操作後に原点 O にある確率を p_{2n} とする.p_{2n} を求めよ.
(2) 最初,原点 O にあった点 P が,$2n$ 回 ($n=1, 2, \cdots\cdots$) の操作後に,初めて原点に戻る確率を q_{2n} とする.q_2, q_4, q_6, q_8 を求めよ.

発想法

q_{2n} については,〈練習 2・2・2〉と同じように,硬貨を投げる回数を x 軸,数直線上における点 P と原点 O の距離 Y_n を y 軸にとり,点 P の動きを点 $(0, 0), (1, Y_1), (2, Y_2), \cdots\cdots, (n, Y_n)$ を矢印で結んだ"矢印つき折れ線"としてとらえるとよい(図1).図1の例は,硬貨の表と裏の出方が,(表・表・裏・表・表・裏・裏・裏)の場合に相当する.

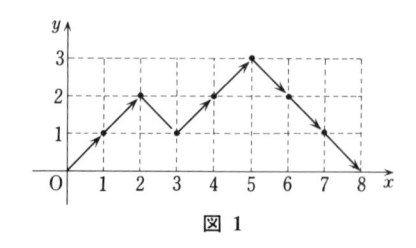

図 1

解答 (1) 点 P が $2n$ 回の操作の後に,原点にあるということは,硬貨を $2n$ 回投げたうちの n 回が表,n 回が裏であった場合に相当する.また,硬貨の表,裏の出る確率は,それぞれ $\frac{1}{2}$ で,同様に確からしいので,

$$p_{2n} = {}_{2n}C_n \left(\frac{1}{2}\right)^n \left(\frac{1}{2}\right)^n = \frac{(2n)!}{(n!)^2 2^{2n}} \quad \cdots\cdots(答)$$

(2) 『最初に原点 O にあった点 P が,$2n$ 回の操作の後,初めて原点に戻る』ということは,「発想法」の図的表現における解釈をすると,『原点 O を始点とする"矢印つき折れ線"が,$2n$ 回の操作の後,初めて x 軸に戻る』ということにほかならない.

(ア) q_2 について
2 回の操作で硬貨の表と裏の出方は 2^2 [通り] である.
2 回目に,初めて原点に戻る経路は,図2に実線で示すパターンと,その x 軸に関して対称な点線で示すパターンの 2 通りだけである.よって,

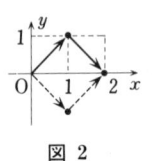

$$q_2 = \frac{2}{2^2} = \frac{1}{2} \quad \cdots\cdots(答)$$

図 2

(イ) q_4 について
4 回の操作で硬貨の表と裏の出方は 2^4 [通り] である.
4 回目に,初めて原点に戻る経路は,図3に実線で示すパターンと,その x 軸

に関して対称な点線で示すパターンの 2 通りだけである．よって，

$$q_4 = \frac{2}{2^4} = \frac{1}{8} \quad \text{……(答)}$$

(ウ) q_6 について

6 回の操作で硬貨の表と裏の出方は 2^6 [通り] である．6 回目に，初めて原点に戻る経路は，図 4 に実線で示す 2 つのパターンと，その x 軸に関して対称な点線で示すパターンの 4 通りだけである．よって，

$$q_6 = \frac{4}{2^6} = \frac{1}{16} \quad \text{……(答)}$$

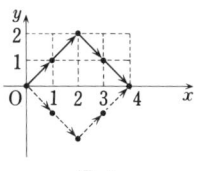

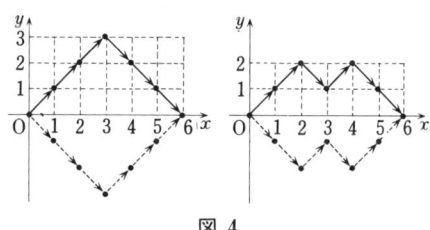

図 3

図 4

(エ) q_8 について

8 回の操作で硬貨の表と裏の出方は 2^8 [通り] である．8 回目に，初めて原点に戻る経路は，図 5 に実線で示す 5 つのパターンと，その x 軸に関して対称なパターンの 10 通りだけである．

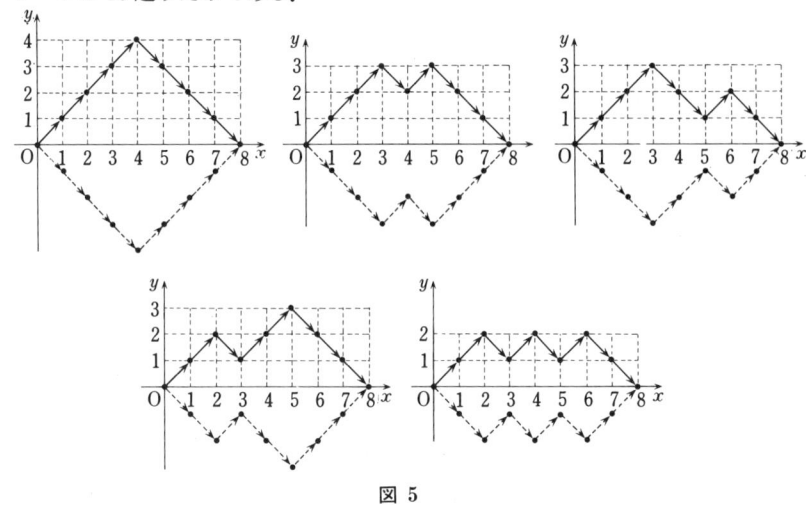

図 5

よって，

$$q_8 = \frac{10}{2^8} = \frac{5}{128} \quad \text{……(答)}$$

[コメント] 一般の n の値に対して $q_{2n} = p_{2n} - \sum_{j=1}^{n-1} q_{2j} p_{2(n-j)}$ が成り立つが，小さな n の値に対しては，上の「**解答**」のように調べてみてしまったほうが楽である．

第3章　グラフへ帰着させる方法

　犬は，嗅覚が優れている．だから，警察犬は嗅覚に頼って犯人を捜し出す．コウモリは，超音波を出し，真暗で迷路のように入り組んだ洞窟の中でも，自分の位置を正確に知ることができ，どんなに速く飛んでも岩壁にぶつからない．生物は，みな，彼らの本領とする感覚をつかいこなし，敵から身を守り，生き続けていく．人間の五感（視覚，聴覚，味覚，嗅覚，触覚）の中で，とくに優れている感覚は視覚である．だから，人は大いに視覚を利用すべきである．

　問題を解く際に，情報が極度に抽象化されて表現されている式や関数を扱うより，その式や関数が意味する図形やグラフを観察したほうが，的確に本質に近づくことができ，問題をすばやく解決できることがしばしばある．

　たとえば，方程式 $\sin\theta=\theta$ をみたす正の値 θ を求めるとしよう．

　$y=\sin\theta$ と $y=\theta$ のグラフを θy 平面に描けば，図Aのようになる．

　図Aより，曲線 $y=\sin\theta$ と直線 $y=\theta$ は，$\theta>0$ の範囲で交わらないので，この方程式に条件をみたす解が存在していないことは，一目瞭然である．

　本章では，いくつかの重要なテーマ（方程式，不等式，最大値・最小値問題，数列の極限，論理，確率）に関して，図を利用し視覚に訴え，複雑な問題を容易に解く方法を解説することにしよう．

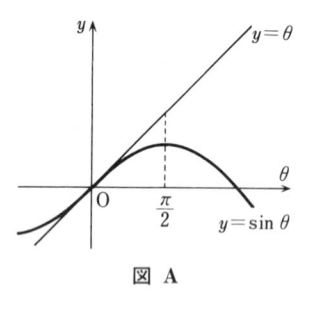

図 A

§1　方程式の実数解は2曲線の交点に帰着させよ

　方程式とグラフ（または図形）とは当然異なる概念である．しかし，たとえば，$f(x, y) = x^2 + y^2 - r^2 = 0$ という方程式が与えられたとき，人は xy 平面上に描かれている原点を中心とする半径 r の円（図 A(a)）を思い浮かべたり，xyz 空間内の z 軸を中心軸とする半径 r の円柱面（図 A(b)）を思い浮かべるだろう．本節では，本来は異なる概念である方程式とグラフを結びつけることにより，方程式の実数解を求める方針について解説する．

　式 $f(x, y) = 0$ が与えられたとき，最初に注意しなければいけないことは，その式が表すグラフ（または図形）を平面上で考えているのか，それとも空間で考えているのかで，異なるグラフ（または図形）になるということであるが，立体図形を直接，図に描くことは難しいので（Vの**第Ⅱ章**参照），本節では，xy 座標平面の問題に限定する．

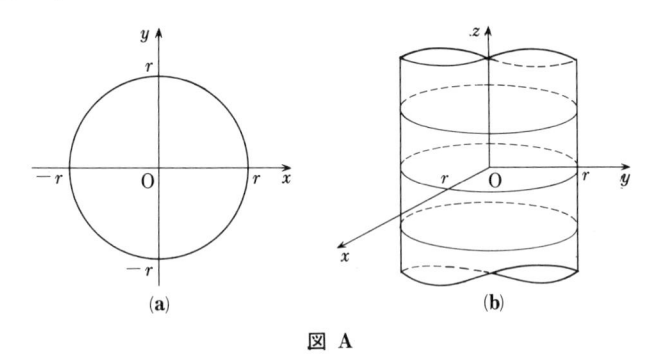

図 A

　一般に，方程式 $f(x, y) = 0$ とそれが表す（xy 平面上の）グラフ G の間にはどんな関係があるのだろうか（図 B）．その関係は，次の（☆）のようにまとめることができる．

図 B

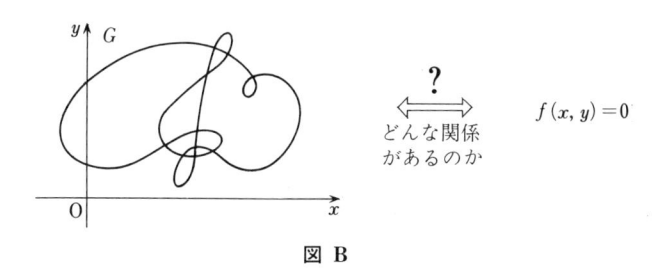

「方程式 $f(x,y)=0$ の各実数解 (x,y) を，xy 平面上の点 (x,y) とみなす．このとき，$f(x,y)=0$ の実数解 (x,y) の全体は，xy 平面上の点集合となる．その点集合を $f(x,y)=0$ のグラフ（または図形）という．」……(☆)

すなわち，実数 x, y の組 (x_0, y_0) が $f(x,y)=0$ の解ならば，xy 平面上の点 (x_0, y_0) は $f(x,y)=0$ の表すグラフ（または図形）上にあり（図 C），実数 x, y の組 (x_1, y_1) が $f(x,y)=0$ の解でないならば，点 (x_1, y_1) は $f(x,y)=0$ の表すグラフ（または図形）上にない（図 D）．

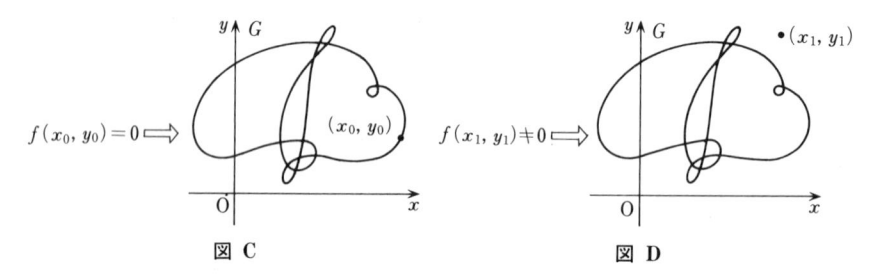

図 C　　　図 D

上述の協定（☆）により，方程式 $f(x,y)=0$ とグラフは，自然に同一視できるのである．

問題を解くとき，方程式 $f(x,y)=0$ 自身を考えるよりも，それが表すグラフを考えたほうが，その問題の本質を視覚に訴えることができ，問題を攻略しやすい．

それゆえ，方程式を扱う問題を解く際に，グラフ（または図形）を描くことによって問題を簡単に処理することを考えよう．

[例題 3・1・1]

実数 x の方程式
$$|\log_3 x| - ax - b = 0 \quad \cdots\cdots(*)$$
が，相異なる3個の実数解をもち，それらの比が 1:2:3 であるという．
定数 a, b の値を求めよ．

発想法

実数 x の方程式
$$|\log_3 x| - ax - b = 0 \quad \cdots\cdots(*)$$
の相異なる3個の実数解が 1:2:3 の比をもつことから，それらの解を
$$\alpha, 2\alpha, 3\alpha \quad (\alpha > 0)$$
とおくことができる．これらを(*)に代入すると，次の3式が得られる．

$|\log_3 \alpha| - a\alpha - b = 0 \quad \cdots\cdots①$
$|\log_3 2\alpha| - 2a\alpha - b = 0 \quad \cdots\cdots②$
$|\log_3 3\alpha| - 3a\alpha - b = 0 \quad \cdots\cdots③$

3個の未知数に対し，式が3本あるから，これらの式をうまく変形して a, b, α の値を求めることは可能であろう．

しかし，この連立方程式は解きたくない．なぜなら，絶対値記号をはずすために，
$$0 < \alpha \leq \frac{1}{3}, \quad \frac{1}{3} < \alpha \leq \frac{1}{2}, \quad \frac{1}{2} < \alpha \leq 1, \quad 1 < \alpha$$
と，場合分けを4通りもしなければならないからだ．

そこで，まず，実際にグラフを描き，1:2:3 の比をもつ3つの解がどのような値をとるのか見当をつけてみよう．

3つの解は，曲線 $y = |\log_3 x|$ と直線 $y = ax + b$ の交点の x 座標として求めることができる．このとき，直線 $y = ax + b$ は傾きと y 切片に，それぞれパラメータ a, b が含まれており，いろいろ変化するから，それに対応するいろいろなグラフを描いてみることが大切だ．もしかしたら，題意をみたす解の値は1組とは限らないからだ．

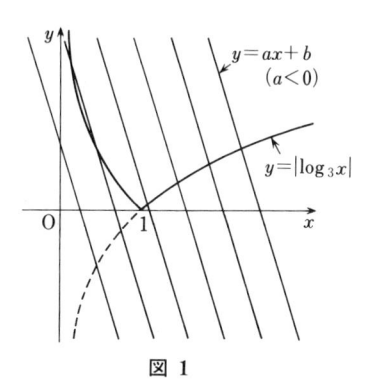

a が負のときは，1つの解または2つの解しかもたない（図1）．

a が正のときには，図2のようなとき，すなわち $(0<)$ $\alpha < 1 < 2\alpha$ のときに限り題意をみたすような関係を得ることができるのがわかる．

図 1

これより，先ほどの①, ②, ③の式を，あらゆる場合を尽くすように，αの値によって場合分けする必要はなくなった．なぜなら，グラフより実数解αの存在範囲を

$$0<\alpha<1<2\alpha, \quad \text{すなわち} \quad \frac{1}{2}<\alpha<1$$

と絞り込むことができるので，場合分けすることなく①, ②, ③の絶対値記号をはずすことができるからだ．

解 答 方程式(∗)の3つの解を，$\alpha, 2\alpha, 3\alpha$ ($\alpha>0$)とおくと，図2のグラフを参照して，

$$\frac{1}{2}<\alpha<1 \quad \cdots\cdots(\text{☆})$$

図2

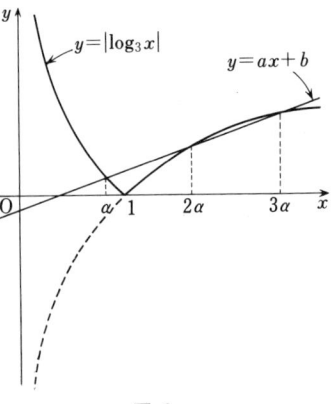

であることが必要である．このもとに，次の3式を得る．

$$\begin{cases} a\alpha+b=-\log_3\alpha & \cdots\cdots① \\ 2a\alpha+b=\log_3 2\alpha=\log_3\alpha+\log_3 2 & \cdots\cdots② \\ 3a\alpha+b=\log_3 3\alpha=\log_3\alpha+\log_3 3 & \cdots\cdots③ \end{cases}$$

①, ②, ③を，ともにみたす(☆)なるαが存在するような定数a, bの値を求めればよい．

③−②よりbを消去すると，

$$a\alpha=\log_3\frac{3}{2} \quad \cdots\cdots④$$

④を①と②にそれぞれ代入して，

$$\log_3\frac{3}{2}+b=-\log_3\alpha \quad \cdots\cdots①'$$

$$2\log_3\frac{3}{2}+b=\log_3\alpha+\log_3 2 \quad \cdots\cdots②'$$

②′−①′より，

$$\log_3\frac{3}{2}=2\log_3\alpha+\log_3 2$$

$$\therefore \quad \log_3\alpha^2=\log_3\frac{3}{2}-\log_3 2=\log_3\frac{3}{4}$$

$$\therefore \quad \alpha^2=\frac{3}{4} \quad \therefore \quad \alpha=\frac{\sqrt{3}}{2} \quad \cdots\cdots⑤ \quad (\because \quad \alpha>0)$$

(このαの値は，(☆)の仮定，$\frac{1}{2}<\alpha<1$を確かにみたしている.)

⑤を④に代入して，

$$a\cdot\frac{\sqrt{3}}{2}=\log_3\frac{3}{2}$$

§1 方程式の実数解は2曲線の交点に帰着させよ　95

$$\therefore a = \frac{2\sqrt{3}}{3}\log_3 \frac{3}{2} \quad \cdots\cdots(答)$$

⑤を①′へ代入して，

$$b = -\log_3 \frac{\sqrt{3}}{2} - \log_3 \frac{3}{2}$$

$$= \log_3 \frac{4}{3\sqrt{3}}$$

$$\therefore b = \log_3 \frac{4\sqrt{3}}{9} \quad \cdots\cdots(答)$$

(注)　与えられた方程式が，定数 a, b をうまく定めれば，1：2：3 の比の解をもつことがありうることを前提として解いてある．

　したがって，「必要条件 (☆) のもとで考えて」a の値が1つ $\left(a = \frac{\sqrt{3}}{2}\right)$ しか得られなかったことから，十分性の確認を省いてある．

　また，この後，a, b の値を求める際に，それらの値を求めやすい式へ $a = \frac{\sqrt{3}}{2}$ を代入することにより a, b の値を求めているが，その a, b の値が他の式もみたしていることを確認していないのも題意の解の存在のもとに，a, b の値がそれぞれ1つずつしか得られなかった理由による．

〈練習 3・1・1〉

p, q を実数の定数として，
$$\log_4(x^2+px+q+1)=1+\log_4 x$$
をみたす実数 x の値がただ 1 つだけ存在するという．

点 (p, q) の存在範囲を求め，図示せよ．

発想法

$$\log_4(x^2+px+q+1)=1+\log_4 x \iff \log_4(x^2+px+q+1)=\log_4 4+\log_4 x$$
$$\iff \log_4(x^2+px+q+1)=\log_4 4x$$

"(真数)>0" なる条件を考えると，与式は，
$$\begin{cases} x^2+px+q+1=4x & \cdots\cdots Ⓐ \\ 4x>0 & \cdots\cdots Ⓑ \\ x^2+px+q+1>0 & \cdots\cdots Ⓒ \end{cases}$$
と同値である．しかし，

「Ⓐ, Ⓑが成立すれば，Ⓒは成立する」

ので，処理し難い条件Ⓒは考えなくてもよいことに注意せよ．

解答 1 　与方程式 $\log_4(x^2+px+q+1)=1+\log_4 x$ は，
$$x^2+px+q+1=4x \quad \cdots\cdots ① \quad かつ \quad x>0 \quad \cdots\cdots ②$$
と同値である．

①を移項して，
$$x^2=(4-p)x-(q+1) \qquad \cdots\cdots ①'$$
とし，

放物線；$y=x^2$ 　　　　　　　$\cdots\cdots ③$
直　線；$y=(4-p)x-(q+1)$ $\cdots\cdots ④$

が，$x>0$ にただ 1 つだけ共有点 (交点または接点) をもつための実数 p, q の条件を求めればよい．直線④の y 切片；$-(q+1)$ の値により場合分けして考える．

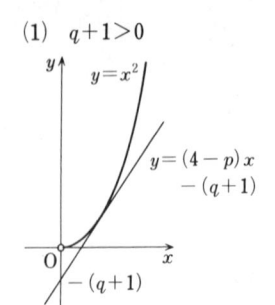

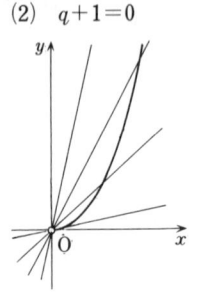

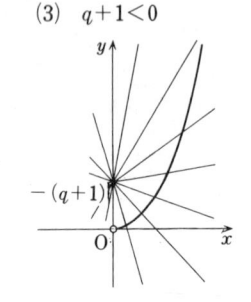

(1) $q+1>0$ 　　　　(2) $q+1=0$ 　　　　(3) $q+1<0$

図 1

(1) $q>-1$ の場合

直線④が放物線③に接すること，すなわち x の2次方程式①′が $x>0$ の範囲に重複解をもつことが必要十分．

$$\begin{cases} (\text{直線④の傾き})=4-p>0 \\ \text{かつ} \\ (\text{①′の判別式})=(p-4)^2-4(q+1)=0 \end{cases}$$

$\therefore \quad p=4-2\sqrt{q+1}$

(2) $q=-1$ の場合

直線④の傾きが正であることが必要十分．すなわち，

$(\text{直線④の傾き})=4-p>0$

$\therefore \quad 4>p$

(3) $q<-1$ の場合

p は任意．

以上より，求める点 (p, q) の存在範囲は，

$$\begin{cases} q>-1 \text{ かつ } p=4-2\sqrt{q+1} \\ q=-1 \text{ かつ } 4>p \\ q<-1 \end{cases} \quad \cdots\cdots(\text{答})$$

これを図示すると，図2の「斜線部，および，曲線 $q=\dfrac{(p-4)^2}{4}-1$ 上，$q=-1$ かつ $p<4$ なる部分」である．ただし，点線の境界と○印の点は除く．

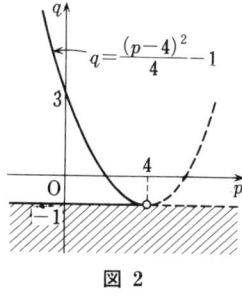

図 2

解答 2 ①より，

$f(x)=x^2-(4-p)x+q+1$

とおく．$y=f(x)$ が $x>0$ で，x 軸とただ1つの共有点をもつような点 (p, q) の範囲を求めればよい．

(i) $f(0)=q+1>0$ のとき（図3），

$y=f(x)$ が $x>0$ なる重複解をもつことが必要十分．解と係数の関係より，$(2\text{解の和})=4-p$ であるから，$(\text{重複解})=\dfrac{4-p}{2}$ であることに注意して，

$$\begin{cases} (\text{①の判別式})=(4-p)^2-4(q+1)=0 \\ 4-p>0 \end{cases}$$

図 3

(ii) $f(0)=q+1=0$ のとき（図4），

$f(x)=0$ の1つの解は0だから，もう1つの解も実数であり（図4参照），その解を α とすると，解と係数の関係より，

$(2\text{解の和})=4-p=\alpha+0$

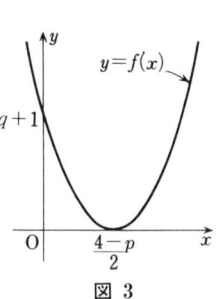

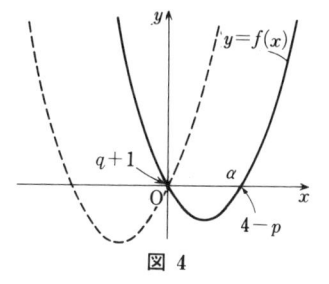

図 4

∴ $a = 4-p$

が成り立つ.

　　求める条件は $a>0$ となることであるから,

　　　$a = 4-p > 0$　　∴　$p < 4$

(iii) $f(0) = q+1 < 0$ のとき (図5),

　　p の値にかかわらず, $f(x) = 0$ は異符号の2つの実数解をもつ(図5)ので, $x > 0$ なる実数解をただ1つもつ.
以上の結果を図示すれば図2を得る.

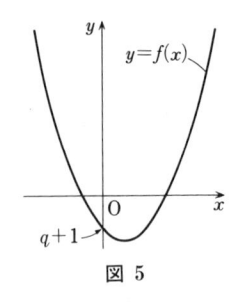

図 5

§1 方程式の実数解は２曲線の交点に帰着させよ 99

[例題 3・1・2]
正の整数 k に対して，実数 x の方程式 $x=2k\pi\sin x$ の $x\geqq 0$ におけるすべての解の和を $s(k)$ とおく．このとき，$\displaystyle\lim_{k\to\infty}\frac{s(k)}{k^2}$ を求めよ．

発想法

　方程式 $x=2k\pi\sin x$ は「解くことができない」のだから，実数解 x の正確な値を求めた後に $s(k)$ を求めることはできない．そこで図を利用し，この方程式の実数解の性質を大ざっぱにとらえ，"はさみうちの原理" を活用しよう．
　まず最初に考えつくのは，直線 $y=x$ と 曲線 $y=2k\pi\sin x$ のグラフを用いて方程式 $x=2k\pi\sin x$ の実数解を考察しようという方針である．曲線 $y=2k\pi\sin x$ は，振幅 $2k\pi$ の正弦曲線である（図1）．
　k はいろいろな値をとるが，いきなり k の変化も考えようとすると，x と k が変数ということになって混乱してしまう．そこで，k に何か具体的な値を入れて，固定してから考えるとよい．

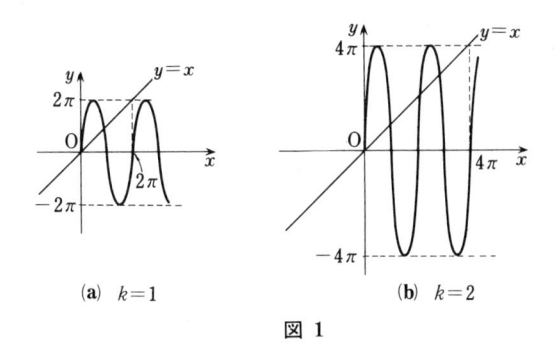

(a) $k=1$　　　(b) $k=2$

図 1

　次に考えつくのは，$x=2k\pi\sin x$ を $\dfrac{x}{2k\pi}=\sin x$ と変形し，曲線 $y=\sin x$ と直線 $y=\dfrac{x}{2k\pi}$ との交点を調べる問題にすり替えるという方針である．このように $\sin x$ の係数にパラメータ k を含む形から含まない形に変形することにより，「親しみのある」グラフで処理できるようになる．
　一般に，パラメータ（ここでは k）を含む方程式をグラフで処理するときには，どうしたらパラメータの変化に伴うグラフの変化がつかみやすくなるかを考えて，与えられた式を変形するとよい．
　直線 $y=\dfrac{x}{2k\pi}$ は，原点 O と点 $(2k\pi,1)$ を通る（図2）．

100　第3章　グラフへ帰着させる方法

図2

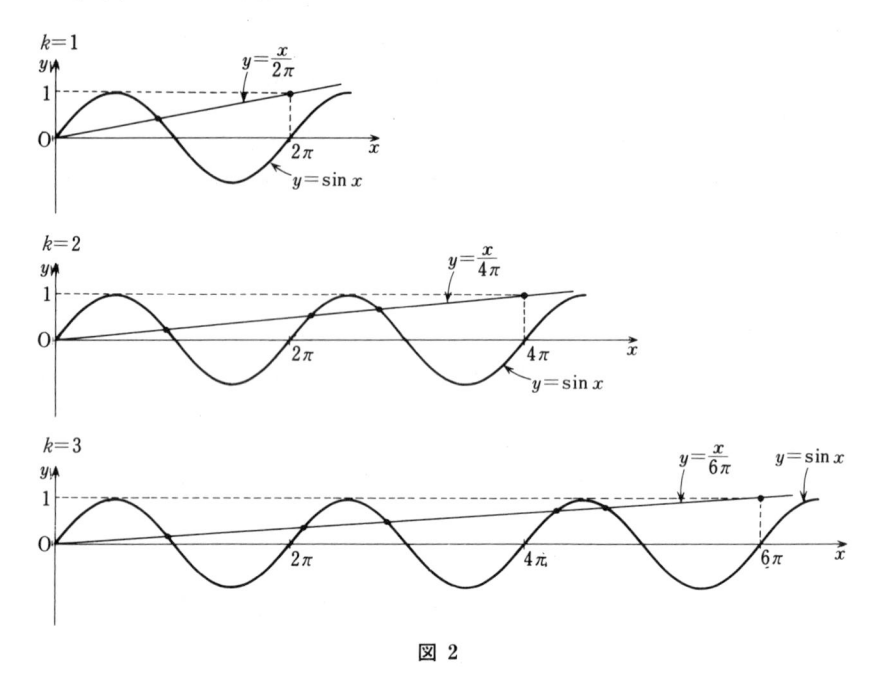

以下の議論は，図1のグラフを利用しても図2のグラフを利用しても，同じであるが，図2のグラフのほうが気分的に扱いやすいと考えられるので，図2のグラフを用いて解説する．

k に入る値があまり小さいと，一般の k の値に対しても適応しうる規則性を見落としてしまう危険性がある．そこで $k=3$（図3; $k=3$）の図を利用して，一般の k の場合についての規則性を推測しよう．

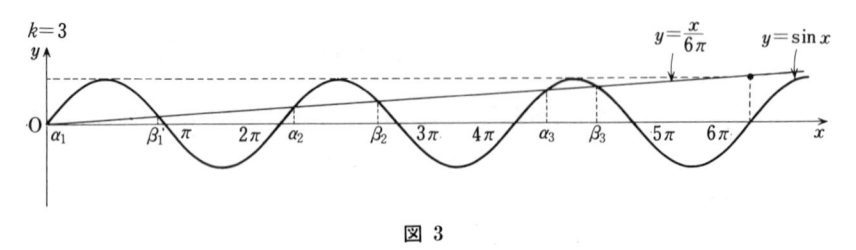

図3

$k>0$ では，直線と正弦曲線の交点は $y \geqq 0$ なる点に限られる．したがって，正弦曲線が $y \geqq 0$ なる範囲に存在する，

$$[0, \pi], [2\pi, 3\pi], \cdots\cdots, [2(k-1)\pi, (2k-1)\pi]$$

なる $(k-1)$ 個の区間を考えれば十分である．そして，この各区間において直線と正弦曲線の交点は 2 点ずつ存在する．

$[2(i-1)\pi, (2i-1)\pi]$ の範囲にある 2 つの実数解 (i 番目の区間の交点の x 座標) を, $\alpha_i, \beta_i \ (\alpha_i \leq \beta_i)$ とおくことにすると,
$$2(i-1)\pi \leq \alpha_i \leq \beta_i \leq (2i-1)\pi$$
という不等式が成り立つ. 実際には $i \geq 2$ においては等号をつけておく必要はないが, 等号を入れたほうが細かいことを吟味する必要がなくなるから入れただけである.

実数解が実際に存在する i の範囲は, グラフより
$$1 \leq i \leq k$$
であるから, $s(k)$ は,
$$\begin{aligned} s(k) &= \alpha_1 + \beta_1 + \alpha_2 + \beta_2 + \cdots\cdots + \alpha_k + \beta_k \\ &= (\alpha_1 + \beta_1) + (\alpha_2 + \beta_2) + \cdots\cdots + (\alpha_k + \beta_k) \\ &= \sum_{i=1}^{k}(\alpha_i + \beta_i) \end{aligned}$$
で与えられる.

解答 グラフ (図 4 または図 5) より, 題意の方程式は,
$$2(i-1)\pi \leq \alpha_i \leq \beta_i \leq (2i-1)\pi \quad (i=1, 2, \cdots\cdots, k)$$
なる実数解をもつ. これより, 実数解 α_i と β_i の和は次の不等式をみたす.
$$4(i-1)\pi \leq \alpha_i + \beta_i \leq 2(2i-1)\pi$$

図 4

図 5

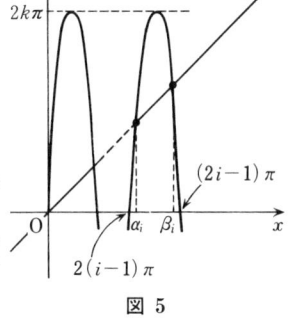

この不等式の $i=1$ から k までの和をとると,
$$4\pi \cdot \sum_{i=1}^{k}(i-1) \leq \sum_{i=1}^{k}(\alpha_i + \beta_i) \leq 2\pi \cdot \sum_{i=1}^{k}(2i-1)$$
$$\iff 4\pi\left\{\frac{k(k+1)}{2} - k\right\} \leq s(k) \leq 2\pi\left\{2 \cdot \frac{k(k+1)}{2} - k\right\}$$
$$\iff 2\pi k(k-1) \leq s(k) \leq 2\pi k^2$$
$$\iff 2\pi \frac{k-1}{k} \leq \frac{s(k)}{k^2} \leq 2\pi$$

ここで, 最左項は $\displaystyle\lim_{k \to \infty} 2\pi \frac{k-1}{k} = 2\pi$ であることから, "はさみうちの原理" により,
$$\lim_{k \to \infty} \frac{s(k)}{k^2} = 2\pi \qquad \cdots\cdots(\text{答})$$

[コメント] 「解答」では，区間 $[2(i-1)\pi, (2i-1)\pi]$ に存在する 2 つの実数解 α_i, β_i の和 $(\alpha_i+\beta_i)$ を不等式で表すことにより，$x=2k\pi\sin x$ のすべての解の和 $s(k)$ を考察した．しかし，$k\to\infty$ とするとき，$x=2k\pi\sin x$ の実数解おのおののふるまいを調べることにより，$s(k)$ を考察することができる．

すなわち，直観的には，$k\to\infty$ とすることにより，$x=2k\pi\sin x$ の実数解 α_i, β_i $(i=1, 2, \cdots\cdots, k)$ はそれぞれ次の値に収束する（図 6）．

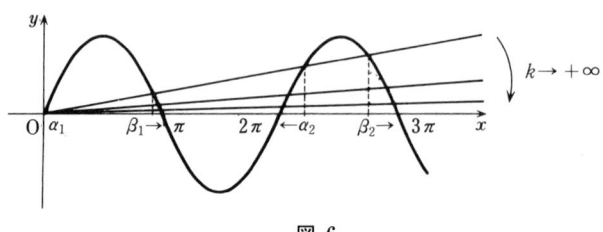

図 6

$\alpha_1=0$
$\beta_1 \to \pi$
$\alpha_2 \to 2\pi$
$\beta_2 \to 3\pi$
$\vdots$
$\alpha_k \to (2k-2)\pi$
$\beta_k \to (2k-1)\pi$

これらの値を辺々加えると，

$$s(k) \longrightarrow \sum_{i=0}^{2k-1} i\pi$$
$$=\frac{2k\cdot(2k-1)\pi}{2}$$
$$=(2k^2-k)\pi$$

となる．よって，

$$\frac{s(k)}{k^2} \longrightarrow \frac{(2k^2-k)\pi}{k^2}=\left(2-\frac{1}{k}\right)\pi \xrightarrow{(k\to\infty)} 2\pi$$

と求めることができる．

§1 方程式の実数解は2曲線の交点に帰着させよ　103

─〈練習 3・1・2〉─
3次方程式 $x^3-3mx+m-3=0$（m は定数）が異なる3つの実数解 α,β,γ をもつとき、次の問いに答えよ。
(1) m の範囲を求めよ。
(2) $\alpha<\beta<\gamma$ とするとき、α,β,γ の範囲をそれぞれ求めよ。

解答1 (1)（3次関数 $y=f(x)$ が、極大値と極小値をもち、それらの符号が異なることが $y=f(x)$ が異なる3つの実数解をもつための必要十分条件である。）
$$f(x)=x^3-3mx+m-3$$
とおくと、
$$f'(x)=3x^2-3m$$
$$=3(x^2-m)$$
である。

ゆえに、$m>0$ のときに $y=f(x)$ は極大値（$f(-\sqrt{m})$）と極小値（$f(\sqrt{m})$）をもち、$m>0$ のもとに、$y=f(x)$ の極大値と極小値の正、負が異なるとき、$f(x)=0$ は、相異なる3つの実数解をもつ。

$$f(\sqrt{m})\cdot f(-\sqrt{m})<0$$
$$\iff (m\sqrt{m}-3m\sqrt{m}+m-3)(-m\sqrt{m}+3m\sqrt{m}+m-3)<0$$
$$\iff \{(m-3)-2m\sqrt{m}\}\{(m-3)+2m\sqrt{m}\}<0$$
$$\iff (m-3)^2-4m^3<0$$
$$\iff m^2-6m+9-4m^3<0$$
$$\iff 4m^3-m^2+6m-9>0$$
$$\iff (m-1)(4m^2+3m+9)>0$$

$4m^2+3m+9$ は、m の値によらず正であるから、結局、求める m の範囲は、
　　$m>1$　（$m>0$ をみたしている）　……（答）

（注）（極大値）>0，（極小値）<0 として個々に考えると面倒になる。

解答2 (1) $f(x)=0$ の実数解は、曲線 $y=x^3-3$ と直線 $y=m(3x-1)$ の交点の x 座標である。ゆえに、$y=x^3-3$ と $y=m(3x-1)$（点 $\left(\dfrac{1}{3},0\right)$ を通り、傾き $3m$ の直線）が相異なる3個の点で交わるような、m の範囲を求めればよい。

まず、$y'=3x^2$ より、$y=x^3-3$ の接線で、点 $\left(\dfrac{1}{3},0\right)$ を通るもの（1本しかない）を求める。

$$y-(t^3-3)=3t^2(x-t) \quad\cdots\cdots①$$

これが、点 $\left(\dfrac{1}{3},0\right)$ を通ることから、

$$0-(t^3-3)=3t^2\left(\frac{1}{3}-t\right)$$
$\iff 2t^3-t^2+3=0$
$\iff (t+1)(2t^2-3t+3)=0$
任意の実数 t に対して $2t^2-3t+3>0$ であるから，
　$t=-1$
ゆえに，点 $\left(\frac{1}{3},0\right)$ を通る $y=x^3-1$ の接線は，$t=-1$ を①に代入して，
　$y=3x-1$
　　$=1\cdot(3x-1)$
図1より，m が1より大きいとき，題意はみたされる．
　よって，　　$m>1$　　　……(答)

(2) 接線 $y=3x-1$ と $y=x^3-3$ の $x=-1$ 以外の共有点（交点）の x 座標は，
　$3x-1=x^3-3$
$\iff x^3-3x-2=0$
$\iff (x+1)^2(x-2)=0$
より，　　$x=2$
これより，図2を得る．

図1

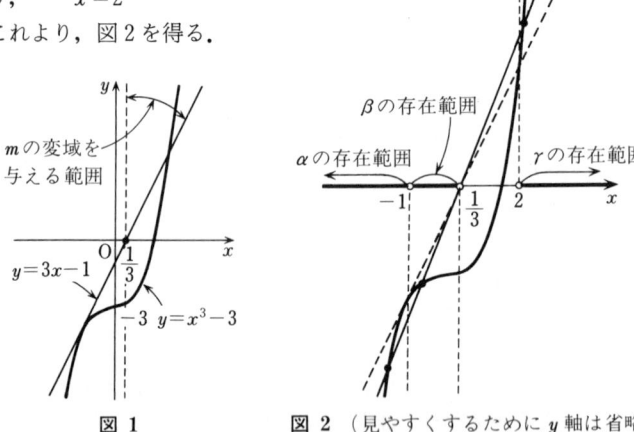

図2 (見やすくするために y 軸は省略)

図2より，　　$\alpha<-1,\ -1<\beta<\frac{1}{3},\ 2<\gamma$　　　……(答)

[コメント] $y=x^3$ と $y-3=m(3x-1)$ のグラフで考えても同様．

解答 3 (1) 与えられた方程式
　$(3x-1)m=x^3-3$
は，$x=\frac{1}{3}$ という解をもたないから，
　$m=\dfrac{x^3-3}{3x-1}$

と変形することができる．2曲線
$$\begin{cases} y = m \\ y = \dfrac{x^3-3}{3x-1} \equiv f(x) \end{cases}$$
が相異なる3つの共有点をもつような m の範囲を求めればよい．

$$f'(x) = \frac{3x^2(3x-1) - 3(x^3-3)}{(3x-1)^2}$$
$$= \frac{3(2x^3 - x^2 + 3)}{(3x-1)^2}$$
$$= \frac{3(x+1)(2x^2 - 3x + 3)}{(3x-1)^2}$$

$(3x-1)^2 > 0$, $2x^2 - 3x + 3 > 0$ より，$f'(x)$ の符号は $y = x+1$ の符号に一致するので（図3を思い浮かべて），右の増減表を得る．

$$\lim_{x \to \frac{1}{3}-0} f(x) = +\infty, \quad \lim_{x \to \frac{1}{3}+0} f(x) = -\infty$$

より，$y = f(x)$ のグラフは図4のようになる．

これより，$f(x) = m$ が3つの異なる実数解をもつような m の範囲は，

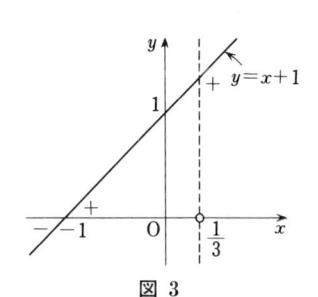

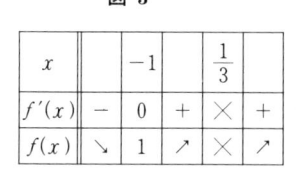

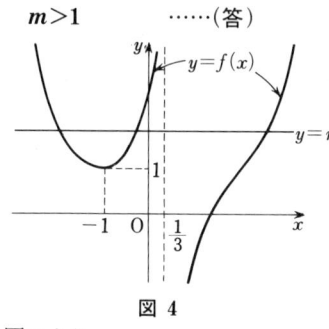

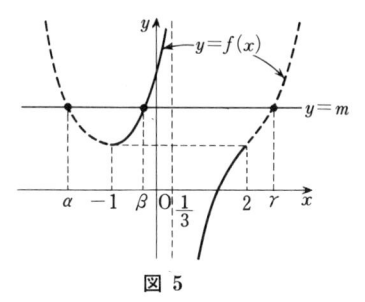

$m > 1$ ……（答）

図3

x		-1		$\dfrac{1}{3}$	
$f'(x)$	$-$	0	$+$	$\times$	$+$
$f(x)$	$\searrow$	1	$\nearrow$	$\times$	$\nearrow$

図4　　　　　　図5

(2) 図5より，
$$\alpha < -1, \quad -1 < \beta < \frac{1}{3} \quad \text{……（答）}$$

また，$x = -1$ 以外で $f(x) = 1$ となる x 座標は，
$$\frac{x^3-3}{3x-1} = 1 \iff x^3 - 3 = 3x - 1$$
$$\iff x^3 - 3x - 2 = 0$$
$$\iff (x+1)^2(x-2) = 0$$
より，$x = 2$ である．

よって図5より，　　$2 < \gamma$　　……（答）

(**参考**) $y = \dfrac{x^3 - 3}{3x - 1} \equiv f(x)$

のグラフは，微分して増減を調べることなく，次のように描くこともできる．

$$f(x) = \dfrac{x^2}{3} + \dfrac{x}{9} + \dfrac{1}{27} + \dfrac{-\dfrac{80}{27}}{3x - 1}$$

と変形し，

$$f_1(x) = \dfrac{x^2}{3} + \dfrac{x}{9} + \dfrac{1}{27} = \dfrac{1}{3}\left(x + \dfrac{1}{6}\right)^2 + \dfrac{1}{36}$$

$$f_2(x) = \dfrac{-\dfrac{80}{27}}{3x - 1}$$

とおく．$y = f_1(x)$, $y = f_2(x)$ のグラフは容易に描けることに注意せよ（図6）．

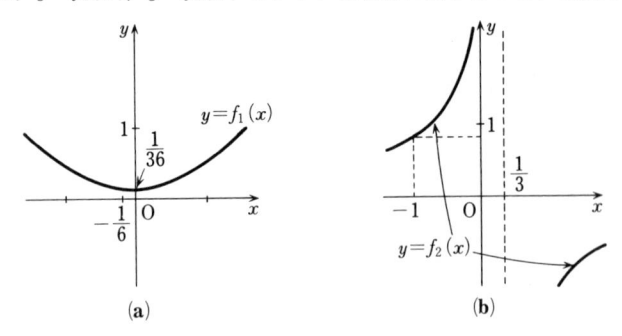

図 6

$f(x) = f_1(x) + f_2(x)$ であるから，$y = f_1(x)$ のグラフと $y = f_2(x)$ のグラフを xy 平面上で加えることにより（図7），$y = f(x)$ のグラフを描ける（図8）．

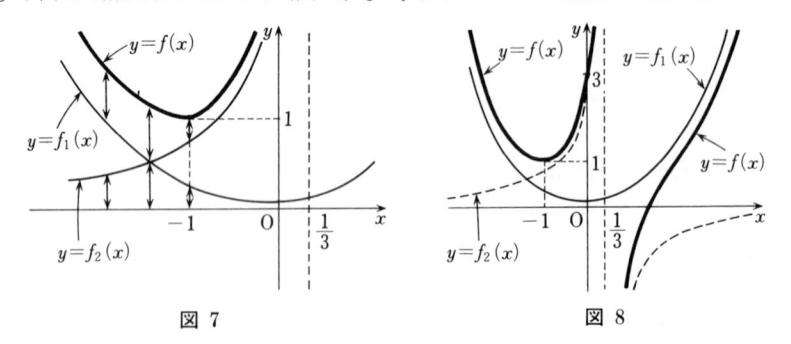

図 7   図 8

「xy 平面上で加える」とは，図7において，x 座標が等しい矢印↕の長さが等しくなるように点をとる（太線を描く）ことである．

§1 方程式の実数解は2曲線の交点に帰着させよ　107

[例題 3・1・3]

実数 x の方程式
$$3\sin^2 x - \sin x - a = 0$$
の $0 \leq x \leq \dfrac{3\pi}{2}$ の範囲にある解の個数は，実数 a の値によってどのように変化するか．

発想法

まず，与式において，パラメータ a を分離した形は，
$$3\sin^2 x - \sin x = a$$
となることから，$y = 3\sin^2 x - \sin x$ のグラフと，$y = a$ のグラフの共有点の個数を調べるという方針が考えられる（[コメント]参照）．$y = 3\sin^2 x - \sin x$ のグラフを描くためには三角関数の微分が必要となる．

ここでは，基礎解析までの範囲で解答する．そのために，$\sin x = t\,(-1 \leq t \leq 1)$ とおきかえてみよう．このとき与式は，$3t^2 - t - a = 0$ と書け，パラメータ a を分離すると，$3t^2 - t = a$ となる．

よって，本問は，
$$\begin{cases} y = 3t^2 - t & (-1 \leq t \leq 1) \\ y = a \end{cases}$$
のグラフの共有点の個数およびそれらの共有点の配置のしかたを調べることに帰着できる．

グラフを考察することにより実数解を考察するという方針は，これまでの例題，練習の解法と同様であるが，$\sin x = t$ とおきかえをした方程式を扱うということを忘れてはならない．すなわち，次の2つのこと（(i),(ii)）を考察するのである．

(i) $\begin{cases} y = 3t^2 - t & (-1 \leq t \leq 1) \\ y = a \end{cases}$

の共有点の個数を調べる．図1より，

$$\begin{cases} 4 < a & \cdots\cdots 0 \text{個} \\ 2 < a \leq 4 & \cdots\cdots 1 \text{個} \\ -\dfrac{1}{12} < a \leq 2 & \cdots\cdots 2 \text{個} \\ a = -\dfrac{1}{12} & \cdots\cdots 1 \text{個} \\ a < -\dfrac{1}{12} & \cdots\cdots 0 \text{個} \end{cases}$$

図 1

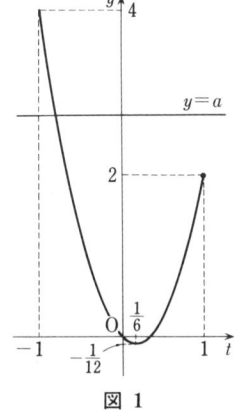

(ii) $\begin{cases} y=\sin x \quad \left(0\leq x\leq \dfrac{3}{2}\pi\right) \\ y=t \end{cases}$

の交点の個数を調べる．つづいて，$-1\leq t\leq 1$ なる各 t の値に対し，対応する x の値の個数を調べる．

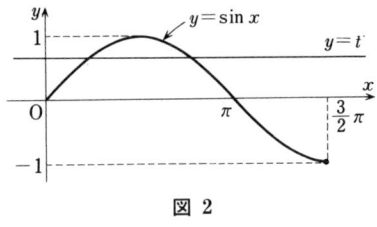

図 2 より，

$\begin{cases} 1<t & \cdots\cdots 0 \text{個} \\ t=1 & \cdots\cdots 1 \text{個} \\ 0\leq t<1 & \cdots\cdots 2 \text{個} \\ -1\leq t<0 & \cdots\cdots 1 \text{個} \\ t<-1 & \cdots\cdots 0 \text{個} \end{cases}$

図 2

このことは，$-1\leq t<0$ または $t=1$ のときは，(i)の実数解 1 つに対し，(ii)の実数解 1 つが（1 対 1 に）対応するが，$0\leq t<1$ のときは(i)の実数解 1 つに対し，(ii)の実数解 2 つが対応するので，

『(i)の実数解の個数をそのまま，$3\sin^2 x-\sin x-a=0$ $\left(0\leq x\leq \dfrac{3}{2}\pi\right)$ の実数解の個数とすることはできない』

ことを示している．

[解答] $\begin{cases} 3\sin^2 x-\sin x-a=0 & \cdots\cdots \text{①} \\ 0\leq x\leq \dfrac{3\pi}{2} & \cdots\cdots \text{②} \end{cases}$

$\sin x=t$ $\cdots\cdots$③ $(-1\leq t\leq 1)$ とおけば，①は，

$3t^2-t-a=0$

この実数解 t は，

$3t^2-t=a$ $\cdots\cdots$④

より，ty 平面上 $y=3t^2-t$ $(-1\leq t\leq 1)$ と $y=a$ のグラフの共有点の t 座標として与えられる．

④の実数解 t のおのおのに対して③をみたす x の個数の対応は，次のようになる（図 3 参照）．

(i) $t=1$，$-1\leq t<0$: x の個数 1 個
(ii) $0\leq t<1$: x の個数 2 個
(iii) $t<-1$，$t>1$: x の個数 なし

よって，④の

(i)をみたす解 t の個数を N_1
(ii)をみたす解 t の個数を N_2

とすれば，求める解 x の個数 N は，

$N=N_1+2N_2$

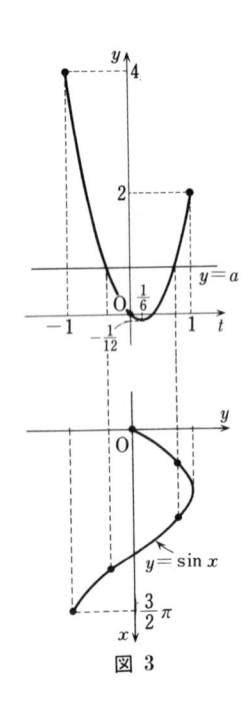

図 3

§1　方程式の実数解は2曲線の交点に帰着させよ　109

で与えられる．

図3より，

a の値	N_1	N_2	N
$4<a$	0	0	0
$2<a\leqq 4$	1	0	1
$a=2$	2	0	2
$0<a<2$	1	1	3
$-\dfrac{1}{12}<a\leqq 0$	0	2	4
$a=-\dfrac{1}{12}$	0	1	2
$a<-\dfrac{1}{12}$	0	0	0

……(答)

[コメント]　なお，$y=3\sin^2 x-\sin x$ のグラフと $y=a$ のグラフの共有点の個数を調べる方針であれば，$y=3\sin^2 x-\sin x$ のグラフを三角関数の微分法により増減を調べて図5を描くことになる．

$y'=6\sin x\cos x-\cos x$
$=\cos x(6\sin x-1)$

これより，図4を参照し，右の増減表を得る．

x	0		α		$\dfrac{\pi}{2}$		β		$\dfrac{3}{2}\pi$
y'		$-$	0	$+$	0	$-$	0	$+$	
y		↘		↗		↘		↗	

(ただし，$\alpha, \beta \left(0<\alpha<\dfrac{\pi}{2}, \dfrac{\pi}{2}<\beta<\pi\right)$ は，$\sin\alpha=\sin\beta=\dfrac{1}{6}$ をみたす角)．

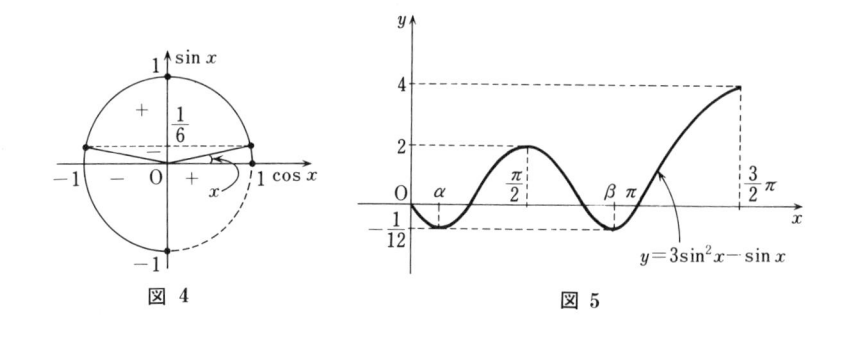

図 4

図 5

━━〈練習 3・1・3〉━━━━━━━━━━━━━━━━━
xy 平面において, O を原点, A を定点 $(1, 0)$ とする. また, P, Q は円周 $x^2+y^2=1$ の上を動く 2 点であって, 線分 OA から正の向きにまわって線分 OP にいたる角と, 線分 OP から正の向きにまわって線分 OQ にいたる角が等しいという関係が成り立っているものとする.
点 P を通り x 軸に垂直な直線と x 軸との交点を R, 点 Q を通り x 軸に垂直な直線と x 軸との交点を S とする. 実数 $l \geq 0$ を与えたとき, 線分 RS の長さが l と等しくなるような点 P, Q の位置は何通りあるか (東京大 理系)

発想法

動点 P, Q の座標は, パラメータ θ を用いてそれぞれ
$$P(\cos\theta, \sin\theta), \quad Q(\cos 2\theta, \sin 2\theta) \quad (0 \leq \theta < 2\pi)$$
と書ける. このとき, 点 R, S の座標は, それぞれ $R(\cos\theta, 0), S(\cos 2\theta, 0)$ となるので, $RS=l$ をみたす θ は,
$$|\cos 2\theta - \cos\theta| = l \quad \cdots\cdots ①$$
で与えられる. したがって, $y=|\cos 2\theta - \cos\theta|$ のグラフと $y=l$ のグラフを描き考察することによって, 各 l の値に対し ① をみたす θ の個数も求められる.
ここでは, [例題 3・1・3] と同様, $\cos\theta=t$ とおくことにより, 基礎解析の範囲で処理する解答を示す.

解答 点 P, Q の座標を, それぞれ $P(\cos\theta, \sin\theta)$, $Q(\cos 2\theta, \sin 2\theta) (0 \leq \theta < 2\pi)$ とおくと (図 1), 点 R, S の座標は,
$$R(\cos\theta, 0), \quad S(\cos 2\theta, 0)$$
となる.
よって, $RS=l$ をみたす θ は,
$$|\cos 2\theta - \cos\theta| = l$$
$$\iff |2\cos^2\theta - 1 - \cos\theta| = l \quad \cdots\cdots ①$$
で与えられる. ここで,
$$\cos\theta = t \quad \cdots\cdots ②$$
とおくと, t の変域は, $0 \leq \theta < 2\pi$ より,
$$-1 \leq t \leq 1 \quad \cdots\cdots ③$$
このもとに,
$$① \iff |2t^2 - t - 1| = l \quad \cdots\cdots ④$$

$f(t) \equiv |2t^2-t-1|$ とおく. このとき, ① をみたす実数値 t は, ty 平面上 $y=l$ と $y=f(t)$ のグラフの共有点の t 座標として与えられる. また, 1 つの t の値に対して

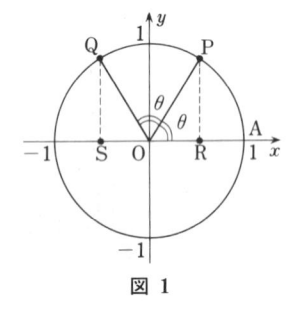

図 1

§1 方程式の実数解は2曲線の交点に帰着させよ *111*

①をみたす θ の個数の対応は,次のようになる(図2).

$$\begin{cases} \text{(i)} & t=-1,1 & ; & \theta\text{ の個数1個} \\ \text{(ii)} & -1<t<1 & ; & \theta\text{ の個数2個} \\ \text{(iii)} & t<-1,\ t>1 & ; & \theta\text{ の個数なし} \end{cases}$$

よって,④の
 (i)をみたす解 t の個数を N_1
 (ii)をみたす解 t の個数を N_2

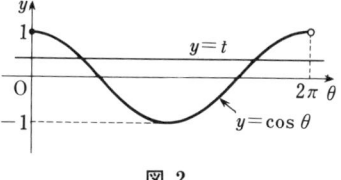

とすれば,求める P, Q の位置の個数 N は,①の解 θ の個数として,

$$N=N_1+2N_2$$

で与えられる.

図2

$y=f(t)$ のグラフは,$y=2t^2-t-1$ のグラフの x 軸より下にある部分を,x 軸の上側に折り返して得られる.$y=f(t)$ のグラフと,$y=l$ のグラフを同一平面上に描くと,図3のようになる.これより,

l の値	N_1	N_2	N
$l>2$	0	0	0
$l=2$	1	0	1
$\dfrac{9}{8}<l<2$	0	1	2
$l=\dfrac{9}{8}$	0	2	4
$0<l<\dfrac{9}{8}$	0	3	6
$l=0$	1	1	3

……(答)

図3

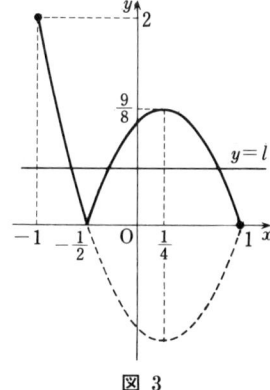

[コメント] なお,$y=|\cos 2\theta-\cos\theta|$ のグラフは,$y=\cos 2\theta-\cos\theta$ のグラフを(三角関数の微分法により増減を調べて)描いた後,x 軸より下にある部分を,上側に折り返して得られる(図4).

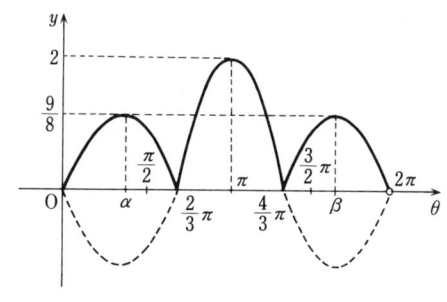

図4

〈練習 3・1・4〉

実数 x の方程式

$$\sin 3x - \frac{1}{2}\cos 2x - \sin x - \frac{1}{2} = a$$

の解のうち, $\frac{\pi}{2} \leq x \leq 2\pi$ の範囲にある解の個数は, 実数 a の値によって, どのように変わるか.

発想法

$\sin x = t$ とおきかえて, 左辺を t だけの式 $f(t)$ で表し, ty 平面上で $y = f(t)$ のグラフと, $y = a$ のグラフの共有点の個数を調べる問題に帰着させる.

なお, $\cos 2x$, $\sin 3x$ は, それぞれ次のように $\sin x$ で表すことができる.

$\cos 2x = 1 - 2\sin^2 x$ （公式）

$\sin 3x = \sin(x + 2x) = \sin x \cos 2x + \cos x \sin 2x$
$ = \sin x(1 - 2\sin^2 x) + 2\sin x \cos^2 x$
$ = \sin x(1 - 2\sin^2 x) + 2\sin x(1 - \sin^2 x)$
$ = 3\sin x - 4\sin^3 x$

解答

$$\begin{cases} \sin 3x - \dfrac{1}{2}\cos 2x - \sin x - \dfrac{1}{2} = a & \cdots\cdots① \\ \dfrac{\pi}{2} \leq x \leq 2\pi & \cdots\cdots② \\ \sin x = t & \cdots\cdots③ \end{cases}$$

とおくと,

$① \iff 3\sin x - 4\sin^3 x - \dfrac{1}{2}(1 - 2\sin^2 x) - \sin x - \dfrac{1}{2} = a$

$ \iff -4\sin^3 x + \sin^2 x + 2\sin x - 1 = a$

③ を代入すると,

$-4t^3 + t^2 + 2t - 1 = a \qquad \cdots\cdots④$

②, ③ より, t の変域は,

$-1 \leq t \leq 1$

である. ④ の実数解 t は, 曲線 $y = -4t^3 + t^2 + 2t - 1$ と直線 $y = a$ の共有点の t 座標として与えられる.

$f(t) \equiv -4t^3 + t^2 + 2t - 1$

とおき, $y = f(t)$ のグラフを描く.

$f'(t) = -12t^2 + 2t + 2$
$ = -2(2t - 1)(3t + 1)$

これより, 右の増減表を得る.

t	-1		$-\dfrac{1}{3}$		$\dfrac{1}{2}$		1
$f'(t)$		$-$	0	$+$	0	$-$	
$f(t)$	2	↘	$-\dfrac{38}{27}$	↗	$-\dfrac{1}{4}$	↘	-2

また，$y=f(t)$ のグラフは図2のようになる．

④ の実数解 t のおのおのに対して ③ をみたす x の個数の対応は，次のようになる（図1）．

(i) $t=-1$, $0<t\leqq 1$ ； x の個数 1 個
(ii) $-1<t\leqq 0$ ； x の個数 2 個
(iii) $t<-1$, $1<t$ ； x の個数 なし

よって，③ の
　(i)をみたす解 t の個数を N_1
　(ii)をみたす解 t の個数を N_2
とすれば，求める解 x の個数 N は，
$$N=N_1+2N_2$$
で与えられる．図2より，

図 1

a の値	N_1	N_2	N
$2<a$	0	0	**0**
$a=2$	1	0	**1**
$-\dfrac{1}{4}<a<2$	0	1	**2**
$a=-\dfrac{1}{4}$	1	1	**3**
$-1<a<-\dfrac{1}{4}$	2	1	**4**
$-\dfrac{38}{27}<a\leqq -1$	1	2	**5**
$a=-\dfrac{38}{27}$	1	1	**3**
$-2\leqq a<-\dfrac{38}{27}$	1	0	**1**
$a<-2$	0	0	**0**

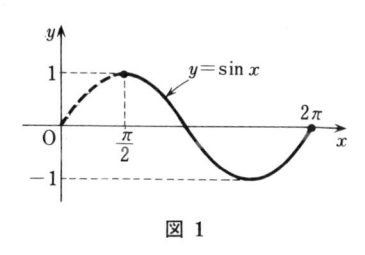

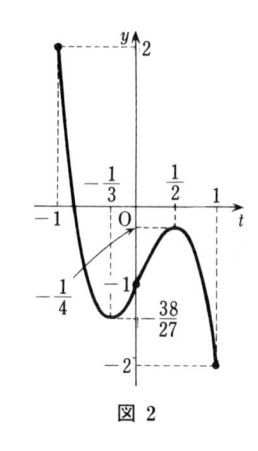

……(答)

図 2

§2 不等式はグラフを利用して解け

前節§1では，方程式の実数解を求めるために，グラフを利用することはきわめて威力のあることを示した．

本節の目的は，方程式の実数解を求めるときと同様に，不等式を解くときにも，グラフの利用がたいへん役立つことを示すことにある．まず最初に，その威力をご覧に入れよう．

(例) 次の不等式を解け．
$$(x-3)(x-2)^2(x-1)x^2(x+1)(x+2)(x+3) \geqq 0$$

(解) この不等式の左辺を $f(x)$ とおく．すなわち，
$$f(x) = (x-3)(x-2)^2(x-1)x^2(x+1)(x+2)(x+3)$$

$f(x)$ は9次関数であり，x^9 の係数は $1(>0)$ であり，$f(x)=0$ となる点は $x=-3, -2, -1, 0, 1, 2, 3$ である．また，$x=0$ および $x=2$ はそれぞれ $f(x)=0$ の重複解であるから，$y=f(x)$ のグラフは，$x=0$，2 において x 軸に接している．

よって，$y=f(x)$ のグラフは図Aのようになる．図Aより，$f(x) \geqq 0$ である x は次のとおりになることが一目してわかる．

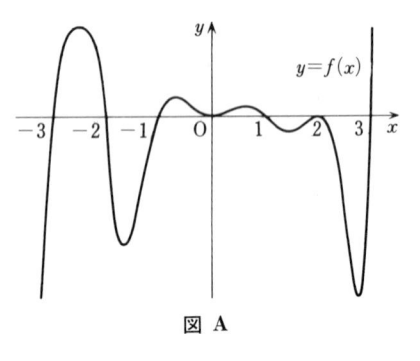

図 A

(答) $-3 \leqq x \leqq -2$, $-1 \leqq x \leqq 1$, $x=2$, $3 \leqq x$

上述の解答のようにグラフを利用して解くと簡単だが，x の値の範囲で場合分けして各因数の符号を調べていくという方針（[例題 3・2・1]の「発想法」参照）では，たいへん騒ぎになるにちがいなく，かつミスを犯しやすい．

さて，不等式にもいろいろな種類があり，それらのいずれもが上の(例)のように，直ちにグラフに帰着できるとは限らない．しかし，少しのくふうをすることにより，グラフを利用することができる不等式が多い．その結果として，問題をいとも簡単に，視覚的に解決することができるのである．

[例題 3・2・1]

次の不等式を解け．
$$\frac{x^4-4x^2+3}{x^3+4x^2-3x-18} \leq 0$$
（茨城大）

発想法

$$f(x) = \frac{x^4-4x^2+3}{x^3+4x^2-3x-18}$$

とおく．$f(x)$ の分母，分子をそれぞれ因数分解すると，

$$f(x) = \frac{(x^2-1)(x^2-3)}{(x-2)(x^2+6x+9)}$$

$$= \frac{(x+1)(x-1)(x+\sqrt{3})(x-\sqrt{3})}{(x-2)(x+3)^2}$$

となる．

まず，グラフを用いない解法を示す．各因数の符号を調べて表をつくると，表1のようになり，答えを得ることができる．しかし，このように同じような作業を繰り返す必要があり，かつ，符号のミスを犯しやすい．

表1

x		-3		$-\sqrt{3}$		-1		1		$\sqrt{3}$		2	
$(x+3)^2$	$+$	0	$+$	$+$	$+$	$+$	$+$	$+$	$+$	$+$	$+$	$+$	$+$
$x+\sqrt{3}$	$-$	$-$	$-$	0	$+$	$+$	$+$	$+$	$+$	$+$	$+$	$+$	$+$
$x+1$	$-$	$-$	$-$	$-$	$-$	0	$+$	$+$	$+$	$+$	$+$	$+$	$+$
$x-1$	$-$	$-$	$-$	$-$	$-$	$-$	$-$	0	$+$	$+$	$+$	$+$	$+$
$x-\sqrt{3}$	$-$	$-$	$-$	$-$	$-$	$-$	$-$	$-$	$-$	0	$+$	$+$	$+$
$x-2$	$-$	$-$	$-$	$-$	$-$	$-$	$-$	$-$	$-$	$-$	$-$	0	$+$
y	$-$	/	$-$	0	$+$	0	$-$	0	$+$	0	$-$	/	$+$

そこで，「グラフを利用」するのである．

$y=f(x)$ のグラフを（微分などをつかわなくとも）描いて考えることもできる（[コメント]）が，各 x に対する $f(x)$ の符号を知ることができさえすればよいのであるから，新たに，

$$g(x) = (x+1)(x-1)(x+\sqrt{3})(x-\sqrt{3})(x-2)(x+3)^2 \quad (x \neq 2, -3)$$

なる関数を考えよう．このとき，$f(x) \leq 0 \iff g(x) \leq 0$ である．しかも，7次関数 $y=g(x)$ のグラフの概形は〜〜〜であり，描くことは容易である．

$y=g(x)$ のグラフを利用した解答は，次のようになる．

解答 与えられた不等式の左辺の分母, 分子をそれぞれ因数分解すると,
$$\frac{(x+1)(x-1)(x+\sqrt{3})(x-\sqrt{3})}{(x-2)(x+3)^2} \leq 0$$
となる. 左辺の符号と,
$$g(x) \equiv (x+1)(x-1)(x+\sqrt{3})(x-\sqrt{3})(x-2)(x+3)^2$$
の符号は一致する《ただし, ($f(x)$の分母)$\neq 0$ より, $g(x)$ において $x \neq 2, -3$ なる x に対する符号が, $f(x)$ の符号としての意味をもつ》.

$g(x)$ は7次関数であり, x^7 の係数は 1 (>0) であり, $g(x)=0$ となる点は, $x=-3, -\sqrt{3}, -1, 1, \sqrt{3}, 2$ である. また, $x=-3$ で $g(x)=0$ は重複解をもつから, $y=g(x)$ のグラフは, $x=-3$ において x 軸に接している.

よって, $y=g(x)$ のグラフは, 図1のようになる (ただし, $x \neq 2, -3$ としてある).

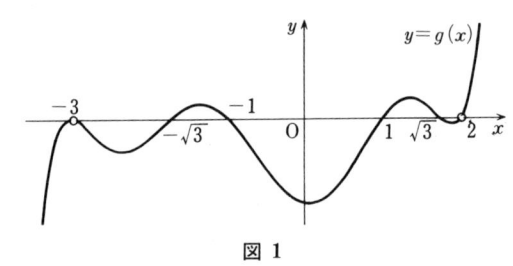

図 1

$g(x) \leq 0$ をみたす x の範囲は, 図1より, $x \neq -3, 2$ を考慮して,
$$x<-3, \quad -3<x\leq-\sqrt{3}, \quad -1\leq x\leq 1, \quad \sqrt{3}\leq x<2 \quad \cdots\cdots (答)$$
であることが一目瞭然!

[コメント] $\dfrac{(x+1)(x-1)(x+\sqrt{3})(x-\sqrt{3})}{(x-2)(x+3)^2}$

は, 分母の $(x+3)^2$ がつねに 0 以上の値しかとらないので,
$$\frac{(x+1)(x-1)(x+\sqrt{3})(x-\sqrt{3})}{(x-2)}$$
と同符号である. したがって, $y=g(x)$ を調べる代わりに,
$$h(x) \equiv (x+1)(x-1)(x+\sqrt{3})(x-\sqrt{3})(x-2) \quad (x \neq 2, -3)$$
のグラフを考察してもよい.

$h(x)$ は5次関数となるから, 7次関数の $g(x)$ より扱いやすい.

§2 不等式はグラフを利用して解け　117

[コメント]　$y=f(x)\left(=\dfrac{(x+1)(x-1)(x+\sqrt{3})(x-\sqrt{3})}{(x-2)(x+3)^2}\right)$ のグラフは，次のようにして描くことができる．

$y=f(x)$ と x 軸との交点の x 座標は，$x=-\sqrt{3},\ -1,\ 1,\ \sqrt{3}$ である．

また，分子の次数は 4（偶数）であるが分母の次数が 3（奇数）であることから，

$\quad x\to -\infty$ で $f(x)\to -\infty$

$\quad x\to +\infty$ で $f(x)\to +\infty$ （図 2）

直線 $x=-3,\ x=2$ は漸近線となるが，$x<-3$ で $f(x)<0$，$x>2$ で $f(x)>0$ であることから，

$\quad \lim\limits_{x\to -3-0}f(x)=-\infty,\ \lim\limits_{x\to 2+0}f(x)=+\infty$ （図 3）

また，$f(x)$ の分母において $(x+3)$ は 2 次，$(x-2)$ は 1 次の因数であるから，$x=-3$ の前後では $f(x)$ の符号は変化せず，$\lim\limits_{x\to -3+0}f(x)=-\infty$，$x=2$ の前後では $f(x)$ の符号は変化するので，$\lim\limits_{x\to 2-0}f(x)=-\infty$ となる（図 4）．

以上より，$y=f(x)$ のグラフとして，図 5 を得る．

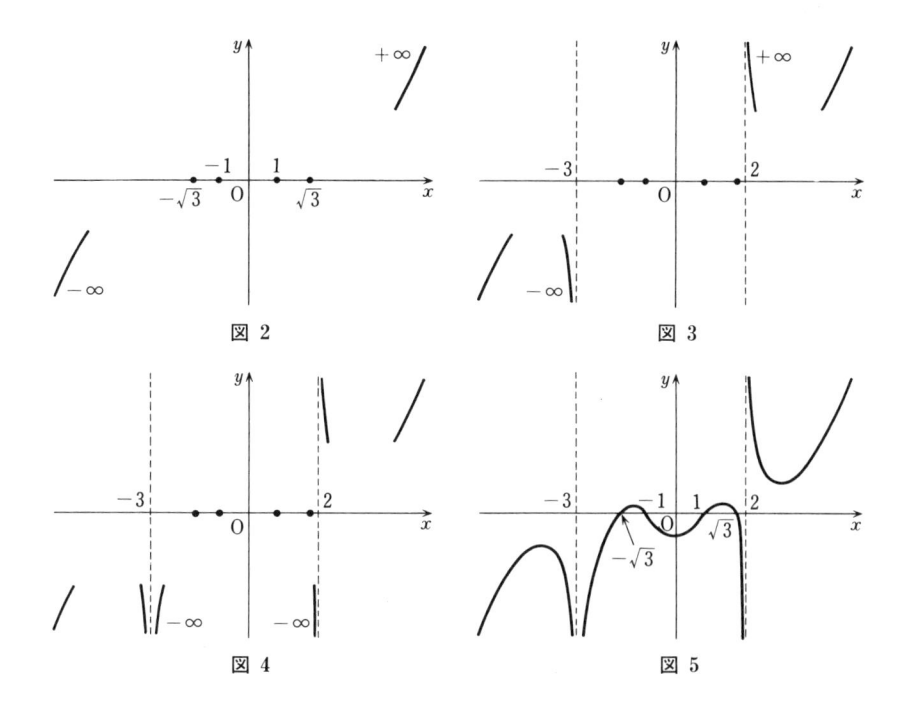

図 2

図 3

図 4

図 5

━━━〈練習 3・2・1〉━━━
3次不等式 $x^3-2ax^2-x<0$ (a は実数) をみたす x の範囲を求めよ．

(明治大)

[解答] 1 $x^3-2ax^2-x<0 \iff x^3-x<2ax^2$ ……①

与不等式は，$x=0$ をみたさないので，$x \neq 0$ である．そこで，①の両辺を $x^2(>0)$ でわると，

$$① \iff x-\frac{1}{x}<2a \quad (x \neq 0)$$

$y=x-\dfrac{1}{x}$ と $y=2a$ のグラフを描くと，図1のようになる．

曲線 $y=x-\dfrac{1}{x}$ と，直線 $y=2a$ の交点の x 座標は，

$$x^2-2ax-1=0$$
$$\therefore \quad x=a\pm\sqrt{a^2+1}$$

である．

図1 より，求める x の範囲は，

$$x<a-\sqrt{a^2+1},\ 0<x<a+\sqrt{a^2+1} \quad ……（答）$$

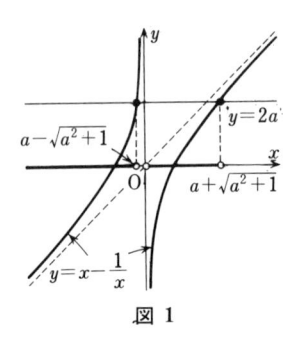

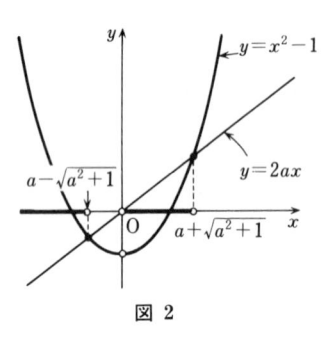

図 1

《なお，$y=x-\dfrac{1}{x}$ のグラフの描き方は，直線 $y=x$ のグラフと双曲線 $y=-\dfrac{1}{x}$ のグラフを"加える"（〈練習 3・1・2〉の（参考））ことにより容易に得られる．》

[解答] 2 ①の両辺を $x(\neq 0)$ でわって議論してもよい．このときは，x の符号により場合分けが生じる．

$$① \iff \begin{cases} "x>0 \text{ かつ } x^2-1<2ax" \\ \text{または} \\ "x<0 \text{ かつ } x^2-1>2ax" \end{cases}$$

($y=x^2-1$, $y=2ax$ のグラフは図2のようになる．)

$$\iff \begin{cases} 0<x<a+\sqrt{a^2+1} \\ \text{または} \\ x<a-\sqrt{a^2+1} \end{cases}$$

図 2

したがって，求める x の範囲は，図2より，

$$x<a-\sqrt{a^2+1},\ 0<x<a+\sqrt{a^2+1} \quad ……（答）$$

§2 不等式はグラフを利用して解け

―〈練習 3・2・2〉――
次の不等式を解け．ただし，a は定数とする．
$ax+1-\sqrt{1-x^2}>0$ （東京歯大）

発想法

とくに無理不等式は，グラフを描いて考えることを定石とすること．
与不等式を
$$ax+1>\sqrt{1-x^2}$$
と変形し，

直線 $y=ax+1$ と半円 $y=\sqrt{1-x^2}$

の2つのグラフを利用し，$ax+1-\sqrt{1-x^2}>0$ をみたす x の範囲を考察せよ．

解答 $y=\sqrt{1-x^2}$，$y=ax+1$ のグラフの交点の x 座標は，$x=0$ の1つ，または，$x=0$ と $\dfrac{-2a}{a^2+1}$ の2つである．

(i) $a\leqq-1$ のとき，

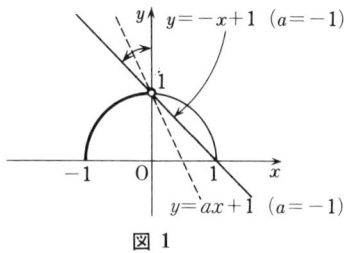

$-1\leqq x<0$ ……(答)

(ii) $-1<a\leqq 0$ のとき，

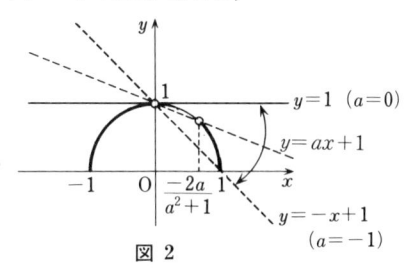

$-1\leqq x<0$，$\dfrac{-2a}{a^2+1}<x\leqq 1$ ……(答)

(iii) $0\leqq a<1$ のとき，

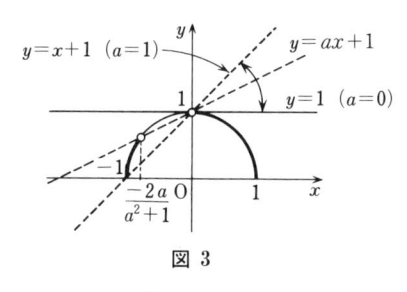

$-1\leqq x<\dfrac{-2a}{a^2+1}$，$0<x\leqq 1$ ……(答)

(iv) $1\leqq a$ のとき，

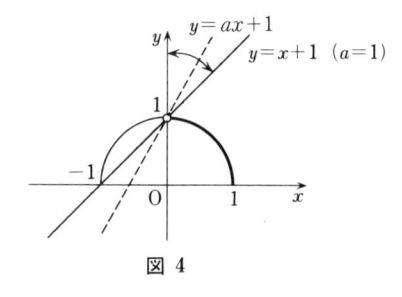

$0<x\leqq 1$ ……(答)

[例題 3・2・2]

(1) $x>0$ のとき，
$$e^x > 1+x$$
となることを証明せよ．

(2) k を 3 以上の自然数とするとき，
$$\frac{\log k}{k} > \int_k^{k+1} \frac{\log x}{x} dx$$
となることを証明せよ．

(3) $\sum_{k=3}^{n} k^{\frac{1}{k}} > n-2 + \frac{1}{2}[\{\log(n+1)\}^2 - (\log 3)^2]$
となることを証明せよ．

発想法

問題文を読んでみると，(3)を証明するために(1),(2)の誘導がついているようだ．誘導にのれるようにくふうするべきである（IIIの**第4章 §4 参照**）．

(2) 右辺 $\int_k^{k+1} \frac{\log x}{x} dx$ は，$f(x) = \frac{\log x}{x}$ のグラフと x 軸ではさまれる部分の区間 $[k, k+1]$ における面積である（図1の斜線部）．

左辺 $\frac{\log k}{k}$ は，図1の太線で囲まれた長方形の面積を表している．

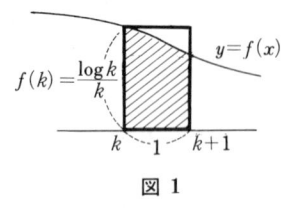

図1の太線で囲まれた長方形の面積が，斜線部の面積より大きいことは，図より明らかなことである．

また，以下の解答に示すように，$y=f(x)$ の増減を調べる際，$f'(x)$ を求めた後，$y=f'(x)$ のグラフを描くことによって，多少複雑な増減をする場合にも，$f'(x)$ の符号を容易につかめる．

図 1

解答 (1) $f(x) = e^x - (1+x)$ とおく．
$f(0)=0$, $f'(x)=e^x-1$
だから，$f'(x)=0$ となるのは，
$e^x = 1$ ∴ $x=0$
よって，$y=f'(x)$ のグラフ（図2）を参照し，増減表1を得る．

増減表 1

x	(0)	$0<x$
$f'(x)$	(0)	+
$f(x)$	(0)	↗

増減表1より，
$e^x > 1+x$

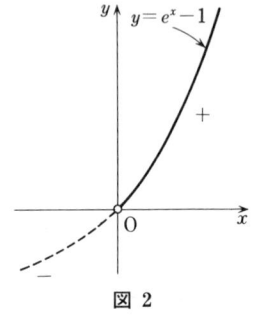

図 2

【別解】 $e^t > 1$ $(t > 0)$ より，両辺を区間 $[0, x]$ で積分すると，

$$\int_0^x e^t dt > \int_0^x dt \quad (x > 0)$$

$$\left[e^t\right]_0^x > \left[t\right]_0^x$$

$$e^x - 1 > x \quad \therefore \quad e^x > 1 + x$$

(2) $f(x) = \dfrac{\log x}{x}$ のグラフを考察する．

$$f'(x) = \dfrac{1 - \log x}{x^2}$$

$f'(x) = 0$ となるのは，

$$\log x = 1 \quad \therefore \quad x = e$$

のときである．

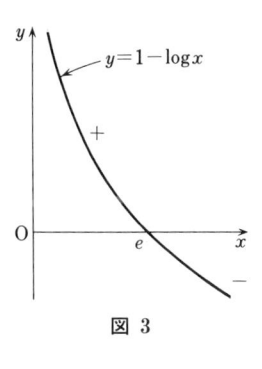

$f'(x)$ の分母 $x^2 > 0$ より，図3を参照して，増減表2を得る．$y = f(x)$ のグラフは，図4のようになる．$(e <) 3 \leq k$ のとき，$y = \dfrac{\log x}{x}$ は単調減少であるから，図4において，長方形（実線太枠内）の面積は，斜線部分の面積より大きい．すなわち，

$$f(k) > \int_k^{k+1} f(x) dx$$

$$(k = 3, 4, \cdots\cdots)$$

よって，

$$\dfrac{\log k}{k} > \int_k^{k+1} \dfrac{\log x}{x} dx$$

図 3

増減表 2

x		e	
$f'(x)$	$+$	0	$-$
$f(x)$	↗	$\dfrac{1}{e}$	↘

図 4

(3) $g(k) = \displaystyle\int_k^{k+1} \dfrac{\log x}{x} dx \quad (k = 3, 4, \cdots\cdots)$

とおくと，(2)より，

$$\dfrac{\log k}{k} > \int_k^{k+1} \dfrac{\log x}{x} dx \iff \log k^{\frac{1}{k}} > g(k) \iff k^{\frac{1}{k}} > e^{g(k)} \quad \cdots\cdots ①$$

ここで，$g(k) > 0$ $(k = 3, 4, \cdots\cdots)$ なので，(1)より，$e^{g(k)} > 1 + g(k) \quad \cdots\cdots ②$

が成り立つ．ゆえに，①，②より，

$$k^{\frac{1}{k}} > e^{g(k)} > 1 + g(k) \quad \cdots\cdots ③$$

よって，不等式③において，$k = 3$ から n までの和をとることにより，

$$\sum_{k=3}^n k^{\frac{1}{k}} > \sum_{k=3}^n \{1 + g(k)\} = \sum_{k=3}^n \left(1 + \int_k^{k+1} \dfrac{\log x}{x} dx\right) = n - 2 + \int_3^{n+1} \dfrac{\log x}{x} dx$$

$$= n - 2 + \int_3^{n+1} (\log x)(\log x)' dx = n - 2 + \left[\dfrac{1}{2}(\log x)^2\right]_3^{n+1}$$

$$= n - 2 + \dfrac{1}{2}\{\{\log(n+1)\}^2 - (\log 3)^2\}$$

〈練習 3・2・3〉

n を自然数とするとき,次の不等式が成り立つことを証明せよ.
$$\log 2 < \frac{1}{n} + \frac{1}{n+1} + \cdots + \frac{1}{2n-1} < \left(\frac{1}{n} - \frac{1}{2n}\right) + \log 2$$

発想法

$\dfrac{1}{n} + \dfrac{1}{n+1} + \cdots + \dfrac{1}{2n-1}$ の形より,$y = \dfrac{1}{x}$ ($n \leqq x \leqq 2n$) のグラフの単調減少性を利用することを考えよ.

解答 $y = \dfrac{1}{x}$ ($n \leqq x \leqq 2n$) のグラフを考える (図1).

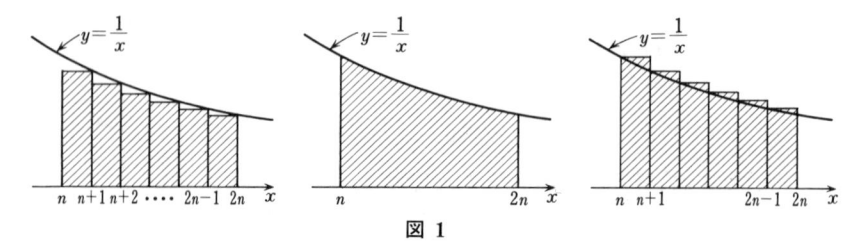

図 1

図 1 より,
$$\frac{1}{n+1} + \frac{1}{n+2} + \cdots + \frac{1}{2n-1} + \frac{1}{2n}$$
$$< \int_n^{2n} \frac{1}{x} dx < \frac{1}{n} + \frac{1}{n+1} + \cdots + \frac{1}{2n-1} \quad \cdots\cdots(*)$$

$\int_n^{2n} \dfrac{1}{x} dx = \Big[\log x\Big]_n^{2n} = \log 2n - \log n = \log \dfrac{2n}{n} = \log 2$ より,

$(*) \iff \log 2 < \dfrac{1}{n} + \dfrac{1}{n+1} + \cdots + \dfrac{1}{2n-1} < \left(\dfrac{1}{n} - \dfrac{1}{2n}\right) + \log 2$

($x < y < z \iff y < z < z - x + y$ による)

[例題 3・2・3]

n を自然数とするとき，不等式
$$\frac{1}{n}\sum_{k=1}^{n}\log\left(1+\frac{k}{n}\right)-(2\log 2-1)<\frac{1}{2n}\log 2 \quad \cdots\cdots(\ast)$$
を証明せよ．

|発想法|

まず，不等式 $(\ast)$ の各項がもつ図形的意味を考察する．

$(\ast)$ の左辺の第 1 項 $\dfrac{1}{n}\sum_{k=1}^{n}\log\left(1+\dfrac{k}{n}\right)$ は，展開すると次のようになる．

$$\frac{1}{n}\sum_{k=1}^{n}\log\left(1+\frac{k}{n}\right)=\frac{1}{n}\left\{\log\left(1+\frac{1}{n}\right)+\log\left(1+\frac{2}{n}\right)+\cdots\cdots+\log 2\right\}$$
$$=\frac{1}{n}\log\left(1+\frac{1}{n}\right)+\frac{1}{n}\log\left(1+\frac{2}{n}\right)+\cdots\cdots+\frac{1}{n}\log 2$$

よって，図 1 の斜線部の面積を表すと解釈できる．

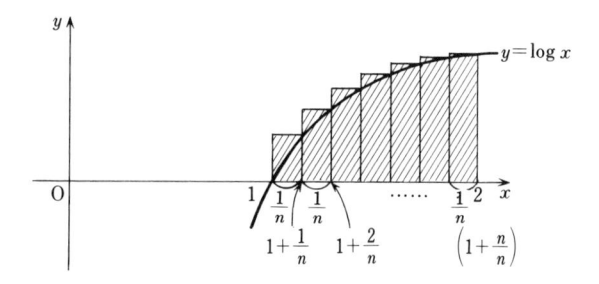

図 1

また，$y=\log x$ と $y=0$（x 軸）と $x=1, 2$ で囲まれた図形の面積 S は，
$$S=\int_{1}^{2}\log x\, dx=\Big[x\log x-x\Big]_{1}^{2}$$
$\quad =2\log 2-1$ （図 2 の斜線部，$(\ast)$ の左辺第 2 項）

であることから，$(\ast)$ の左辺は図 3 の斜線部分の面積を表すことがわかる．

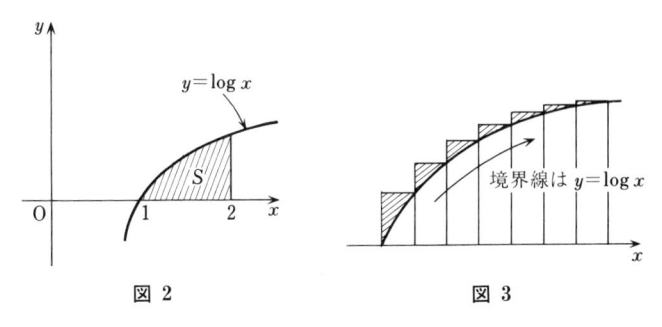

図 2   図 3

さて，(∗) の右辺であるが，図形に帰着させるために，

$$\frac{1}{2n}\log 2 = \frac{1}{2} \times \frac{1}{n}\log 2$$

と変形すると，$\frac{1}{n} \times \log 2$ の長方形の面積の半分を表すことがわかる．そのような面積をもつ図形は，図 4(a) の斜線部である（図 4(b) のように，図 4(a) の斜線部を左によせると，その面積は隣り合う 2 辺の長さがそれぞれ $\frac{1}{n}$，$\log 2$ の長方形の面積の半分であることが容易に理解できよう）．

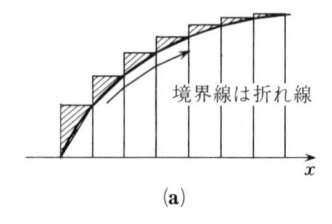

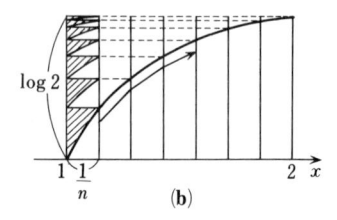

図 4

以上のように考えると，不等式

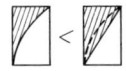

より，(∗) の不等式が成り立つことがわかる．

繰り返しを避けるために，「**発想法**」のアイデアとは異なる方針で解答をつくる．
「**解答**」では，新たな図形の分割方法として，台形分割を利用する方法を紹介する（図 5）．すなわち (∗) を，

$$\frac{1}{n}\sum_{k=1}^{n}\log\left(1+\frac{k}{n}\right) - \frac{1}{2n}\log 2 < 2\log 2 - 1$$

と変形すると，左辺が図 5(a) の斜線部の面積 S' に等しくなり，右辺が図 5(b) の斜線部の面積 S に等しいことを利用する．

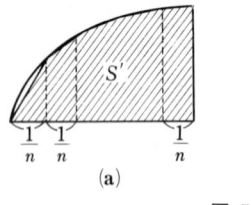

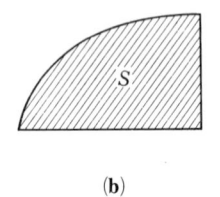

図 5

なお，定数 k や n を扱うときに図を利用するメリットは，1 から n までの和を求めればよいのか，1 から $n-1$ までの和を求めればよいのか，などを正確に押さえていくことができることである．

解答 区間 $[1, 2]$ において，関数
$$y = \log x \quad \cdots\cdots ①$$
のグラフは，図6のようになる．

また，区間 $[1, 2]$ において，①と x 軸との間の面積を S とすると，
$$S = \int_1^2 \log x \, dx = \Big[x \log x - x\Big]_1^2 = 2\log 2 - 1$$

区間 $[1, 2]$ を n 等分し，両端も含めて分点を $P_k(x_k, 0)$ $(k=0, 1, \cdots\cdots, n)$ とすると，点 P_k の x 座標 x_k は，
$$x_k = 1 + \frac{k}{n} \quad (\text{図7})$$

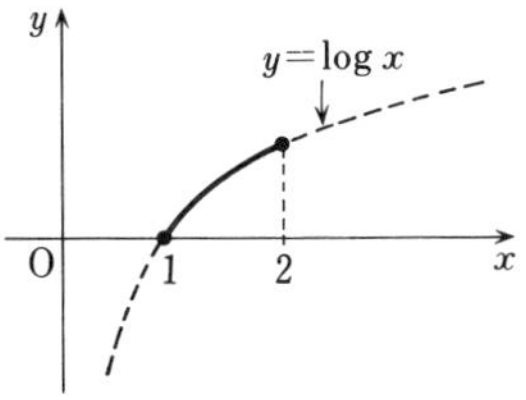

図 6

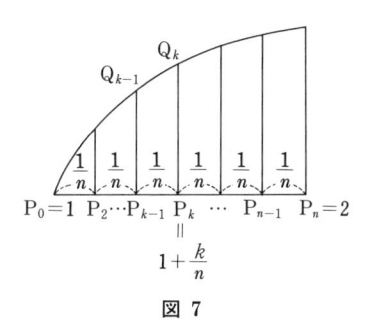

図 7

曲線①と直線 $x = x_k$ との交点を Q_k とし，
$$y_k = P_k Q_k = \log x_k$$
とする（図8）．曲線①は上に凸だから，区間 $[x_{k-1}, x_k]$ で曲線と x 軸で囲まれる図形の面積 S は，台形 $P_{k-1}Q_{k-1}Q_k P_k$ の面積 S_k より大きい．よって，

$$S > \sum_{k=1}^n S_k = \sum_{k=1}^n \frac{1}{2}(y_{k-1} + y_k) \cdot \frac{1}{n}$$

$$= \frac{1}{2n}\{(y_0 + y_1) + (y_1 + y_2) + \cdots\cdots + (y_{n-2} + y_{n-1}) + (y_{n-1} + y_n)\}$$

$$= \frac{1}{2n}\{0 + 2y_1 + 2y_2 + \cdots\cdots + 2y_{n-1} + y_n\} \quad (\text{ただし，} y_0 = 0)$$

$$= \frac{1}{2n}\Big(2\sum_{k=1}^n y_k - y_n\Big)$$

$$= \frac{1}{n}\sum_{k=1}^n y_k - \frac{y_n}{2n}$$

$$\therefore \quad S > \frac{1}{n}\sum_{k=1}^n y_k - \frac{1}{2n}y_n$$

$$\therefore \quad \frac{1}{n}\sum_{k=1}^n y_k - S < \frac{1}{2n}y_n$$

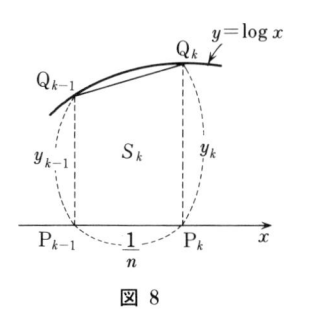

$y_n = \log 2$ であるから，すなわち，
$$\frac{1}{n}\sum_{k=1}^n \log\Big(1 + \frac{k}{n}\Big) - (2\log 2 - 1) < \frac{1}{2n}\log 2$$

図 8

(**参考**) 本問は，増加関数 $y=\log x$ を基にした不等式を扱ったが，この不等式をさらに一般の増加関数について拡張した形で表すことができる．

(**例**) 関数 $f(x)$ を増加関数，n を自然数とする．このとき，次の不等式が成り立つことを証明せよ．

$$0 \leq \frac{1}{n}\sum_{k=1}^{n} f\left(\frac{k}{n}\right) - \int_0^1 f(x)dx \leq \frac{1}{n}\{f(1)-f(0)\}$$

(お茶の水女大)

(**解**) 関数 $f(x)$ は増加関数であるから，

$$\frac{k-1}{n} \leq x \leq \frac{k}{n} \quad (k=1, 2, \cdots\cdots, n)$$

において，

$$\frac{1}{n}\times f\left(\frac{k-1}{n}\right) \leq \int_{\frac{k-1}{n}}^{\frac{k}{n}} f(x)dx \leq \frac{1}{n}\times f\left(\frac{k}{n}\right) \quad \cdots\cdots(*)$$

が成り立つ（図 9）．

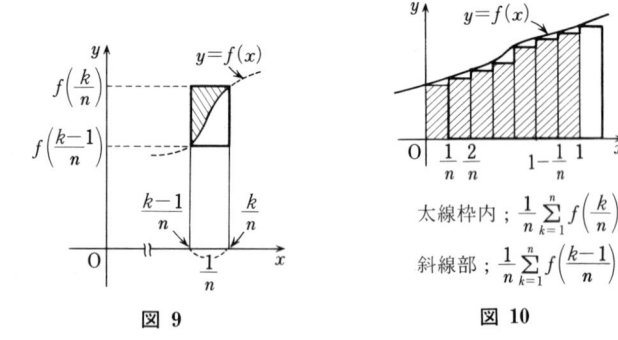

図 9

図 10

太線枠内；$\dfrac{1}{n}\sum_{k=1}^{n} f\left(\dfrac{k}{n}\right)$

斜線部；$\dfrac{1}{n}\sum_{k=1}^{n} f\left(\dfrac{k-1}{n}\right)$

(*)において，$k=1, 2, \cdots\cdots, n$ として，辺ごとに加えると，

$$\frac{1}{n}\sum_{k=1}^{n} f\left(\frac{k-1}{n}\right) \leq \int_0^1 f(x)dx \leq \frac{1}{n}\sum_{k=1}^{n} f\left(\frac{k}{n}\right) \quad \cdots\cdots(**)$$

～～～ により証明すべき不等式の左側は成り立つ．さらに，

$$\frac{1}{n}\sum_{k=1}^{n} f\left(\frac{k}{n}\right) - \int_0^1 f(x)dx \leq \frac{1}{n}\sum_{k=1}^{n} f\left(\frac{k}{n}\right) - \frac{1}{n}\sum_{k=1}^{n} f\left(\frac{k-1}{n}\right) \quad ((**) \text{より})$$

$$= \frac{1}{n}\{f(1)-f(0)\} \quad (\text{図 10})$$

であるから，右側の不等式も成り立つ．

§2 不等式はグラフを利用して解け   127

⸺〈練習 3・2・4〉⸺
$f(x) = -x^2 + 2ax$ （a は正の定数）
と，$0 < t < 1$ をみたす定数 t について，
$f(a-at)$ と $f(a) - tf(a)$
の大小を比較せよ．

[解答] （$y = f(x)$ のグラフの凸性を用いた解法）

まず，$y = f(x)$ のグラフについて考察する．

$y = f(x)$ のグラフは，図1に示す，上に凸な放物線である．

$x_0 = a - at$ とおくと，
$$x_0 = t \cdot 0 + (1-t)a$$
と書けることから，点 x_0 は区間 $[0, a]$ を $(1-t) : t$ に内分する点である（$0 < t < 1$ より，x_0 は $0 < x_0 < a$ をみたす点である）．

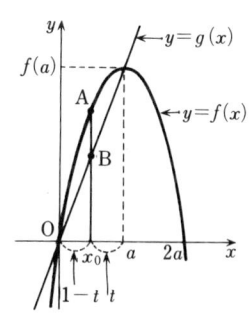

原点 O と，放物線 $y = f(x)$ の頂点 $(a, f(a))$ を通る直線を，
$$y = g(x) = \frac{f(a)}{a} x$$
とおく．閉区間 $[0, a]$ において，$y = f(x)$ が上に凸な放物線であることから，直線 $y = g(x)$ は，つねに，放物線 $y = f(x)$ より下側（負の側）にある．すなわち，$0 < x < a$ において，
$$f(x) > g(x) \quad \cdots\cdots (*)$$
が成り立つ．

図 1

次に，$f(a - at)$ と $f(a) - tf(a)$ の大小を比較する．
$$f(a - at) = \underline{f(x_0)} \quad (\text{図1の点 A})$$
また，
$$f(a) - tf(a) = (1-t)f(a)$$
$$= t \cdot 0 + (1-t)f(a)$$
より，$f(a) - tf(a)$ は区間 $[0, f(a)]$ を，$(1-t) : t$ に内分する点であり，
$$\underline{g(x_0)} = \frac{f(a)}{a}(a - at)$$
$$= f(a) - tf(a)$$
である．（図①の点 B）

$(*)$ より，
$$f(a - at) > f(a) - tf(a) \quad \cdots\cdots (\text{答})$$

[例題 3・2・4]

$0 < x < 2\pi$, $0 < y < 2\pi$ として,
$$\sin x \leqq \sin y$$
をみたす点 (x, y) の集合を xy 平面に図示せよ.

発想法

三角関数についての不等式を解くときには,単位円や $y = \sin x$ ($y = \cos x$, $y = \tan x$) のグラフを利用すると,場合分けが容易になる.

「**解答**」では,$y = \sin x$ のグラフを利用しているが,単位円を利用すると次のようになる(図1).

(i) $0 < x \leqq \dfrac{\pi}{2}$ のとき

図1より,$\sin x \leqq \sin y$ をみたす y の範囲は,
$$x \leqq y \leqq \pi - x$$
である.

(以下,省略)

図 1

解答 $t = \sin s$ ($0 < s < 2\pi$) のグラフ上で考える.

(i) $0 < x \leqq \dfrac{\pi}{2}$ のとき

$\sin x \leqq t$ をみたす s の範囲は,
$$x \leqq s \leqq \pi - x$$
である.

この範囲をみたすように y をとると,不等式
$$\sin x \leqq \sin y$$
が成り立つ.ゆえに,$0 < x \leqq \dfrac{\pi}{2}$ のとき,$\sin x \leqq \sin y$ をみたす点 (x, y) の領域は,
$$x \leqq y \leqq \pi - x \quad \cdots\cdots ①$$

図 2

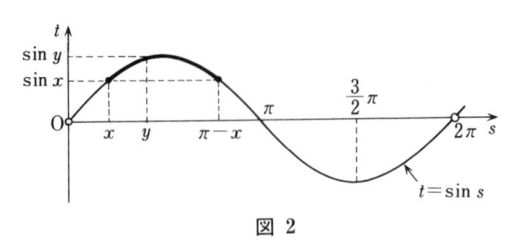

以下,(i) のときと同様に考えて,各場合ごと,題意をみたす (x, y) の領域は次のようになる.

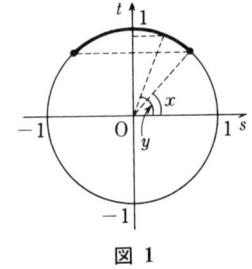

(ii) $\dfrac{\pi}{2} \leqq x \leqq \pi$ のとき

　　図3より， $\pi - x \leqq y \leqq x$ ……②

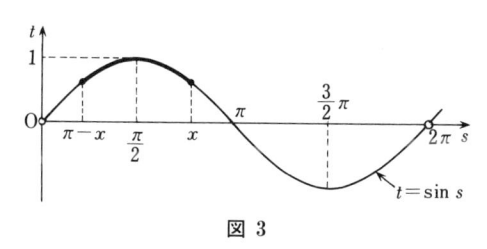

図3

(iii) $\pi \leqq x \leqq \dfrac{3}{2}\pi$ のとき

　　図4より， $0 < y \leqq x,\ 3\pi - x \leqq y < 2\pi$ ……③

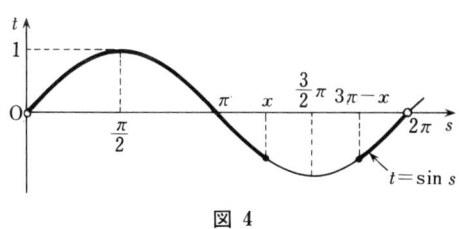

図4

(iv) $\dfrac{3}{2}\pi \leqq x < 2\pi$ のとき

　　図5より， $0 < y \leqq 3\pi - x,\ x \leqq y < 2\pi$ ……④

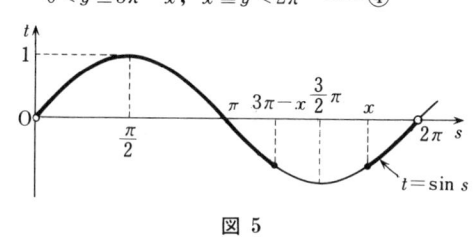

図5

以上①～④より，求める領域は図5の斜線部(境界は実線上のみ含む)である．

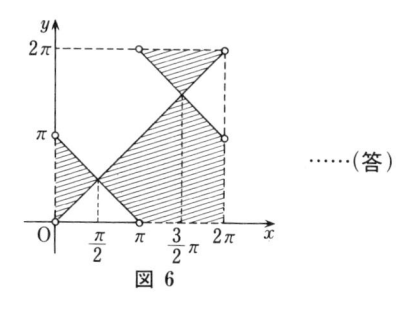

……(答)

図6

(**参考**)　$\sin x - \sin y \leqq 0$

$\iff \cos\dfrac{x+y}{2} \sin\dfrac{x-y}{2} \leqq 0$　……(∗)

(∗)の領域の境界線の方程式は，

$$\begin{cases} \dfrac{x+y}{2} = \dfrac{\pi}{2} + m\pi \\ \text{および} \\ \dfrac{x-y}{2} = n\pi \end{cases} \quad (m, n \text{ は整数})$$

$$\iff \begin{cases} y = -x + (2m+1)\pi \\ \text{および} \\ y = x - 2n\pi \end{cases} \quad (m, n \text{ は整数})$$

図 7

である(図7).

たとえば，点 $\left(0, \dfrac{\pi}{2}\right)$ は，不等式

$$\cos\dfrac{0+\dfrac{\pi}{2}}{2} \sin\dfrac{0-\dfrac{\pi}{2}}{2} = \dfrac{1}{\sqrt{2}}\left(-\dfrac{1}{\sqrt{2}}\right) = -\dfrac{1}{2} \leqq 0$$

をみたす(図8).

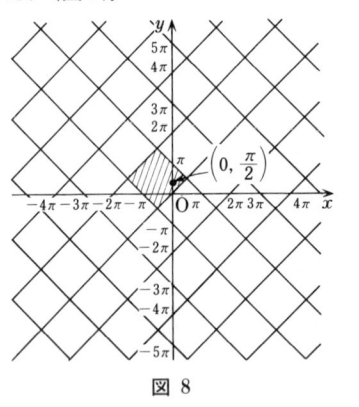

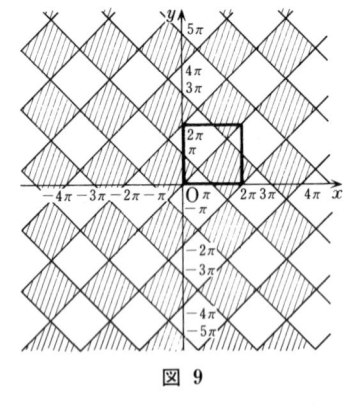

図 8　　　　　図 9

$$f(x, y) = \cos\dfrac{x+y}{2} \sin\dfrac{x-y}{2}$$

とおくと，$f(x, y)$ の，正領域，負領域は，境界線を越えるごとに変化する．

よって，$f(x, y) \leqq 0$ をみたす領域は，図9の斜線部である(図9において，$0 < x < 2\pi$, $0 < y < 2\pi$ の領域(太枠内)が，本問の(**答**)である)．

§3 条件つき最大値・最小値問題はグラフで処理せよ

　与えられた条件のもとに変化する実数 x, y に対し関数 $f(x, y)$ の最大値・最小値 (または値域) を求める, という問題では, 与えられた条件 (方程式または不等式) をみたす実数 x, y の組 (x, y) を xy 平面上に図示して考えることによって, 容易に解答が得られることが多い.

　その解法の原理を以下で考察してみよう. まず, この種の問題の一般形を書くと次のようになる (以下, とくに断らない場合にも x, y は与えられた条件方程式 (または条件不等式) のもとに変化する実数とする).

(問題) 条件方程式 $g(x, y)=0$ (または, 条件不等式 $g(x, y) \leqq 0$ など) のもとで, 関数 $f(x, y)$ の値域を求めよ.

〔解法のプロセス〕

(I) xy 座標平面を考える (図 A).

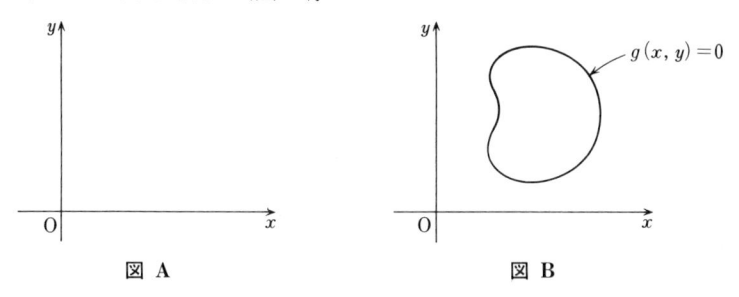

(II) $g(x, y)=0$ をみたす実数解 x, y の組 (x, y) をこの平面上に図示する (図 B). x, y が実数であるからこの図示が可能であることに注意せよ.

(III) $k=f(x, y)$ とおき, これを k をパラメータとする曲線群 (または x, y の 1 次式ならば直線群) と考える (図 C).

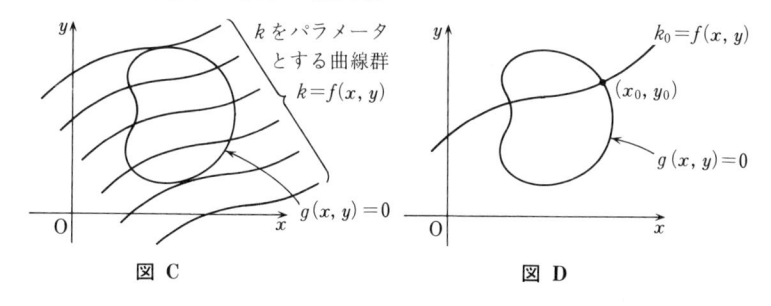

(IV) $g(x, y)=0$ と $k_0=f(x, y)$ が共有点 (x_0, y_0) をもつとする（図D）．このとき，
$$\begin{cases} g(x_0, y_0)=0 & \cdots\cdots ① \\ k_0=f(x_0, y_0) & \cdots\cdots ② \end{cases}$$
が成り立つ．よって，条件 $g(x, y)=0$ をみたす実数 x, y の組 (x, y) のうちの1組である (x_0, y_0) によって（①），関数 $f(x, y)$ は k_0 という値をとる（②）ことがわかる．すなわち，k_0 は関数 $f(x, y)$ のとり得る値の1つであることがわかる．$(g(x, y)=0$ と $k_0=f(x, y)$ の共有点全体が，「$g(x, y)=0$ をみたす (x, y) のうち $f(x, y)=k_0$ をみたす (x, y) 全体」となる．）

(V) $g(x, y)=0$ と $k_1=f(x, y)$ が共有点を1つももたないとする（図E）．このとき，$g(x, y)=0$ をみたすどんな (x, y) を $f(x, y)$ に代入しても，その値は k_1 とはならない．

(VI) (IV), (V) の観察で，問題を解くためには，「$g(x, y)=0$ と，$f(x, y)=k$ が共有点をもつような k の範囲を求めればよい．」ことがわかる．

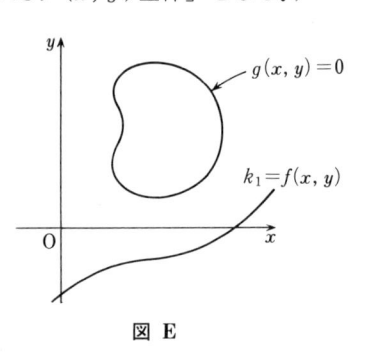

では，このプロセスに従って，やさしい例を1つ解いてみよう．

図 E

（例） 条件方程式 $(g(x, y)=)\ x^2+y^2-1=0$ のもとで，$f(x, y)=2x-y-2$ の値域を求めよ．

（解）(I) xy 座標平面を考える．
(II) $g(x, y)=0$ をみたす実数解 x, y の組 (x, y) を図示すると，単位円になる．
(III) $f(x, y)=k$ とおくと，$k=2x-y-2$ は，k をパラメータとする傾き2の直線群になる．
(IV), (V) (III) の直線群と (II) の単位円が共有点をもつような k を求めればよい．すなわち，円の中心 $(0, 0)$ から，直線 $k=2x-y-2$ への距離が1以下であることが必要十分．ヘッセの公式より，
$$\frac{|2\cdot 0-0-2-k|}{\sqrt{2^2+(-1)^2}} \leq 1 \Longleftrightarrow |2+k| \leq \sqrt{5}$$
$$\therefore \ -\sqrt{5} \leq 2+k \leq \sqrt{5}$$

図 F

よって，$f(x, y)(=k)$ の値域は，$-2-\sqrt{5} \leq k \leq -2+\sqrt{5}$ ……（答）

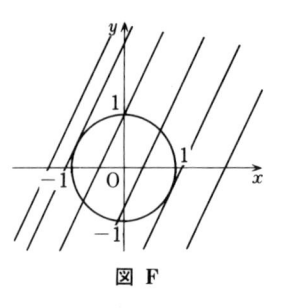

§3 条件つき最大値・最小値問題はグラフで処理せよ

本節では，図形を利用して解く『関数 $f(x,y)$ の条件つき最大値・最小値問題』を，次のように4つのタイプに分類して解説する．

(1) 条件が方程式 $g(x,y)=0$ となっているとき，$g(x,y)=0$ と $k=f(x,y)$ のグラフが共有点をもつべきことを利用する．

(2) 条件が不等式 ($g(x,y)≦0$ など) になっているとき，その不等式の表す領域と $k=f(x,y)$ のグラフが共有点をもつべきことを利用する．

(3) 線型計画法 (とくに(2)において，不等式や $k=f(x,y)$ が x,y の1次式のときをいう)．

(4) 関数 $f(x,y)$ が x,y の1次式ならば，$f(x,y)$ を内積とみて図形処理する．

以下，(1)〜(4)に関する注意事項等を述べておく．

1. (1)〜(3)の解法を用いる問題において，最初から k が含まれた形で表された関数 $F(x,y;k)=0$ ……($*$) について，k のとり得る値の範囲を問うものもある．このときには，($*$) を k について解いて，$k=f(x,y)$ の形にできるとは限らないが，p.131における〔解法のプロセス〕で述べた考え方は，($*$) の形のままで適用できる．k の値の変化に伴う曲線 (直線) ($*$) の動きを追いさえすればよいのである．

2. 条件が方程式 $g(x,y)=0$ ……($**$) で与えられている場合に，($**$) がたとえば y について解いた形 $y=h(x)$ に変形できるなら，$k=f(x,y)$ の y へ $h(x)$ を代入する方法も可能である．

3. "(2)領域を利用する"タイプの『条件つき最大値・最小値問題では，条件の領域および $k=f(x,y)$ のグラフによっては，「グラフが条件の領域の内部とだけ共有点をもって，領域の境界と共有点をもたないことはありえない」ことがある (図G)．この場合には，境界線を表す方程式 $g(x,y)=0$ のグラフを利用して(1)のタイプに帰着させることもできる．

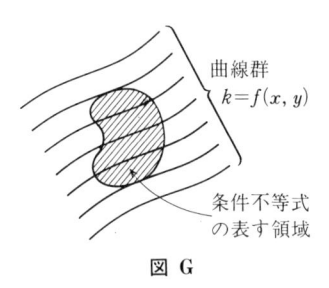

図 G

曲線群 $k=f(x,y)$

条件不等式の表す領域

4. 条件方程式 $g(x,y,z)=0$ (または条件不等式 $g(x,y,z)≦0$ など) のもとに，関数 $f(x,y,z)$ の値の最大値・最小値問題も xyz 空間内の空間図形の問題に帰着させて，同様に処理することができる ([例題 3・3・6])．

[例題 3・3・1]

実数 x, y が $x^2+y^2=1$ かつ $y \geq 0$ ……① をみたすとき，次の k, l の最大値・最小値を求めよ．
(1) $y=k(x+2)-1$ ……②
(2) $y=x^2+l$ ……③

発想法

①式は，単位円 $x^2+y^2=1$（……①′）の $y \geq 0$ をみたす部分からなる半円
②式は，点 $(-2, -1)$ を通る傾き k の直線群
③式は，y 切片 l の合同な放物線群

を表す．

(1) k の最大値は，直線②が半円①に接するとき与えられる（図 1）．単位円①′と直線②が接する条件は，①′，②より y を消去した x の 2 次方程式が重複解をもつ条件，すなわち（判別式）$=0$ により求めることができる．しかし，単位円①′が直線②と接する条件は，直線②と円①′の中心 $O(0, 0)$ との距離が，1（円①′の半径）となることと同値であることから，ヘッセの公式を利用すると計算が容易になる．

解答 (1) ①は，原点 O を中心とする半径 1 の円のうち，$y \geq 0$ にある部分（半円）であり，②は，点 $(-2, -1)$ を通る傾き k の直線である．

k の最小値は，直線②が半円の右端点 $(1, 0)$ を通るときに達成される．

$$0 = k(1+2)-1$$
$$\therefore \quad k = \frac{1}{3}$$

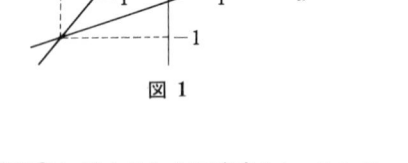

図 1

k の最大値は，$k>0$ において直線②が半円①に接するときに達成され，それは，②，すなわち，直線

$$kx - y + (2k-1) = 0$$

と円の中心 $O(0, 0)$ との距離が円①′の半径 1 に等しくなる k（>0）の値である．ヘッセの公式より，

$$\frac{|2k-1|}{\sqrt{k^2+(-1)^2}} = 1 \iff (2k-1)^2 = k^2+1$$
$$\iff k(3k-4) = 0$$
$$\therefore \quad k = \frac{4}{3} \quad (\because \quad k > 0)$$

よって，　k の最大値 $\dfrac{4}{3}$，最小値 $\dfrac{1}{3}$　　……（答）

(2) 半円「$x^2+y^2=1$ かつ $y\geqq 0$」 ……①

と，

放物線 $y=x^2+l$ ……③

とが共有点をもつような l の最大値は，③が半円①に接するときの l の値 1 である（図2）．また，l が最小となるのは，③が点 $(1,0)$ を通る（このとき $(-1,0)$ をも通る）ときである（図2）．そのときの l の値は，

$0=1+l$ より， $l=-1$

よって，

l の最大値 1，l の最小値 -1 ……（答）

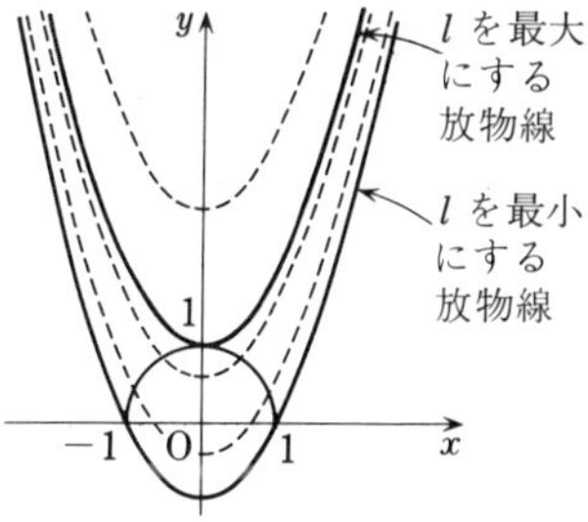

図2　l を最大にする放物線　l を最小にする放物線

【別解】 (2) 実数 x,y が，

$x^2+y^2=1$ かつ $y\geqq 0$ ……①

をみたすことから，

$x^2=1-y^2$ かつ $0\leqq y\leqq 1$

よって，このもとに，

$l=y-x^2$ すなわち $l=y-(1-y^2)=y^2+y-1$

の最大値・最小値を求める．

$l=y^2+y-1$ は $0\leqq y\leqq 1$ において，単調に増加するので，

l の最小値は $y=0$ のときの $l=-1$
l の最大値は $y=1$ のときの $l=1$ ……（答）

── ⟨練習 3・3・1⟩ ──────────────────

実数 x, y が
$$x^2 - 2x + y^2 = 3 \quad \cdots\cdots ①$$
をみたすとき，
$$k = |x| + |y| \quad \cdots\cdots ②$$
の最大値・最小値を求めよ．

──────────────────────────────

[解答] ①は，$(x-1)^2 + y^2 = 4$ と変形できるので，中心 $(1, 0)$，半径 2 の円である．
②は，4点 $(k, 0), (0, k), (-k, 0), (0, -k)$ を頂点とする正方形である（図1）．

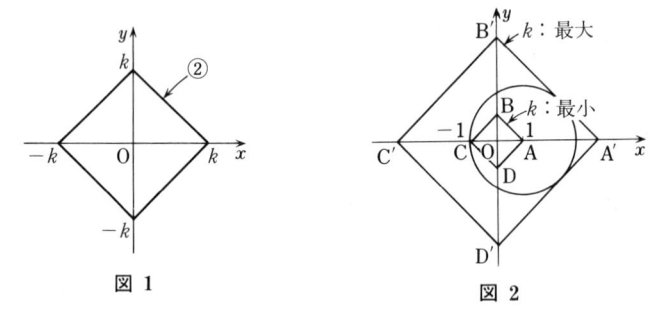

図1

図2

正方形②が円①と共有点をもつような k の値の範囲を求めればよい．

図2より，②が点 C$(-1, 0)$ を通るとき k は最小値をとり，②の2辺が円①に図2のように接するとき k は最大値をとる．

よって，k の最小値は，②へ $(-1, 0)$ を代入して $k = 1$ である．

k の最大値は，点 $(1, 0)$ から直線 AB: $x + y - k = 0$ へ至る距離が円①の半径 2 に等しくなる（このとき，図2の x 軸に関する対称性より円①は直線 A′D′ とも接する）ときであるから，ヘッセの公式より，

$$\frac{|1-k|}{\sqrt{2}} = 2 \quad (k > 0)$$

$$\therefore \quad k = 1 + 2\sqrt{2}$$

よって，**最大値 $1 + 2\sqrt{2}$，最小値 1**　　……(答)

§3 条件つき最大値・最小値問題はグラフで処理せよ

<練習 3・3・2>

実数 x, y が $9x^2 + 4y^2 - 18x - 24y + 9 = 0$ ……①

をみたすとき，

$k = x^2 + y^2 - 2x - 6y$ ……②

の最大値・最小値を求めよ．

発想法

条件方程式によって2次曲線が表されるが，xy の項がないので，だ円を表すことがわかる（[コメント]参照）．

解答 ①を変形すると，

$$\frac{(x-1)^2}{4} + \frac{(y-3)^2}{9} = 1$$

よって，①は，中心 (1, 3)，短軸の長さ 4，長軸の長さ 6 のだ円を表す．

②を変形すると，

$$(x-1)^2 + (y-3)^2 = (\sqrt{k+10})^2$$

であるから，$k > -10$ であり，②は中心 (1, 3)，半径 $\sqrt{k+10}$ の円を表す．

円②は，だ円①と中心が一致している．よって，②が①と共有点をもつための k の値の範囲は，図1より，

$$2 \leq \sqrt{k+10} \leq 3 \quad \therefore \quad -6 \leq k \leq -1$$

最大値 -1，最小値 -6 ……（答）

図 1

【別解】 だ円①上の点 (x, y) は，パラメータ θ ($0 \leq \theta < 2\pi$) を用いて，

$$\begin{cases} x = 1 + 2\cos\theta \\ y = 3 + 3\sin\theta \end{cases}$$

とおくことができる．これを②に代入すると，

$$k = (x-1)^2 + (y-3)^2 - 10 = 4\cos^2\theta + 9\sin^2\theta - 10 = 5\sin^2\theta - 6$$

$0 \leq \theta < 2\pi$ において，$0 \leq \sin^2\theta \leq 1$ から，

最大値 -1，最小値 -6 ……（答）

[コメント] 一般に，

$$ax^2 + bxy + cy^2 + dx + ey + f = 0 \quad ((a, b, c) \neq (0, 0, 0))$$

で与えられる図形は，2直線を表すとき以外は，$b^2 - 4ac$ の値により，次の図形を表す．

$$\begin{cases} b^2 - 4ac > 0 & \cdots\cdots 双曲線 \\ b^2 - 4ac = 0 & \cdots\cdots 放物線 \quad (空集合となることもある) \\ b^2 - 4ac < 0 & \cdots\cdots だ円 \quad (1点，および虚だ円も含む) \end{cases}$$

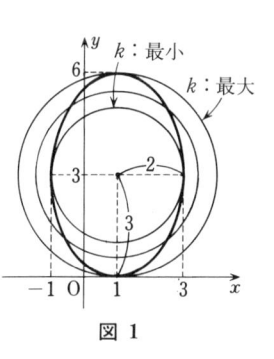

[例題 3・3・2]

$-1 \leqq x \leqq 1$ のとき，$k = 4x - 3\sqrt{1-x^2}$ の最大値・最小値を求めよ．

(広島大)

発想法

この問題は「条件方程式」が与えられていない．したがって，最初に思いつく解法は，$4x - 3\sqrt{1-x^2}$ を微分して増減を調べる，という方法であろう．しかし，以下のようにして，「条件方程式を自らつくり出してしまう」ことも可能である．すなわち，与式の右辺の $\sqrt{1-x^2}$ を y とおけば，問題は，

　　x, y が $y = \sqrt{1-x^2}$ $(-1 \leqq x \leqq 1)$ をみたすとき，$k = 4x - 3y$　……(*)

の最大値・最小値を求めよ．

という既習の問題と同様なものとなる．

$y = \sqrt{1-x^2}$ $(-1 \leqq x \leqq 1)$ が「半円」という，考察しやすい図形であることに着眼していることに注意せよ．

解答 1 「発想法」の(*)より，

　　半円：$y = \sqrt{1-x^2}$ $(-1 \leqq x \leqq 1)$ ……①

と，

　　直線：$4x - 3y = k$　　　　　　　……②

とが共有点をもつような k の最大値・最小値を求めればよい(図1)．

k が最大となるのは，直線②の y 切片：$-\dfrac{k}{3}$ が最小となるときであり，これは，直線②が点 $(1, 0)$ を通るときである(図2)．このときの k の値は，

　　$4 \times 1 - 3 \times 0 = k$　より，　$k = 4$

k が最小となるのは，$-\dfrac{k}{3}$ が最大となるときであるから直線②が半円①に接するとき，つまり，直線②と原点 O$(0,0)$ の距離が，1 となるときである(図2)．

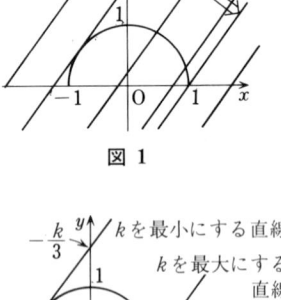

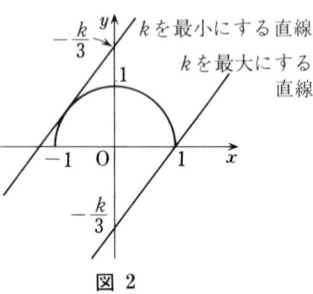

図 1

図 2

直線②は $4x - 3y - k = 0$ と書けるので，ヘッセの公式を用いて，

　　$\dfrac{|k|}{\sqrt{4^2 + 3^2}} = 1$　∴　$k = \pm 5$

図2より $k < 0$ だから，　$k = -5$

よって，k の**最大値 4**, **最小値 -5**　　……(答)

解答 2　半円①上の点(x, y)は，パラメータθを用いて，

$$\begin{cases} x = \cos\theta \\ y = \sin\theta \end{cases} \quad (0 \leq \theta \leq \pi)$$

とおくことができる．これらを②へ代入し整理すると，

$k = 4\cos\theta - 3\sin\theta$
$ = 5\cos(\theta + \alpha)$

ただし，αは図3をみたす角である．

$0 \leq \theta \leq \pi$　より，

$\alpha \leq \theta + \alpha \leq \pi + \alpha$
$\iff -5 \leq 5\cos(\theta + \alpha) \leq 4$
$\therefore \quad -5 \leq k \leq 4$

よって，**最大値 4，最小値 -5**　　……(答)

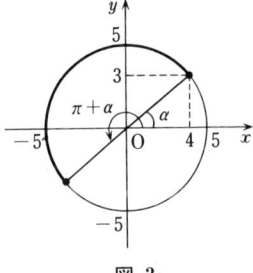

図 3

[例題 3・3・3]

実数 x, y が不等式
$$|x-1| + |y-1| \leq 4 \quad \cdots\cdots ①$$
をみたすとき，次の k, l の最大値・最小値を求めよ．

(1) $x^2 + y^2 = k$ 　　……②

(2) $xy = l$ 　　……③

(横浜国大)

[解答] 不等式①をみたす点 (x, y) の存在する領域は，図1の斜線部である (不等式 $|x| + |y| \leq 4$ の表す領域を x 軸，y 軸の方向にそれぞれ1だけ平行移動したもの)．また，各頂点の記号 A, B, C, D を図1のように定める．

(1) 方程式②は，原点 O を中心とする半径 $\sqrt{k}$ の円を表す．図2より，k が最大となるのは，円②が2点 A, B を通るときである (①は，直線 $y = x$ に関して対称だから2点を通る)．

　　(k の最大値) $= OA^2 = OB^2 = 26$

　最小値は，原点 O が不等式①の表す領域に含まれるので，0 である．よって，

　　最大値 26，最小値 0 　　……(答)

(2) 方程式③は，$l \neq 0$ のとき x 軸，y 軸を漸近線とする直角双曲線 ($l = 0$ のときは x 軸および y 軸) を表す．また，図3, 4を参照することにより，l の最大値は正，最小値は負となるべきことがわかる．

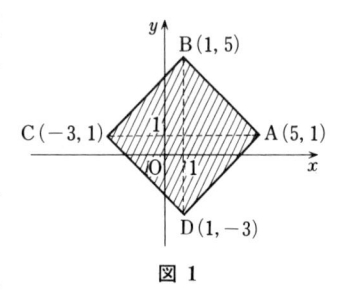

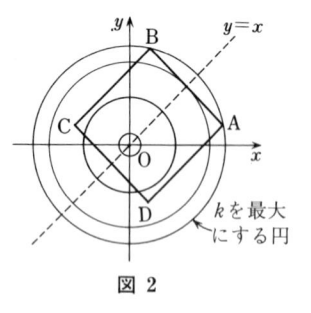

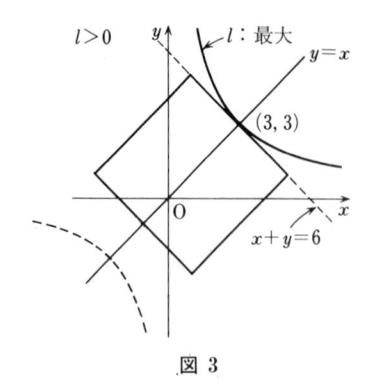

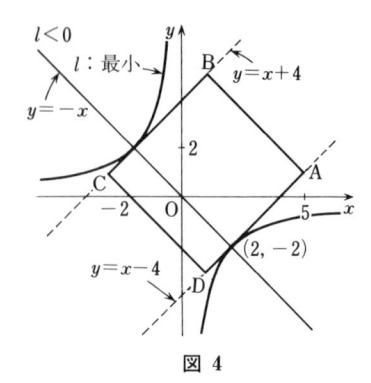

図 1

図 2

図 3

図 4

(i) $l>0$ のとき.

l が最大となるのは，$xy=l$ が $y=x$ と $x+y=6$ との交点 $(3,3)$ を通るときである(図3)．よって，
 (l の最大値)$=3\times 3=9$

(ii) $l<0$ のとき.

l が最小となるのは，$xy=l$ が $y=-x$ と $y=x-4$ との交点 $(2,-2)$ (および $y=-x$ と $y=x+4$ との交点 $(-2,2)$) を通るときである(図4)．よって，
 (l の最小値)$=2\times(-2)=-4$

以上より，**l の最大値 9，最小値 -4**　　……(答)

---〈練習 3・3・3〉---

実数 x, y が不等式
$$x^2+(y-1)^2 \leqq 1 \quad \cdots\cdots ①$$
をみたすとき，
$$\frac{x+y+1}{x-y+3}=k \quad \cdots\cdots ②$$
の最大値・最小値を求めよ。　　　　　　　　　　　（早稲田大）

発想法

方程式②は，x, y が1次であることに着目して，
$$(x+y+1)-k(x-y+3)=0 \quad \cdots\cdots ②'$$
と変形することにより，直線 $x+y+1=0$ と直線 $x-y+3=0$ の交点 $(-2, 1)$ を通る直線群を表すことがわかる（IIの**第4章 §3参照**）。このことを利用せよ。

解答　不等式①は，点 $(0, 1)$ を中心とする半径1の円 $x^2+(y-1)^2=1 \cdots\cdots ①'$ の周および内部を表す。また，方程式②は，「発想法」②′より2直線
$$x+y+1=0$$
$$x-y+3=0$$
の交点 $(-2, 1)$ を通る直線群を表す（図1）。

よって，直線②′が，領域①と共有点をもつように動くときの k の最大値，最小値を求めればよい。直線②′が領域①と共有点をもつための条件は，円①′の中心 $(0, 1)$ と直線②′の距離が1（円①′の半径）以下となることである。

ヘッセの公式を用いて，
$$\frac{|(1-k)\cdot 0+(1+k)\cdot 1+1-3k|}{\sqrt{(1-k)^2+(1+k)^2}}=\frac{|2(1-k)|}{\sqrt{2(1+k^2)}} \leqq 1$$
$$\iff 4(1-k)^2 \leqq 2(1+k^2)$$
$$\iff k^2-4k+1 \leqq 0$$
$$\therefore \quad 2-\sqrt{3} \leqq k \leqq 2+\sqrt{3}$$

図1

図2

ゆえに，　**最大値** $2+\sqrt{3}$，**最小値** $2-\sqrt{3}$ 　　……（答）

[コメント]　直線②′が，領域①の内部とだけ共有点をもって，境界と共有点をもたない，ということはありえないので，問題文において条件不等式①を，条件方程式：$x^2+(y-1)^2=1$ でおきかえても答は同じである（p.133の3）。次の〈練習 3・3・4〉も，条件不等式を方程式におきかえても答は変わらない。

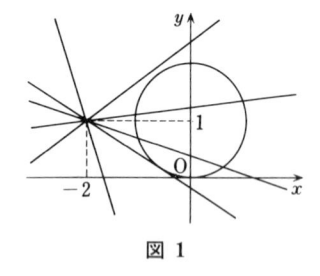

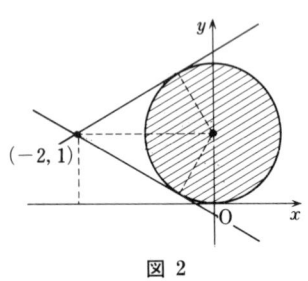

§3 条件つき最大値・最小値問題はグラフで処理せよ　143

―〈練習 3・3・4〉―

　実数 x,y が不等式 $2x^2-xy+x-y^2+5y-6\geqq 0$ ……① をみたすとき，$x^2+y^2=k$ ……② の最小値を求めよ．　　　　　　　　　　　　（弘前大）

発想法

　①の左辺 $2x^2-xy+x-y^2+5y-6$ は，次のように因数分解できる．

　　左辺 $=(2x+y-3)(x-y+2)$

　よって，不等式①をみたす領域は，図1の斜線部である．

　また，方程式②は原点Oを中心とする半径 $\sqrt{k}$ の円を表す．

　これより，k が最小値をとるのは，円②が直線 $2x+y-3=0$ に接するとき，または $x-y+2=0$ に接するときであることがわかる．

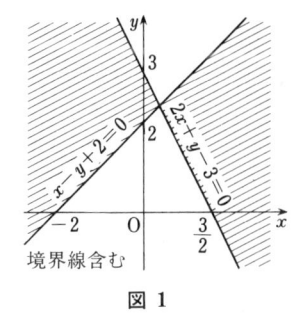

　しかし，本問は，よほど正確な図を描かない限り，どちらの直線に②が接するときに k が最小値をとるのか，図のうえから判断をするのは難しい．このような場合には，面倒がらずに，2つの値を実際に計算し，比較してから答えを出す．

図1　境界線含む

解答　$2x^2-xy+x-y^2+5y-6=(2x+y-3)(x-y+2)$

より，不等式①をみたす領域は，図1の斜線部である．方程式②は，原点Oを中心とする半径 $\sqrt{k}$ ($k>0$) の円である．図2より，$\sqrt{k}$ （したがって k）が最小となるのは円②が領域の境界線 $x-y+2=0$ に接するとき，または $2x+y-3=0$ に接するときである．

　原点Oから，境界線 $2x+y-3=0$ に下ろした垂線の長さは，ヘッセの公式より，

$$\frac{3}{\sqrt{2^2+1^2}}=\frac{3}{\sqrt{5}}\ \ \text{……①}$$

　原点Oから，境界線 $x-y+2=0$ に下ろした垂線の長さは，

$$\frac{2}{\sqrt{1^2+1^2}}=\sqrt{2}\ \ \text{……②}$$

図2

である．①，②の大小を比較すると，$\dfrac{3}{\sqrt{5}}<\sqrt{2}$ であるから，$\sqrt{k}$ の最小値は $\dfrac{3}{\sqrt{5}}$

　よって，k の最小値は，$\left(\dfrac{3}{\sqrt{5}}\right)^2=\dfrac{9}{5}$　……（答）

[例題 3・3・4]

a, b, c は，$a^2+b^2>c^2$ をみたす正の数とする．実数 x, y が
$$x^2+y^2\leq 1 \quad \text{かつ} \quad ax+by\geq c$$
をみたして動くとき，y の最大値を求めよ．

発想法

文字がたくさん出てきているので，何が定数で，何が変数なのかをまずきちんと見定めておくこと．x, y が，定数 a, b, c によって定まる条件のもとに変化する変数である．今までどおりの流れで考えていけば，xy 平面上，条件不等式（連立不等式）で表される領域（D とする）と，直線：$y=k$（y 軸に垂直）のグラフが共有点をもつような k の最大値を求める，ということになるが，ここではもっと直接的に，D に含まれる点における y 座標の最大値を求める，と考えてしまえばよい．なお，a, b, c に与えられた条件 $a^2+b^2>c^2$ が，領域 D，すなわち，2 つの不等式によって表される領域の共通部分の存在を保証していると考えられる．

解答 原点 O から直線 $ax+by=c$ への距離 d は，ヘッセの公式より $d=\dfrac{c}{\sqrt{a^2+b^2}}$

であるが，条件 $a^2+b^2>c^2$ より，$d=\dfrac{c}{\sqrt{a^2+b^2}}<1$ となる．したがって，円 $x^2+y^2=1$ と直線 $ax+by=c$ は相異なる 2 点で交わっている．

$x^2+y^2\leq 1$ かつ $ax+by\geq c$ をみたす点 (x, y) の集合は，円 $x^2+y^2=1$ と直線 $ax+by=c$ が囲む弓形の内部と周上であり，この領域を D とする．

点 $(0, 1)$ が領域 D に含まれるか否か，直線 $ax+by=c$ の（y 切片）$=\dfrac{c}{b}$ に注目して，場合分けして考える．

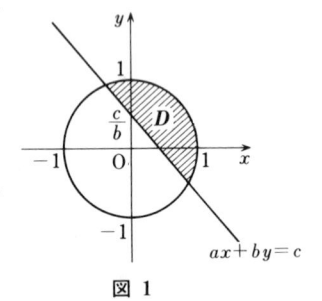

図 1

(i) $\dfrac{c}{b}\leq 1$ の場合；

点 $(0, 1)$ は D に含まれる（図 1）．
∴ （y の最大値）$=1$

(ii) $\dfrac{c}{b}>1$ の場合；

点 $(0, 1)$ は D に含まれない（図 2）．
円 $x^2+y^2=1$ ……① と
直線 $ax+by=c$ ……②

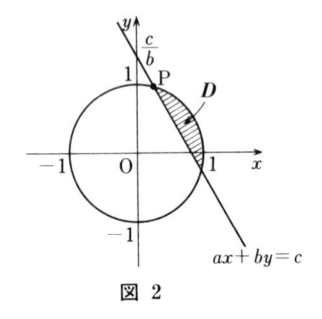

図 2

との 2 交点のうち, y 座標の大きいほうの点を P とすると,

　　(y の最大値)=(点 P の y 座標)

　そこで, 点 P の y 座標を求める.

　①, ② を連立して x を消去すると,

$$\left(\frac{c-by}{a}\right)^2 + y^2 = 1$$

$$\iff (a^2+b^2)y^2 - 2bcy + (c^2-a^2) = 0 \quad \cdots\cdots ③$$

$$\therefore \quad y = \frac{bc \pm \sqrt{(bc)^2 - (a^2+b^2)(c^2-a^2)}}{a^2+b^2}$$

$$= \frac{bc \pm a\sqrt{a^2+b^2-c^2}}{a^2+b^2} \quad \cdots\cdots ④$$

　④の複号のうち, ＋のほうが点 P の y 座標である.

以上より,

$$\begin{cases} b \geqq c \text{ の場合, } (y \text{ の最大値}) = \mathbf{1} \\ b < c \text{ の場合, } (y \text{ の最大値}) = \dfrac{\boldsymbol{bc + a\sqrt{a^2+b^2-c^2}}}{\boldsymbol{a^2+b^2}} \end{cases} \quad \cdots\cdots(答)$$

〈練習 3・3・5〉

xy 平面上において，不等式
$$0 \leqq y \leqq 2x - x^2$$
で表される領域を C とし，不等式
$$0 \leqq y \leqq x^3 - ax^2 + bx \quad \text{かつ} \quad 0 \leqq x \leqq 2$$
で表される領域を D とする．
$C \subseteqq D$ が成立するとき，D の面積を最小にする a, b の値を求めよ．

[解答] まず，$C \subseteqq D$ が成立するための a, b の条件を求め，ab 平面上に図示する．

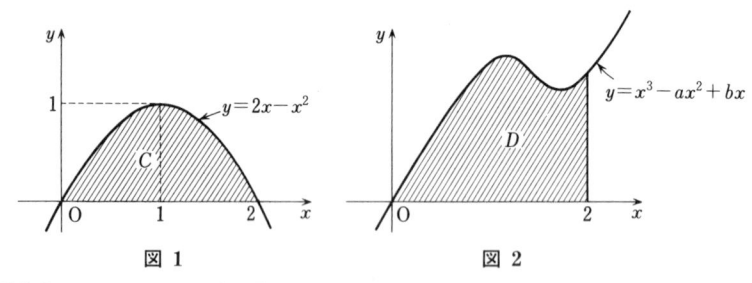

図 1

図 2

領域 C, D は，たとえば，図 1, 2 に示すような領域だから，$C \subseteqq D$ となるための条件は，$x^3 - ax^2 + bx \geqq 2x - x^2$ すなわち，
$$x\{x^2 - (a-1)x + b - 2\} \geqq 0$$
が，$0 \leqq x \leqq 2$ で成立することである．したがって，
$$f(x) = x^2 - (a-1)x + b - 2$$
$$= \left(x - \frac{a-1}{2}\right)^2 - \frac{1}{4}(a-1)^2 + b - 2$$
とおいて，

「$0 \leqq x \leqq 2$ で $f(x) \geqq 0$ となる」 ……(*)

ための条件を求めればよい．$y = f(x)$ のグラフは下に凸の放物線だから，(*) となるための条件は，

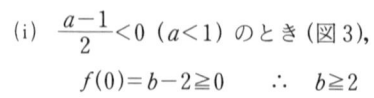

図 3

(i) $\dfrac{a-1}{2} < 0 \ (a < 1)$ のとき（図 3），
$$f(0) = b - 2 \geqq 0 \quad \therefore \quad b \geqq 2$$

(ii) $0 \leqq \dfrac{a-1}{2} \leqq 2 \ (1 \leqq a \leqq 5)$ のとき（図 4），
$$f\left(\frac{a-1}{2}\right) = -\frac{1}{4}(a-1)^2 + b - 2 \geqq 0$$
$$\therefore \quad b \geqq \frac{1}{4}(a-1)^2 + 2$$

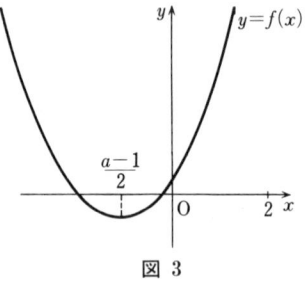

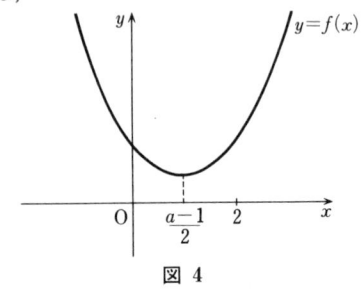

図 4

§3 条件つき最大値・最小値問題はグラフで処理せよ　*147*

(iii) $2 < \dfrac{a-1}{2}$ $(5 < a)$ のとき (図5),
　　　$f(2) = 4 - 2(a-1) + b - 2 \geqq 0$
　　　∴ $b \geqq 2a - 4$

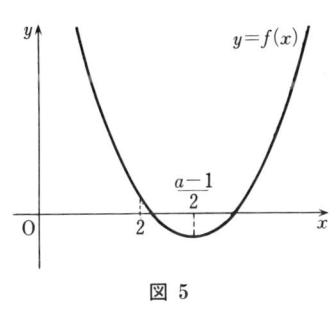

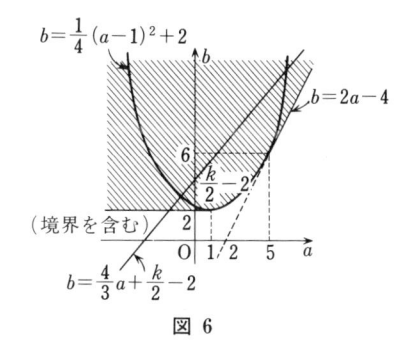

図 5

図 6

よって，$C \subseteqq D$ が成立するような a, b のみたす領域は図6の斜線部 (境界線を含む) である．この領域を ① とする．

次に，D の面積を k とすると，
$$k = \int_0^2 (x^3 - ax^2 + bx)\,dx = \left[\dfrac{1}{4}x^4 - \dfrac{a}{3}x^3 + \dfrac{b}{2}x^2\right]_0^2$$
$$= 4 - \dfrac{8}{3}a + 2b$$

∴ $b = \dfrac{4}{3}a + \dfrac{k}{2} - 2$ ……②

したがって，ab 平面上の直線②が①の領域と共有点をもちながら変化し，k が最小となるときの共有点 (a, b) を求めればよい (図6)．

直線②の傾きは $\dfrac{4}{3}$ (<2) だから，図6を参照して，直線②と放物線
$$b = \dfrac{1}{4}(a-1)^2 + 2 \quad ……③$$

が接するとき k は最小となる．この条件は，③の接線の傾きが $\dfrac{4}{3}$ となる条件として求めることができる．$\dfrac{db}{da} = \dfrac{1}{2}(a-1)$ より，

$\dfrac{1}{2}(a-1) = \dfrac{4}{3} \Longleftrightarrow a = \dfrac{11}{3}$　……④

④を③に代入して，
$b = \dfrac{1}{4}\left(\dfrac{11}{3} - 1\right)^2 + 2 = \dfrac{34}{9}$

ゆえに，D の面積を最小にする a, b の値は，　　$a = \dfrac{11}{3}$, $b = \dfrac{34}{9}$　……(答)

第3章 グラフへ帰着させる方法

─〈練習 3・3・6〉─────────────
a は実数の定数とする．実数 x, y が不等式
$$\frac{1}{2}x+1 \leq y \leq x+a$$
をみたして動くとき，$w = x^2 + y^2$ の最小値を求めよ．
─────────────────────

発想法

条件を与える不等式そのものが，文字の値によって変化するタイプの問題である．図を描くことにより，条件不等式をみたす領域の変化のようすはすぐにわかるだろう．条件不等式をみたす領域が，原点 O から直線 $y = \frac{1}{2}x+1$ に下ろした垂線の足 H を含むか否かで場合分けの必要が生じる．

解答 不等式
$$\frac{1}{2}x+1 \leq y \leq x+a$$
をみたす領域 P は，図1または図3の斜線部である．また，方程式
$$w = x^2 + y^2$$
は，原点 O を中心とする半径 $\sqrt{w}$ $(w>0)$ の円を表す．

直線 $y = \frac{1}{2}x+1$ と $y = x+a$ の交点を A，原点 O から直線 $y = \frac{1}{2}x+1$ に下ろした垂線の足を H とする．点 A の座標は，
$$\frac{1}{2}x+1 = x+a \iff x = 2(1-a) \text{ より}, \quad A(2(1-a), 2-a)$$

点 H の座標は，直線 $y = \frac{1}{2}x+1$ とこの直線に垂直な原点 O を通る直線 $y = -2x$ の交点として，
$$\frac{1}{2}x+1 = -2x \iff x = -\frac{2}{5} \text{ より}, \quad H\left(-\frac{2}{5}, \frac{4}{5}\right)$$

(i) 点 A が点 H の右側にある場合 (図1) $\left(2(1-a) > -\frac{2}{5} \text{ より},\ a < \frac{6}{5} \text{ の場合}\right)$

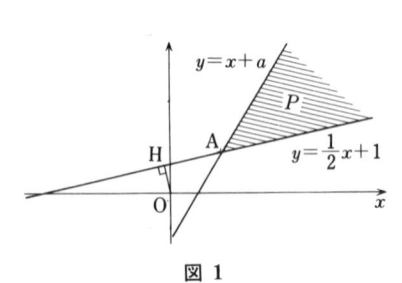

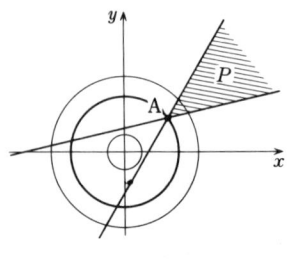

図1

図2

図2から，円 $x^2+y^2=w$ が点Aを通るとき，w は最小値をとる．よって，
$$(w \text{ の最小値})=4(1-a)^2+(2-a)^2$$
$$=5a^2-12a+8$$

(ii) 点Aが点Hに一致する，または点Aが点Hの左側にある場合(図3)
$\left(2(1-a)\leq -\dfrac{2}{5} \text{ より，} a\geq \dfrac{6}{5} \text{ の場合}\right)$

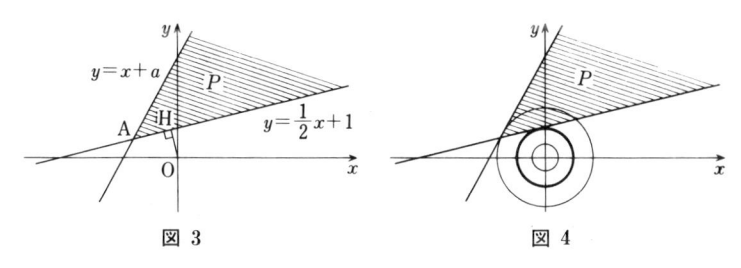

図3　　　　図4

図4より，円 $x^2+y^2=w$ が直線 $y=\dfrac{1}{2}x+1$ に接するとき，すなわち，点Hを通るとき，w は最小値をとる．よって，
$$(w \text{ の最小値})=\text{OH}^2=\dfrac{4}{5}$$

以上(i),(ii)より，

$(w \text{ の最小値})=\begin{cases} 5a^2-12a+8 & \left(a<\dfrac{6}{5}\right) \\ \dfrac{4}{5} & \left(a\geq \dfrac{6}{5}\right) \end{cases}$ ……(答)

[コメント] w の最小値 m は a の関数として与えられるが，そのグラフの概形は図5のようになる．

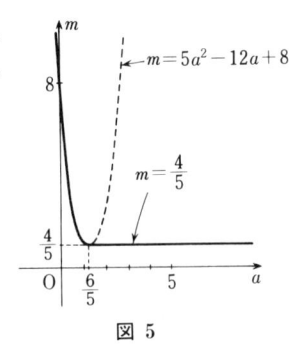

図5

[例題 3・3・5]

錠剤 A は，1 錠中に成分 α, β をそれぞれ 5 mg，2 mg 含んでいる．錠剤 B は，1 錠中に成分 α, β をそれぞれ 3 mg，3 mg 含んでいる．少なくとも α を 20 mg，β を 10 mg 服用するには，A，B をそれぞれ何錠服用するのが最も安くつくかを答えよ．

ただし，A は 1 錠につき 20 円，B は 1 錠につき 15 円とする．

(神戸女薬大)

発想法

"線形計画法" とよばれる問題である．線形計画法 (Linear Programming problem) とは，有限個の条件 1 次不等式による制約のもとで，1 次関数の値を最大 (または最小) にするには，どのようにすればよいかを問う問題である．

本問の場合は，次のように絵を描いて，1 つ 1 つの場合を確認していく方法で正解にたどりつくことも可能である (表 1)．

表 1

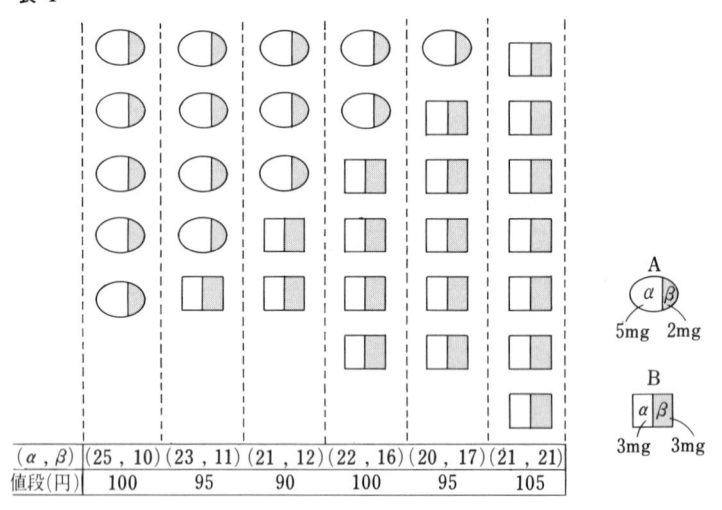

(α, β)	(25, 10)	(23, 11)	(21, 12)	(22, 16)	(20, 17)	(21, 21)
値段(円)	100	95	90	100	95	105

表 1 において，◯ は錠剤 A，□ は錠剤 B を表す．

表 1 により，錠剤 A が 3 つ，錠剤 B が 2 つのとき，最小のコストで，成分 α, β を題意をみたすように摂取できることがわかる．

この方法は，この問いのように調べあげる場合が少ないときには可能である (したがって，錠剤のように個数を数えることができるような場合に限られる)．

ここでは，制約条件を不等式で表し，その不等式が表す領域と，k をパラメータとし

§3 条件つき最大値・最小値問題はグラフで処理せよ　　*151*

たときの直線群 $k=f(x, y)$ が共有点（ただし，x, y は整数だから共有点は格子点でなければならない）をもつような k の最小値を求める問題に帰着させる解答を示そう．

解答　A を x 錠，B を y 錠服用するとすれば，

　　　α を 20 mg 以上服用することから； $5x+3y \geqq 20$

　　　β を 10 mg 以上服用することから； $2x+3y \geqq 10$

である．これをみたす点 (x, y) の存在範囲は図 1 の斜線部分（境界を含む）となる．

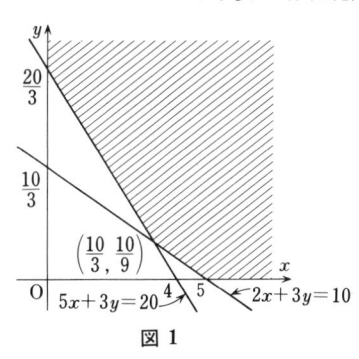

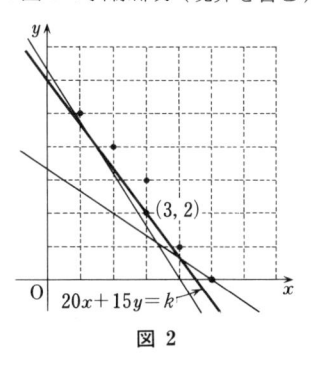

図 1　　　　　　　　　図 2

いま，錠剤の値段を k とすれば，

　　　$20x+15y = k$ 　……①

となる．①は，xy 平面上，傾き；$-\dfrac{4}{3}$，y 切片；$\dfrac{k}{15}$ の直線を表している．よって，図 1 の斜線部分（境界を含む）に含まれる格子点（錠剤の個数は整数個である）を通る直線①のうちで，k の値，すなわち y 切片；$\dfrac{k}{15}$ が最小となるものを考える．そのような直線は図 2 より，点 $(3, 2)$ を通るものであることがわかる．

　　よって，題意をみたすのは，　　　**A 3 錠，B 2 錠**　　　……（答）

第3章 グラフへ帰着させる方法

┌─**〈練習 3・3・7〉**─────────────────────┐
　ある工場で，2種類の部品 A, B を使って2種類の製品 X, Y を組み立てている．この工場の生産能力は，製品 X については月産 2500 個まで，製品 Y については月産 1200 個までである．X を1個組み立てるには，部品 A が 4 個，部品 B が 2 個，Y を 1 個組み立てるには，A が 6 個，B が 8 個必要であり，1 か月間に使用できる部品 A, B の最大個数はそれぞれ 14000 個，12000 個であるという．

　X 1 個あたりの利益を 1000 円，Y 1 個あたりの利益を 2000 円として，月間利益を最大にするには X, Y の月間生産個数をいくらにすればよいか．

　　　　　　　　　　　　　　　　　　　　　　　　　　　（神戸商大）
└──────────────────────────────┘

[解答]　製品 X, Y の月間生産個数をそれぞれ x, y とすると，生産能力の条件から，x, y は，不等式

$$0 \leq x \leq 2500 \quad \cdots\cdots ①$$
$$0 \leq y \leq 1200 \quad \cdots\cdots ②$$

をみたす整数である．

　部品 A, B の使用個数の条件から x, y は，不等式

$$\begin{cases} 4x + 6y \leq 14000 \\ 2x + 8y \leq 12000 \end{cases}$$

すなわち，

$$\begin{cases} 2x + 3y \leq 7000 \quad \cdots\cdots ③ \\ x + 4y \leq 6000 \quad \cdots\cdots ④ \end{cases}$$

をみたす．

　このときの月間利益を k 円とすると，k は，

$$1000x + 2000y = k \quad \cdots\cdots ⑤$$

により求められる．

　①～④の条件のもとで，⑤の k を最大にする x, y の非負整数値を求めればよい．
　①～④をみたす非負整数値の組 (x, y) は，図1の斜線部分内（境界の太線を含む）にある．

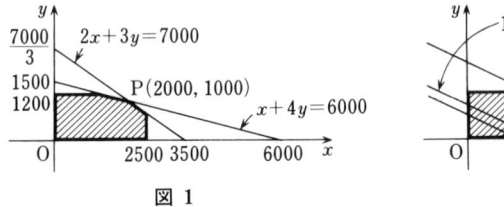

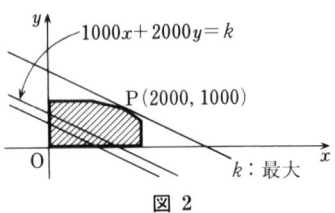

図 1　　　　　　　　　　　　　図 2

直線⑤の傾きは,

$$⑤ \iff y = -\frac{1}{2}x + \frac{k}{2000}$$

より, $-\dfrac{1}{2}$ であり, また直線 $2x+3y=7000$ (……③), $x+4y=6000$ (……④) の傾きは, それぞれ $-\dfrac{2}{3}, -\dfrac{1}{4}$ である. これら3直線の傾きは不等式

$$-\frac{2}{3} < -\frac{1}{2} < -\frac{1}{4}$$

をみたす. よって, k が最大となるのは, 直線⑤が, ③, ④ の交点 P(2000, 1000) を通るとき (図2), すなわち, $x=2000, y=1000$ のときである (この x, y はともに非負整数値である).

X 2000個, Y 1000個 ……(答)

[コメント] X 1個あたりの利益を 1000 円のままとし, Y 1個あたりの利益を 5000 円とすると, X, Y の月間生産個数をそれぞれ

　　X 1200個, Y 1200個

とすれば, 最大の月間利益が得られる (図3).

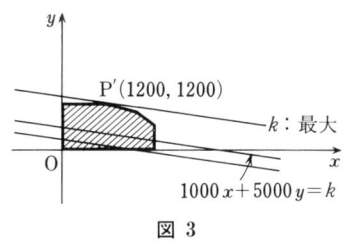

図 3

[例題 3・3・6]

点 $P(x, y, z)$ が半球面
$$S : x^2+y^2+z^2=1, \ z \geq 0$$
上を動くとき,$f=2x+3y+6z$ の最大値と最小値を求めよ.

発想法

変数が3つあるので,空間における図形的考察をすることになる (p.133 の 4).ここでは,f は x, y, z の1次式であるから,[方針1] のように空間ベクトルの内積としても考えられる.

[方針1] f を,定ベクトル $(2, 3, 6)$ と O を始点とし S 上の点を終点として動く位置ベクトル (x, y, z) の内積とみて,f の最大値・最小値を考察する.

[方針2] $f=2x+3y+6z$ を法線ベクトル $(2, 3, 6)$ の平面とみなし,半球面 S とこの平面とが共有点をもつことから,f の最大値・最小値を求める.

解答

1 原点を O,点 $(2, 3, 6)$ を A とすると,
$$f = \overrightarrow{OA} \cdot \overrightarrow{OP} = OA \cdot OP \cos \angle AOP$$
$$= \sqrt{2^2+3^2+6^2} \cdot 1 \cdot \cos \angle AOP$$
$$= 7 \cos \angle AOP \quad (図1)$$

図 1

図 2

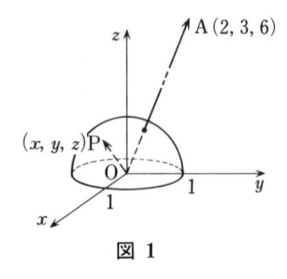

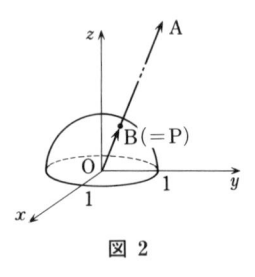

まず,最大値を求める.$-1 \leq \cos \angle AOP \leq 1$ であるから $\cos \angle AOP = 1$,すなわち,$\angle AOP = 0°$ となる点 P が半球面 S に存在すれば,f は最大値 7 をとる.このような点 P は,線分 OA と S の交点 B として確かに存在する (図 2).

ゆえに,点 P が点 B に一致するとき,f は最大となり,その値は 7.

また,点 B は線分 OA 上の点であるから,その座標を
$$(2t, 3t, 6t) \quad (0 \leq t \leq 1)$$
と表すことができる.

点 B が S 上にある条件は,
$$(2t)^2+(3t)^2+(6t)^2 = 1 \iff 49t^2 = 1$$
$$\iff t = \frac{1}{7} \quad (\because \ 0 \leq t \leq 1)$$

ゆえに, f の最大値を与える点 B の座標は, $B\left(\dfrac{2}{7}, \dfrac{3}{7}, \dfrac{6}{7}\right)$

次に, f の最小値を求める.

$\cos\angle AOP=-1$, すなわち $\angle AOP=180°$ となる点 P は, S 上にない. そこで, S 上の点 Q に対し, 3 点 O, B, Q を通る平面 π と S の縁円

$C : x^2+y^2=1, \ z=0$

との 2 交点を P, P' とし (図 3), 点 Q を含むほうの弧を $\overset{\frown}{PB}$ とする. このとき,

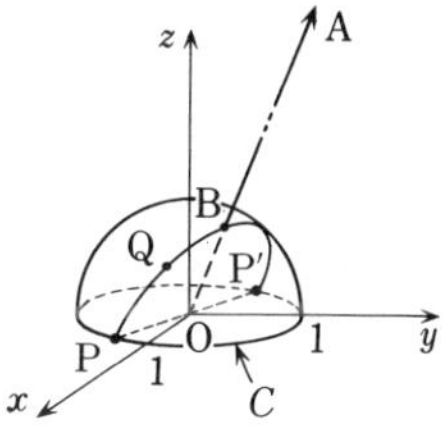

$\angle AOP \geqq \angle AOQ$

∴ $\cos\angle AOP \leqq \cos\angle AOQ$

ゆえに, f を最小にする点は, C 上にあることがわかる (図 4). このとき, $z=0$ だから,

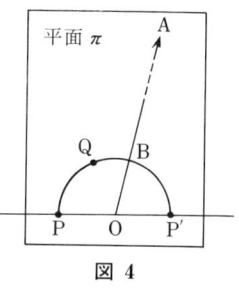

$f=2x+3y$

点 $(2, 3, 0)$ を H とすると,

$f=\overrightarrow{OH}\cdot\overrightarrow{OP}=OH\cdot OP\cos\angle HOP$
$=\sqrt{13}\cos\angle HOP$

$-1\leqq \cos\angle HOP \leqq 1$

図 3

図 4

であるから, $\angle HOP=\pi$ となる点 P が, C 上にあれば, f は最小値 $-\sqrt{13}$ をとる. このような点 P は, 直線 OH と円 C の 2 交点のうち, 点 H と原点 O に関して反対側の点 D として確かに存在する (図 5).

ゆえに, 点 P が点 D に一致するとき, f は最小となり, その値は $-\sqrt{13}$.

また, 点 D は直線 OH 上の点であるから, その座標を,

$(2s, 3s, 0)$ $(s<0)$

と表せる. これが C 上にある条件は,

$(2s)^2+(3s)^2=1 \iff 13s^2=1$
$ \iff s=-\dfrac{1}{\sqrt{13}}$ (∵ $s<0$)

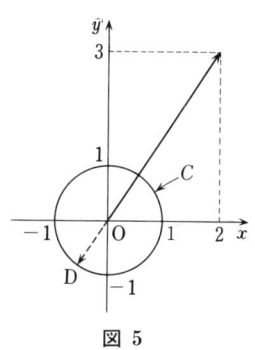

ゆえに, f の最小値を与える点 D の座標は,

$D\left(-\dfrac{2}{\sqrt{13}}, -\dfrac{3}{\sqrt{13}}, 0\right)$

以上より,

最大値 7 $\left(P=\left(\dfrac{2}{7}, \dfrac{3}{7}, \dfrac{6}{7}\right)\right)$

最小値 $-\sqrt{13}$ $\left(P=\left(-\dfrac{2}{\sqrt{13}}, -\dfrac{3}{\sqrt{13}}, 0\right)\right)$

図 5

……(答)

解答 **2** $f=2x+3y+6z$ を, f をパラメータとし, 法線ベクトルが $(2, 3, 6)$ の平面群とみなす. 平面 $2x+3y+6z-f=0$ ……(∗) が S に接するとき, f は最大となる (図6). よって, ヘッセの公式を用いて,

$$\frac{|f|}{\sqrt{4+9+36}}=1 \quad (f>0) \quad \therefore \quad f=7 \quad (最大値) \quad ……(答)$$

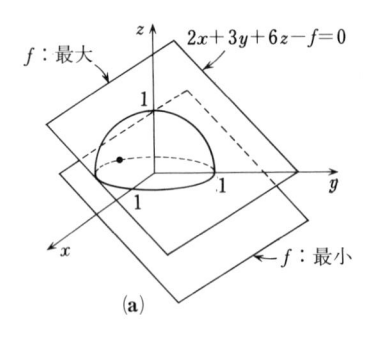

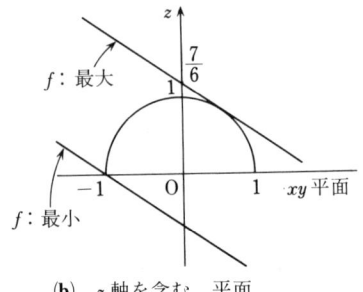

(a)

(b) z 軸を含む, 平面 $2x+3y+6z-f=0$ に垂直な平面による切り口

図 6

f の最小値を考察するためには, 平面 $2x+3y+6z-f=0$ が xy 平面上の単位円 $x^2+y^2=1$, $z=0$ に〝接する″(ただ1つの共有点をもつ)ときの f の値を求めればよい.

そのためには, xy 平面上で直線 $2x+3y-f=0$ が円 $x^2+y^2=1$ に接し, かつ $f<0$ である f の値を求めればよい.

よって, ヘッセの公式より,

$$\frac{|f|}{\sqrt{4+9}}=1 \quad (f<0) \quad \therefore \quad f=-\sqrt{13} \quad (最小値) \quad ……(答)$$

(注) 最大, 最小を与える点 P の座標は,「**解答**」**1** と同様な計算により求めることができる.

§4 分数関数は直線の傾きに帰着せよ

　スポーツを習得する手段の1つに，プロのフォームを模倣するという方法がある．試合をじかに見るのも一法だが，試合をビデオに撮り，それをコマ送りにして見るほうが，詳細なチェックをすることができ，より正確なフォームをつかむことができる．

　同様に，難問とよばれるレベルの問題を解く際，1つ1つの条件に対する図形的イメージをもつことは有益な手がかりとなる．しかし，適切な図形的イメージを思いつく能力は，一朝一夕で養えるものではない．各問題に与えられているさまざまな条件に対して，図を丹念に描いてみる習慣の積み重ねにより，はじめて得ることができる能力なのである．一見，どんなにつまらなそうに見える条件でも，1つ1つ図やグラフに表現していくという習慣を身につけることが大切だ．

　『$y=\dfrac{e^x}{x}$ のグラフの概形を描け』といわれたら，一般には，微分して増減を調べ，グラフを描く．本節では，曲線 $y=e^x$ 上の点 $P(x, e^x)$ と原点 $O(0, 0)$ を結ぶ直線の傾きを考察することで，$y=\dfrac{e^x}{x}$ の増減を求め，グラフの概形を描く方法を解説する．この考え方を順を追って図解すると次のようになる．

　点 P の x 座標を x_P，$y=e^x$ の原点 O を通る接線を与える接線の x 座標を x_0 とする．

[プロセス]

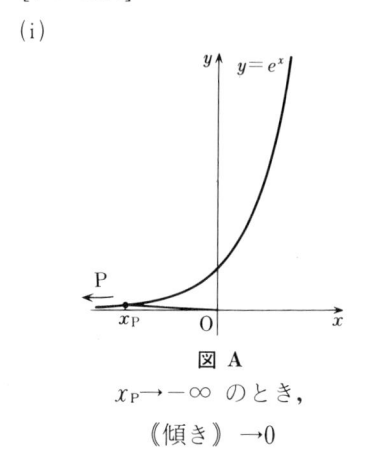

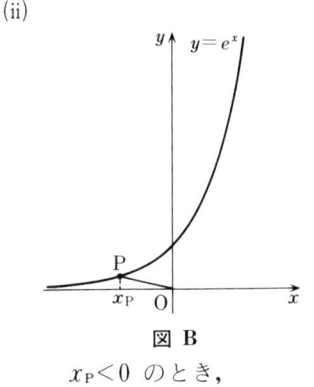

(i)

図 A

$x_P \to -\infty$ のとき，

　《傾き》→0

(ii)

図 B

$x_P<0$ のとき，

　《傾き》減少する（負）

(iii)

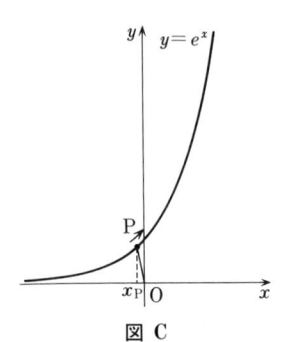

図 C

$x_P \to -0$ のとき,

　(傾き) $\to -\infty$

(iv)

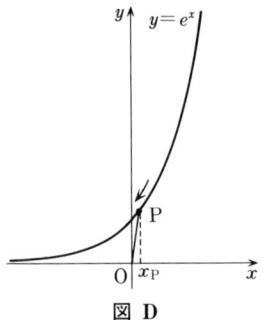

図 D

$x_P \to +0$ のとき,

　(傾き) $\to +\infty$

(v)

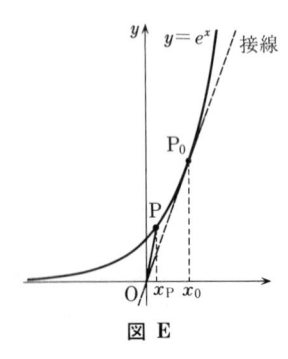

図 E

$0 < x_P < x_0$ のとき,

　(傾き) 減少する (正)

(vi)

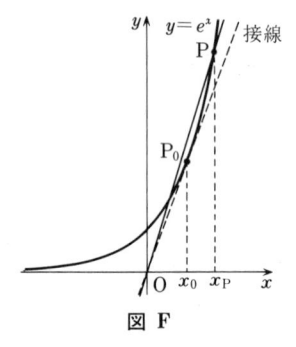

図 F

$x_0 < x_P$ のとき,

　(傾き) 増加する (正)

(vii)

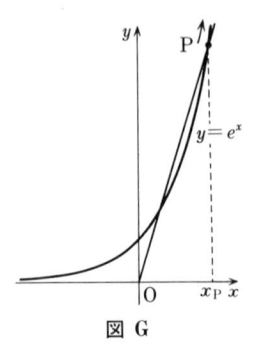

図 G

$x_P \to +\infty$ のとき,

　(傾き) $\to +\infty$

§4 分数関数は直線の傾きに帰着せよ　159

以上の考察，および $x_0=1$ であることより，下記の増減表を得る．

x		0		1	
y	(0) ↘ $-\infty$		$+\infty$ ↘ e		$+\infty$ ↗

よって，$y=\dfrac{e^x}{x}$ のグラフは，図 H のようになる．

なお，この議論を展開するうえでも，導関数を求めてから増減表をつくる際にも，次のような不等式や値は，そのつど計算しなくてもよいように覚えておくことをすすめる．

☆　$0<x<\dfrac{\pi}{2}$ では，$\sin x<x<\tan x$　（図 I）

（これにより，$\displaystyle\lim_{x\to 0}\dfrac{\sin x}{x}=1$ が得られる．）

☆　関数 $y=e^x$ の，傾き 1 の接線を与える接点の座標と，原点を通る接線を与える接点の座標について．

接点 (t, e^t) における接線の方程式は，$y'=e^x$ より，

$$y-e^t=e^t(x-t) \quad \cdots\cdots(*)$$

・原点を通る接線は，$(*)$ が $(0, 0)$ を通ることから，

$$0-e^t=e^t(0-t)$$

$$\therefore \quad t=1$$

ゆえに，原点を通る接線の方程式は，$y=ex$ であり，接点の座標は，$(1, e)$ である（図 J）．

・傾き 1 の接線は，

$$e^t=1 \quad \therefore \quad t=0$$

ゆえに，傾き 1 の接線の方程式は，

$$y=x+1$$

であり，接点の座標は $(0, 1)$ である（図 K）．

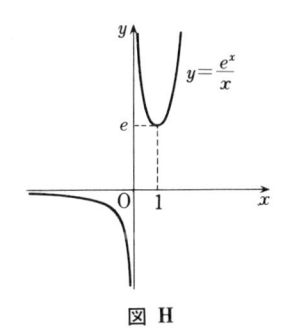

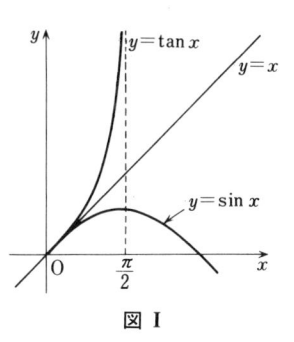

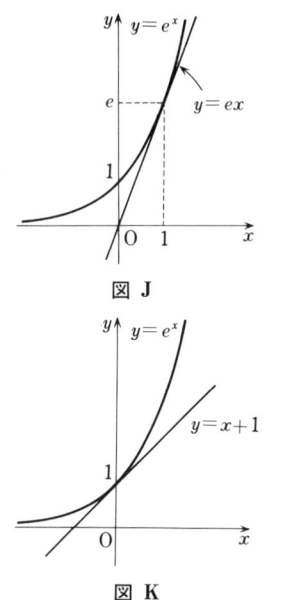

図 H

図 I

図 J

図 K

☆ 関数 $y=\log x$ の原点を通る接線を与える接点の座標と，傾き 1 の接線を与える接点の座標について．

$y=\log x$ のグラフが，直線 $y=x$ に関して，$y=e^x$ のグラフと対称であることを考えれば以下のようになる．

原点を通る接線を与える接点の座標は $(e,1)$ であり（図 L），傾き 1 の接線を与える接点の座標は $(1,0)$ である（図 M）.

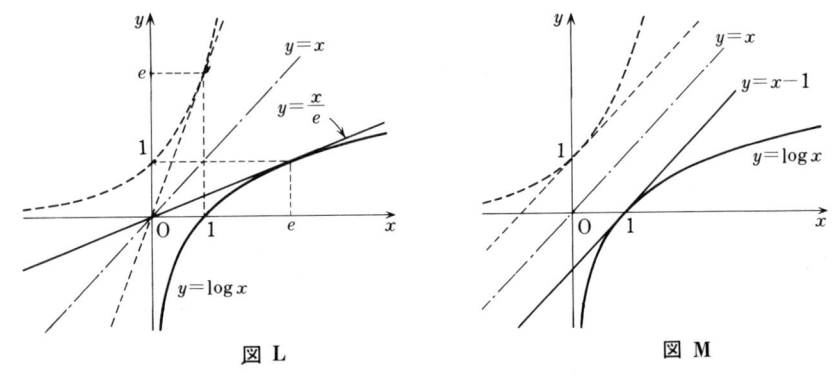

図 L

図 M

§4 分数関数は直線の傾きに帰着せよ

[例題 3・4・1]

すべての正の数 x に対して，
$$\frac{1}{x}+3 \geq a\log\frac{3x+1}{2x}$$
が成り立つような定数 a のうちで最大のものを求めよ．ただし，対数は自然対数を表す．

[発想法]

与式の左辺を通分して，
$$\frac{3x+1}{x} \geq a\log\frac{3x+1}{2x} \quad \cdots\cdots(*)$$
と，変形し，～～部に類似する式があることに気がつけばシメタものだ．もし，変形して同じ形の式をつくることができれば，簡単な文字におきかえることで，ずっと扱いやすい式に帰着させることが可能になるからである（Ⅲの**第3章§1**参照）．

このあと，～～部をまったく同じ形に直すために，式をさらに変形する．

(*)の右辺を変形して，
$$\frac{3x+1}{x} \geq a\left(\log\frac{3x+1}{x}+\log\frac{1}{2}\right)$$
としても～～部は同じ形の式になるが，(*)の左辺を変形して，
$$2\cdot\frac{3x+1}{2x} \geq a\log\frac{3x+1}{2x}$$
としたほうがもっとうまい．式を変形する際には，つねに，より扱いやすい式を得るのが目的であることを忘れないこと．

さて，ここで，
$$t = \frac{3x+1}{2x}$$
とおく．すると，本問は，

『……$2t \geq a\log t$ が成り立つような定数 a のうちの最大値を求めよ……』

というやさしい問題に帰着することができる．
$$\frac{1}{x}+3 \geq a\log\frac{3x+1}{2x}$$
よりも，
$$2t \geq a\log t$$
のほうが，見た目も，ずっとシンプルで扱いやすそうだ．

このとき，変数変換したのだから t の変域を調べることを忘れてはならない．
$$t = \frac{3x+1}{2x} = \frac{3}{2} + \frac{1}{2x} \quad \therefore \quad t > \frac{3}{2}$$

$x>0$ であるから $\frac{1}{2x}>0$. よって, $t>\frac{3}{2}$ と考えてもよいし, もしくは, 右の図1を想起してもよい.

$2t \geq a \log t$ は, さらに,

$$\frac{2t}{\log t} \geq a$$

と, 変形できる. ここで, $\frac{t}{\log t}$ の形より, 対数関数 $y=\log x$ のグラフを利用し, "傾きに帰着"させることを考える.

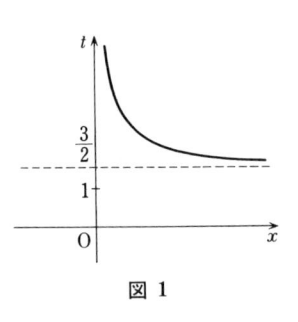

図1

[解答] $x>0$ に対して,

$$\frac{1}{x}+3 \geq a \log \frac{3x+1}{2x}$$

$$\iff 2 \cdot \frac{3x+1}{2x} \geq a \log \frac{3x+1}{2x} \quad \cdots\cdots ①$$

そこで, $t=\frac{3x+1}{2x}$ とおくと, t の変域は $t>\frac{3}{2}$ であり,

$$① \iff 2t \geq a \log t \iff \frac{2t}{\log t} \geq a$$

図2

この不等式をみたす a の値の最大値は, $\frac{2t}{\log t}$ の最小値として与えられる.

$\frac{\log t}{t}$ は, $y=\log x$ 上の点 $P(t, \log t)$ と原点 $O(0, 0)$ を通る直線の傾きを表す.

図2より, $\frac{\log t}{t}$ は, $t=e\left(>\frac{3}{2}\right)$ のときの最大値 $\frac{1}{e}$ をとる. $\frac{\log t}{t}$ が最大のとき, $\frac{2t}{\log t}=\frac{2}{\frac{\log t}{t}}$ は最小値 $2e$ をとる.

よって, 求める a の最大値は **$2e$** である. ……(答)

―――〈練習 3・4・1〉―――

$0 < x < \dfrac{\pi}{2}$ で定義された関数

$$f(x) = \dfrac{1}{\tan x}\{\log(\tan x) + 1\}$$

の最大値，およびそれを与える x の値を求めよ．

発想法

$\tan x = t$

とおき，扱いやすい式の形にしてから議論を進めよ．

解答 1 $\tan x = t$ とおくと，t の変域は

$0 < x < \dfrac{\pi}{2}$ により，$t > 0$ である．

$$f(x) = \dfrac{\log t + 1}{t} \equiv g(t)$$

$g(t)$ は，$y = \log x + 1$（……①）上の点 $P(t, \log t + 1)$ と原点 $O(0, 0)$ を通る直線 l の傾きを表す．

図1より，$g(t)$ の最大値を与える点 P は，直線 l が曲線①の接線となるときの接点 P_0 である．

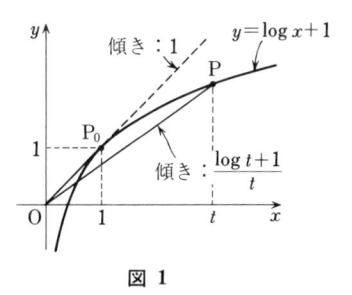

図 1

$P_0(t, \log t + 1)$ とおくと，接線の方程式は，①において $\dfrac{dy}{dx} = \dfrac{1}{x}$ であることから，

$$y - (\log t + 1) = \dfrac{1}{t}(x - t)$$

$$\therefore\ y - \log t = \dfrac{1}{t}x$$

これが原点 $(0, 0)$ を通ることから，

$0 - \log t = 0$ $\therefore\ t = 1$

よって，$\dfrac{\log t + 1}{t}$ は，$t = 1$ のとき最大値 1 をとる．

また，$t = 1$ のときの x の値は，

$\tan x = 1$

$$\therefore\ x = \dfrac{\pi}{4}\ \left(\because\ 0 < x < \dfrac{\pi}{2}\right)$$

である．よって，

$f(x)$ は，$\boldsymbol{x = \dfrac{\pi}{4}}$ のとき，**最大値 1** をとる．　　……(答)

[解答] 2 $\tan x = t$ とおくと，$0 < x < \dfrac{\pi}{2}$ より，

$0 < t$

$f(x) = \dfrac{\log t + 1}{t}$

である．

$g(t) \equiv \dfrac{\log t + 1}{t}$ とおく．

$g'(t) = \dfrac{\dfrac{1}{t} \cdot t - (\log t + 1)}{t^2}$

$= \dfrac{-\log t}{t^2}$

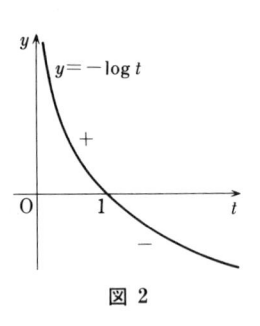

図2を参照し，右の増減表を得る．
よって，$g(t)$ は，$t = 1$ のとき最大値 $g(1) = 1$ をとる．
$t = 1$ のときの x の値は，

$\tan x = 1$

∴ $x = \dfrac{\pi}{4}$ （∵ $0 < x < \dfrac{\pi}{2}$）

よって，

$f(x)$ は，$x = \dfrac{\pi}{4}$ のとき，最大値 1 をとる． ……(答)

図 2

t	(0)		1	
$g'(t)$		+	0	−
$g(t)$		↗	1	↘

§4 分数関数は直線の傾きに帰着せよ

―〈練習 3・4・2〉―

(1) 不等式 $e^{kx} > x$ がすべての実数 x に対して成り立つように，実数 k の範囲を定めよ．

(2) (1)で求めた範囲内にある k に対して，曲線 $y = e^{kx}$ を C とする．C 上に点 P をとり，点 P から直線 $y = x$ に下ろした垂線の足を点 Q とする．点 P が C 上を動くとき，距離 $\overline{PQ}$ が最小となる点 P の座標を $P_0(x_0, y_0)$ とする．このとき，点 P_0 の座標と $\overline{P_0 Q}$ の値を求めよ．

(3) k が(1)で求めた範囲内を動くとき，x_0 のとりうる値の範囲を求めよ．

発想法

(1) まず，$y = e^{kx}$ と $y = x$ のグラフをいくつか描いて，調べるべきポイントを絞る．

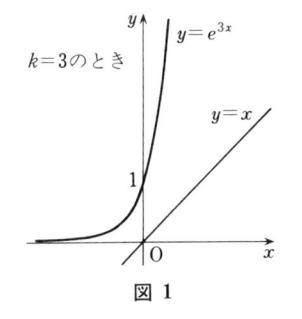

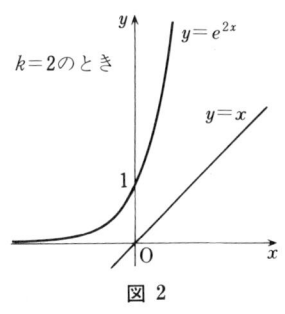

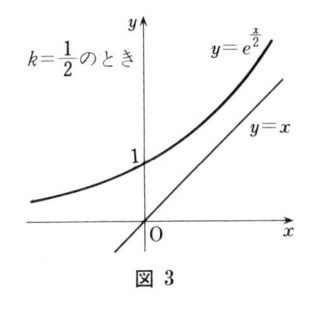

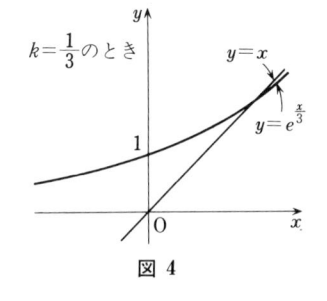

図 1　$k = 3$ のとき，$y = e^{3x}$，$y = x$

図 2　$k = 2$ のとき，$y = e^{2x}$，$y = x$

図 3　$k = \dfrac{1}{2}$ のとき，$y = e^{\frac{x}{2}}$，$y = x$

図 4　$k = \dfrac{1}{3}$ のとき，$y = x$，$y = e^{\frac{x}{3}}$

図 5　$k = \dfrac{1}{4}$ のとき，$y = x$，$y = e^{\frac{x}{4}}$

$x \leqq 0$ の範囲で，k の値によらず不等式 $e^{kx} > x$ が成り立つことは，$x \leqq 0 < e^{kx}$ より明らかである（図1～5）．

よって $x > 0$ の範囲で，不等式 $e^{kx} > x$ が成り立つための k に対する条件を，両辺の対数をとって変形した式 $k > \dfrac{\log x}{x}$ により考察する．

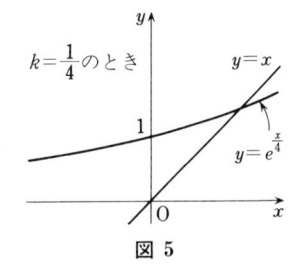

(2) $\overline{PQ}$ の状態は,図6のように変化する.

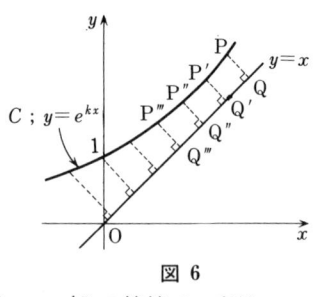

図 6

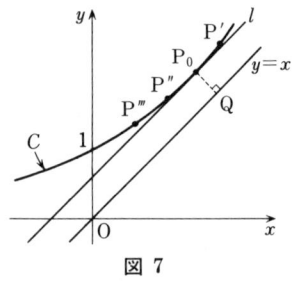

図 7

C ; $y=e^{kx}$ の接線で,直線 $y=x$ に平行なものを考えよ(図7).それを直線 l とする.

直線 l と曲線 C の接点を与える点を除き,C ; $y=e^{kx}$ 上の点は,すべて直線 l に関して直線 $y=x$ と反対側にある(曲線 C は下に凸な関数である).これより,直線 l と曲線 C の接点が点 P_0 であることがわかる.

なお,$\overline{P_0Q}$ の距離を求めるためにヘッセの公式を利用すると,計算が容易になる.

解 答 (1) (i) $x \leq 0$ のとき,$x \leq 0 < e^{kx}$ より,k の値によらず不等式が成立することは明らかである.

(ii) $x > 0$ のとき,
$$e^{kx} > x \iff kx > \log x$$
$$\iff k > \frac{\log x}{x}$$

k のとりうる値の範囲は,関数 $\dfrac{\log x}{x}$ の最大値を調べることによって求めることができる.

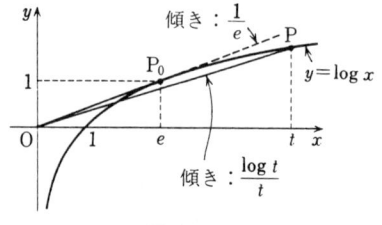

図 8

関数 $\dfrac{\log x}{x}$ は,原点 O と $y=\log x$ 上の点 $(x, \log x)$ を結んだ直線の傾きを表している.

図8より,求める k の値の範囲は,
$$k > \frac{1}{e} \quad \cdots\cdots(答)$$

(2) 距離 $\overline{PQ}$ を最小にする点 $P_0(x_0, e^{kx_0})$ における C ; $y=e^{kx}$ の接線は,直線 $y=x$ に平行である(図9).

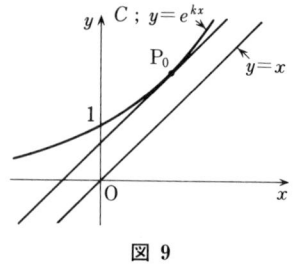

$y=e^{kx}$ より $y'=ke^{kx}$ だから,点 P_0 における接線の傾きは,ke^{kx_0} である.

図 9

《点 P_0 における接線の傾き》=《直線 $y=x$ の傾き》
$$\iff ke^{kx_0}=1$$

$$\iff e^{kx_0}=\frac{1}{k}$$

$$\iff kx_0=\log\frac{1}{k}=-\log k$$

$$\iff x_0=-\frac{1}{k}\log k$$

が成り立つ．よって，点 P_0 の座標は，

$$P_0\left(-\frac{1}{k}\log k,\ \frac{1}{k}\right) \quad \cdots\cdots(答)$$

また，このときの $\overline{P_0Q}$ の値は，直線 $x-y=0$ と点 $P_0\left(-\frac{1}{k}\log k,\ \frac{1}{k}\right)$ に，ヘッセの公式を用いて，

$$\overline{P_0Q}=\frac{\left|-\frac{1}{k}\log k-\frac{1}{k}\right|}{\sqrt{1^2+(-1)^2}}$$

$$=\frac{1}{\sqrt{2}k}(\log k+1) \quad \cdots\cdots(答)$$

である．

(3) (2)より，$x_0=\dfrac{-\log k}{k}$ である．

x_0 のとり得る値の範囲は，関数 $\dfrac{-\log k}{k}$ の値域である．

関数 $\dfrac{-\log k}{k}$ は，$k>\dfrac{1}{e}$ ((1)より) において，$y=-\log x$ 上の点 $P(k,\ -\log k)$ と原点 $O(0,\ 0)$ を結ぶ直線の傾きを表している (図10)．

図 10

図 11

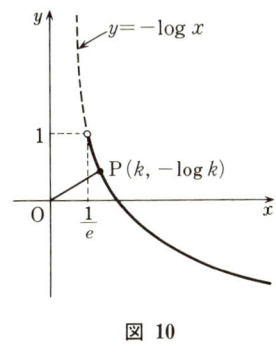

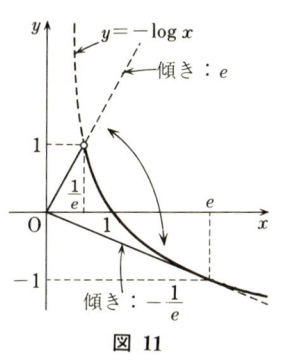

$k>\dfrac{1}{e}$ に注意して，図11より，x_0 のとり得る値の範囲は，

$$-\frac{1}{e}\leq x_0<e \quad \cdots\cdots(答)$$

[例題 3・4・2]

$$f(x) = x \sin \frac{1}{x} \quad (x>0)$$

とする。

また，$\theta_k\,(k=1,2,\cdots\cdots)$ は，$k\pi - \frac{\pi}{2} < \theta_k < k\pi + \frac{\pi}{2}$ の範囲で $\tan\theta_k = \theta_k$ をみたす数とする。

(1) $f(x)$ の極大を与える点と極小を与える点を，$\theta_k\,(k=1,2,\cdots\cdots)$ を用いて表せ。

(2) 区間 $x \geq a$ において $f(x)$ が単調増加となるような a のなかで，最小のものを a_0 とする。a_0 を $\theta_k\,(k=1,2,\cdots\cdots)$ を用いて表せ。

(3) $f(x)$ の最小値を $\theta_k\,(k=1,2,\cdots\cdots)$ を用いて表せ。　　　（早稲田大　理工）

[発想法]

$\tan\theta_k = \theta_k$ なる条件を理解するために，次のようなグラフを描くことは，θ_k が，どのような値であるかの見当をつけるために有益である。θ_k は，$y = \tan x$ と $y = x$ のグラフの交点の x 座標である（図1）。

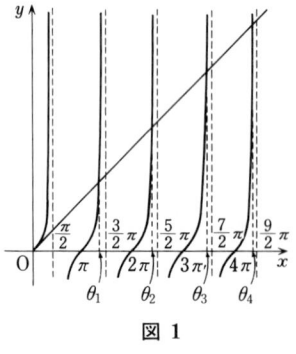

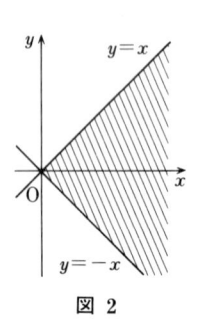

図 1　　　　　　　　　　図 2

まず，$y = f(x) = x\sin\frac{1}{x}\,(x>0)$ のグラフの描き方を示す。

$$\left|\sin\frac{1}{x}\right| \leq 1 \text{ より，} \quad |y| \leq |x|,\ \lim_{x \to 0} y = 0$$

よって，図2の斜線部にグラフは現れる。

$\lim_{x \to +\infty} x\sin\frac{1}{x}$ は $\frac{1}{x} = t$ とおくと，$x \to +\infty$ のとき $t \to +0$ だから，

$$\lim_{x \to +\infty} x\sin\frac{1}{x} = \lim_{t \to +0} \frac{\sin t}{t} = 1$$

また，$y=0$ となるのは，$x>0$ の範囲で，$\frac{1}{x}=\pi, 2\pi, 3\pi, \cdots\cdots$ より，

$$x=\frac{1}{\pi}, \frac{1}{2\pi}, \frac{1}{3\pi}, \cdots\cdots$$

である．

$y=x\sin\frac{1}{x}$ が $y=\pm x$ と接する点の x 座標は，x によらず $\left|x\sin\frac{1}{x}\right| \leq |x|$ であることを考えると，$x\sin\frac{1}{x}=\pm x$ の解として与えられる．

すなわち，$\frac{1}{x}=\frac{\pi}{2}, \frac{3}{2}\pi, \frac{5}{2}\pi, \cdots\cdots$ より，

$$x=\frac{2}{\pi}, \frac{2}{3\pi}, \frac{2}{5\pi}, \cdots\cdots$$

のときである．

よって，$y=f(x)$ $(x>0)$ のグラフの概形は，図3に示すようなものである．

この $y=x\sin\frac{1}{x}$ のグラフを直接考察する方針による解法は，[別解]として扱ってある．

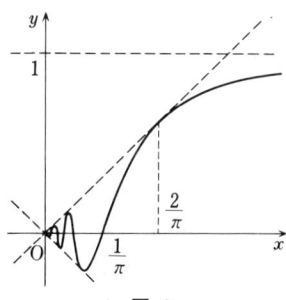

図3

次に，$f(x)=x\sin\frac{1}{x}$ のグラフを描くことなくこの問題を解くための「発想法」を述べよう．この「発想法」に基づく解法を「解答」としておく．

$\frac{1}{x}=u$ とおきかえることにより，

$$f(x)=\frac{\sin u}{u}\equiv g(u)$$

なる関数を得る．

$g(u)=\frac{\sin u}{u}$ は，原点 $O(0,0)$ と $y=\sin x$ 上の点 $(u, \sin u)$ を結ぶ直線の傾きを表す関数とみなすことができる（図4）．

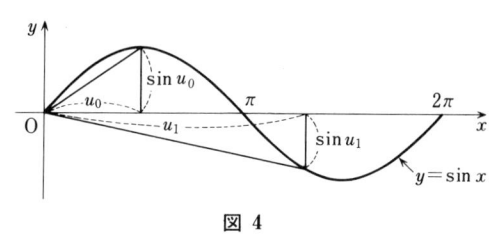

図4

この事実を利用する．

[解答] (1) $\dfrac{1}{x}=u$ とおくと，$f(x)=\dfrac{\sin u}{u}\equiv g(u)$

$g(u)$ は，xy 平面における $y=\sin x$ 上の点 $(u,\sin u)$ と原点 O とを結ぶ直線 $y=l(u)$ の傾きを表している．$g(u)$ が極大または極小となる u の値は，$y=l(u)$ が $y=\sin x$ の接線になっているときの接点の x 座標である（図5）．

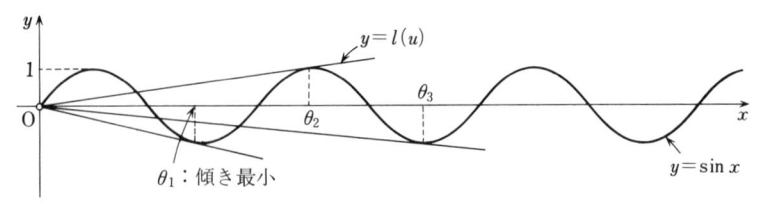

図 5

このとき，$(\sin x)'=\cos x$ より，

$$\dfrac{\sin u}{u}=\cos u \quad \text{すなわち} \quad \dfrac{\sin u}{\cos u}=u$$

$$\therefore \quad \tan u = u \quad \cdots\cdots(*)$$

が成り立つ．$(*)$ をみたす u は，変域 $0<x<\dfrac{\pi}{2}$ には存在せず，また，変域

$$k\pi-\dfrac{\pi}{2}<x<k\pi+\dfrac{\pi}{2} \quad (k=1,2,\cdots\cdots)$$

にはちょうど1個しかなく（図1または図5において原点を通る接線を考察することによる），その u は題意より $u=\theta_k$ であり，

$$x=\dfrac{1}{u}=\dfrac{1}{\theta_k}$$

また，図5より，θ の添字が，奇数のとき $g(u)$ は極小値をとり，偶数のとき $g(u)$ は極大値をとることがわかる．ゆえに，**k を自然数として**，

点 $\left(\dfrac{1}{\theta_{2k-1}},\ \dfrac{1}{\theta_{2k-1}}\sin\theta_{2k-1}\right)$ において，$f(x)$ は極小値をとる

点 $\left(\dfrac{1}{\theta_{2k}},\ \dfrac{1}{\theta_{2k}}\sin\theta_{2k}\right)$ において，$f(x)$ は極大値をとる

……(答)

(2) $y=\dfrac{\sin u}{u}$ のグラフは図6のようになる．

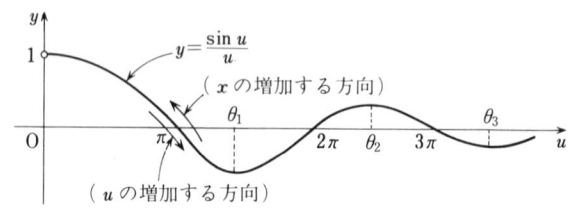

図 6

$x = \dfrac{1}{u}$ より，x が $x \geq a$ の範囲で増加するとき，u は $u \leq \dfrac{1}{a}$ の範囲で減少する．

u が $u \leq \dfrac{1}{a}$ において減少していくとき $\dfrac{\sin u}{u}$ が増加していくような $\dfrac{1}{a}$ の最大値 $\dfrac{1}{a_0}$ を求めると，図6より， $\dfrac{1}{a_0} = \theta_1$

$\therefore\ a_0 = \dfrac{1}{\theta_1}$ ……(答)

【別解】 図7より，

$a_0 = \dfrac{1}{\theta_1}$ ……(答)

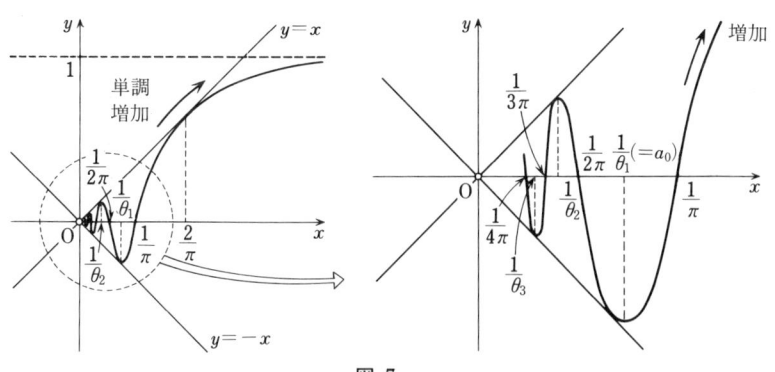

図 7

(3) 図6 (または図7) より $f(x)$ の最小値は，$x = \dfrac{1}{\theta_1}$ のとき，

$f\left(\dfrac{1}{\theta_1}\right) = \dfrac{1}{\theta_1} \sin \theta_1$ ……(答)

【別解】 $-x \leq x \sin \dfrac{1}{x} \leq x$ だから，$0 < x \leq \dfrac{2}{3\pi}$ で，

$x \sin \dfrac{1}{x} \geq -\dfrac{2}{3\pi} = \dfrac{2}{3\pi} \sin \dfrac{3}{2}\pi$

また，(1)より，$\dfrac{2}{3\pi} \leq x \leq \dfrac{1}{\theta_1}\ \left(\theta_1 \leq \dfrac{1}{x} \leq \dfrac{3\pi}{2}\right)$ において，

$f(x)$ は単調減少，(2)より，$\dfrac{1}{\theta_1} < x$ では $f(x)$ は単調増加．これより，右の増減表を得る．

x		$\dfrac{1}{\theta_1}$	
$f'(x)$	$-$		$+$
$f(x)$	↘	最小	↗

ゆえに，$f(x)$ は，$x = \dfrac{1}{\theta_1}$ のとき最小値 $\dfrac{1}{\theta_1} \sin \theta_1$ ……(答)

―〈練習 3・4・3〉―

xy 平面において，直線 $y=cx$ $(c>0)$ と $y=\sin x$ のグラフを $x \geqq 0$ の範囲で考える．

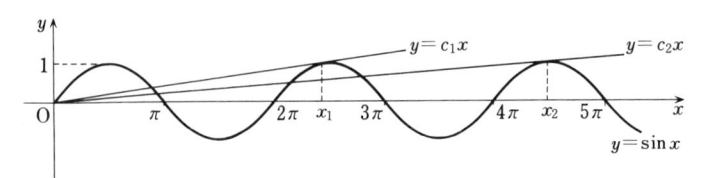

[図: $y=\sin x$ のグラフと直線 $y=c_1 x$, $y=c_2 x$．接点の x 座標を x_1, x_2 とする．]

c の値を 1 からはじめて少しずつ小さくしていくと，直線 $y=cx$ が曲線 $y=\sin x$ と $2\pi < x < 3\pi$ の範囲で接することがある．このときの c の値を c_1, 接点の x 座標を x_1 とする．

さらに c の値を小さくしていくと，直線 $y=cx$ が曲線 $y=\sin x$ と $4\pi < x < 5\pi$ の範囲で接するときがある．このときの c の値を c_2, 接点の x 座標を x_2 とする．以下同様にして，$c_3, c_4, \ldots, c_n, \ldots$，および $x_3, x_4, \ldots, x_n, \ldots$ を定める．

(1) $c_n{}^2(1+x_n{}^2)=1$ であることを示せ．

(2) $\left(2n+\dfrac{1}{2}\right)\pi$ と x_n との差を d_n $(d_n>0)$ とするとき，$c_n = \sin d_n$ が成り立つことを示せ．

(3) $\displaystyle\lim_{n\to\infty}\dfrac{d_n}{c_n}$ を求めよ． (愛知工大 経営工，建築工)

発想法

(1), (2)が，(3)の誘導になっている．

解答 (1) c_n は，$x = x_n$ における $y = \sin x$ の接線の傾きである．$x = x_n$ における $y = \sin x$ の接線の傾きは，$y' = \cos x$ から，$\cos x_n$ となる．

よって，c_n と x_n は，
$$c_n = \cos x_n \quad \cdots\cdots ①$$
をみたす．

また，c_n は，接点 $(x_n, \sin x_n)$ と原点 O を結ぶ直線の傾きであるから，
$$c_n = \dfrac{\sin x_n}{x_n} \quad \cdots\cdots ② \quad (図 1)$$

ここで，恒等式 $\cos^2 x_n + \sin^2 x_n = 1$ に，①，②を代入することにより，
$$c_n{}^2 + (c_n x_n)^2 = 1 \iff c_n{}^2(1 + x_n{}^2) = 1$$

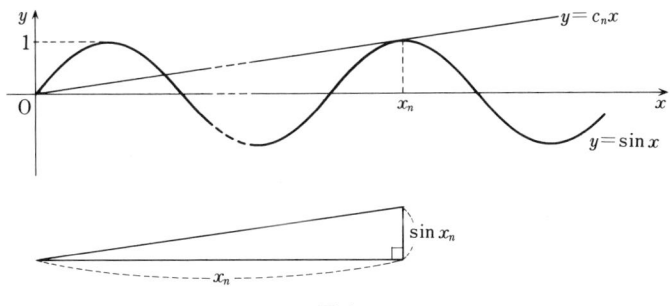

§4 分数関数は直線の傾きに帰着せよ　173

図 1

(2) $d_n = \left(2n + \dfrac{1}{2}\right)\pi - x_n$ ……③

である（図 2）．

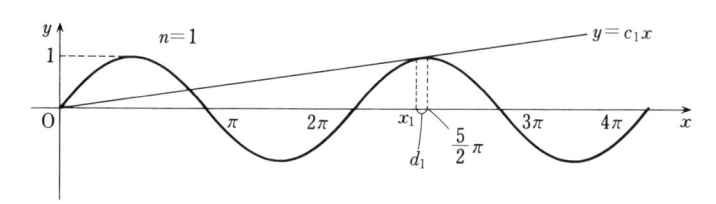

図 2

$$c_n = \cos x_n = \sin\left(\dfrac{\pi}{2} - x_n\right) = \sin\left(2n\pi + \dfrac{\pi}{2} - x_n\right)$$
$$= \sin\left\{\left(2n + \dfrac{1}{2}\right)\pi - x_n\right\}$$
$$= \sin d_n \quad (\text{③ より}) \quad \cdots\cdots ④$$

(3) $\displaystyle\lim_{n\to\infty}\dfrac{d_n}{c_n}$ の値は ④ より，

$$\lim_{n\to\infty}\dfrac{d_n}{c_n} = \lim_{n\to\infty}\dfrac{d_n}{\sin d_n} \equiv R$$

$n \to \infty$ のときの c_n と d_n の値を調べる．

(1)より，$n \to \infty$ のとき $x_n \to \infty$ に注意して，

$$\lim_{n\to\infty} c_n^2 = \lim_{n\to\infty}\dfrac{1}{1+x_n^2} = \lim_{x_n\to\infty}\dfrac{1}{1+x_n^2} = 0$$

$\therefore \displaystyle\lim_{n\to\infty} c_n = 0$

(2)より，$\displaystyle\lim_{n\to\infty} c_n = \lim_{n\to\infty}\sin d_n = 0$

$\therefore \displaystyle\lim_{n\to\infty} d_n = 0$ （図 3）

$\therefore R = \displaystyle\lim_{d_n\to 0}\dfrac{d_n}{\sin d_n} = 1$ ……(答)

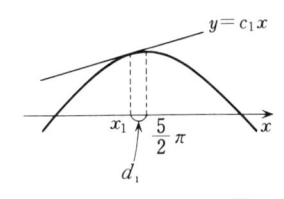

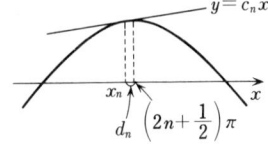

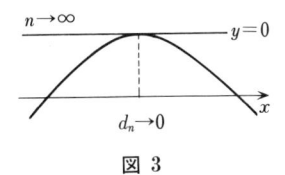

図 3

[例題 3・4・3]

関数 $f(x) = \dfrac{1}{\log x}\sqrt{1-(\log x - 2)^2}$ の最大値を求めよ．

発想法

[方針1] 関数 $f(x)$ は1変数関数なので，微分して増減を調べることにより最大値を求めることができる．このとき，$f(x)$ をそのまま微分するのは計算がたいへんなので，$\log x = t$ とおきかえてから微分するとよい．

[方針2] 関数 $f(x)$ において，$\log x = t$ とおきかえると，
$$f(x) = \frac{1}{t}\sqrt{1-(t-2)^2}$$
ここで，$h(t) = \sqrt{1-(t-2)^2}$ とおくと，
$$f(x) = \frac{h(t)}{t}$$
となる．式の形より，関数 $f(x)$ は原点 O と曲線 $y = h(x)$ 上の点を結ぶ直線の傾きを表すことがわかる．

解答

1 簡単のために，$\log x = t$ とおく．
このとき，
$$f(x) = \frac{1}{t}\sqrt{1-(t-2)^2} = \frac{1}{t}\sqrt{-t^2+4t-3}$$
この関数を，新たに，
$$g(t) = \frac{1}{t}\sqrt{-t^2+4t-3}$$
とおく．t の変域は，($\sqrt{}$ の中身)≥ 0 より，
$$-t^2+4t-3 \geq 0 \iff (t-3)(t-1) \leq 0$$
$$\therefore \quad 1 \leq t \leq 3 \quad \cdots\cdots ①$$

①の範囲で，関数 $g(t)$ の増減を調べる（$g(t)$ を微分する際，$g(t)$ を分数関数とみなして計算するよりも，$\dfrac{1}{t}$ と $\sqrt{-t^2+4t-3}$ の積の関数とみなして次のように微分したほうが，やや，計算の手数を減らすことができる）．

$$g'(t) = -\frac{1}{t^2}\sqrt{-t^2+4t-3} + \frac{-2t+4}{2t\sqrt{-t^2+4t-3}} = \frac{t^2-4t+3-t^2+2t}{t^2\sqrt{-t^2+4t-3}}$$
$$= \frac{-2t+3}{t^2\sqrt{-t^2+4t-3}}$$

よって，右の増減表を得る．

t	1		$\dfrac{3}{2}$		3
$g'(t)$		$+$	0	$-$	
$g(t)$		↗	最大値	↘	

したがって，$t = \dfrac{3}{2}$ のとき，$g(t)$ は最大となり，最大値は，

§4 分数関数は直線の傾きに帰着せよ　*175*

$$g\left(\frac{3}{2}\right)=\frac{2}{3}\sqrt{1-\left(\frac{3}{2}-2\right)^2}=\frac{2}{3}\sqrt{1-\frac{1}{4}}=\frac{2}{3}\frac{\sqrt{3}}{2}=\frac{1}{\sqrt{3}} \quad \cdots\cdots(答)$$

解答 2　簡単のために，$\log x = t$ とおく．このとき，

$$f(x)=\frac{1}{t}\sqrt{1-(t-2)^2}$$

ここで，$h(t)=\sqrt{1-(t-2)^2}$ とおくと，

$$f(x)=\frac{h(t)}{t}$$

となる（これは，"直線の傾き"を利用できる形である）．ここで，$y=h(t)$ とおくと，

$$y^2=1-(t-2)^2 \iff (t-2)^2+y^2=1$$

$y \geqq 0$ だから，$y=h(t)$ は，点 $(2,0)$ を中心とする半径 1 の円の上半分（$y \geqq 0$ の部分）を表す．

よって，関数 $f(t)$ は，半円 $y=h(x)$ 上の点 $(t, h(t))$ と原点 O を結ぶ直線の傾きを表す（図1）．

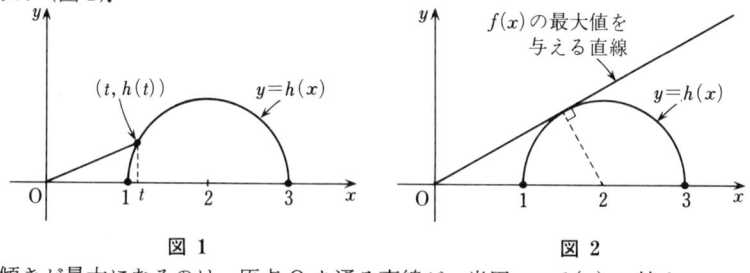

図 1

図 2

傾きが最大になるのは，原点 O を通る直線が，半円 $y=h(t)$ に接するときである（図2）．

原点 O を通る直線を $y=kx$ とおく．この直線が，半円 $y=h(x)$ に接するのは，この直線と点 $(2,0)$ の距離が 1 になるときである．よって，ヘッセの公式を用いて，

$$1=\frac{|k\cdot 2-0|}{\sqrt{k^2+1}} \iff k^2+1=4k^2 \iff 3k^2=1$$

$$\iff k=\frac{1}{\sqrt{3}} \quad (k>0)$$

よって，$f(x)$ の最大値は，$\dfrac{1}{\sqrt{3}}$　……(答)

最大値を与える t の値は，図3より，

$$t=2-\cos\frac{\pi}{3}=\frac{3}{2}$$

よって，最大値を与える x の値は，

$$\log x = \frac{3}{2} \quad \therefore \quad x=e^{\frac{3}{2}}$$

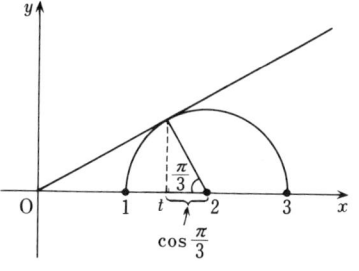

図 3

〈練習 3・4・4〉

$0 \leq x \leq \dfrac{\pi}{2}$ のとき,

$$f(x) = \dfrac{\cos x + 2\sin x + 2}{\cos x + 2}$$

の最大値と最小値を求めよ.

解答

$$f(x) = \dfrac{\cos x + 2\sin x + 2}{\cos x + 2} = 1 + 2\dfrac{\sin x}{\cos x + 2}$$
$$\equiv 1 + 2g(x)$$

$g(x) = \dfrac{\sin x}{\cos x + 2}$ は,単位円 $\left(0 \leq x \leq \dfrac{\pi}{2}\right)$ 上の点 $(\cos x, \sin x)$ と点 $(-2, 0)$ を結ぶ直線の傾きを表す(図1).

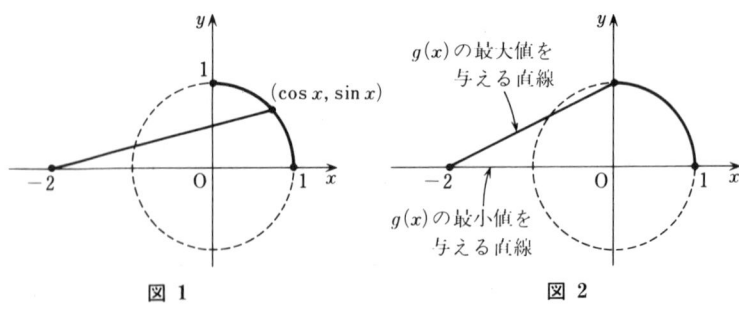

図 1   図 2

したがって,$g(x)$ の最大値と最小値は,図2より,

(最大値)$= \dfrac{1}{2}$

(最小値)$= 0$

$g(x)$ が最大値(最小値)をとるとき,$f(x)$ は最大値(最小値)をとる.
したがって,$f(x)$ の最大値と最小値は,

(最大値)$= 2$
(最小値)$= 1$ ……(答)

§5 数列の極限値はグラフを利用せよ

漸化式で与えられた数列の極限値は，その漸化式の一般項を求めることができれば，単なる数列の極限値を求める問題になる．ところが，一般項を簡単に求めることができない漸化式によって定められる数列も存在する．そのような場合に数列の極限値を(存在するか否かも含めて)求めるための攻略法として，グラフの上で議論を展開しようというのが，本節の主眼である．

基本的な2項間漸化式

$$\begin{cases} a_1 = a \\ a_n = pa_{n-1} + q \quad (n \geq 2) \end{cases}$$

を例にとって，もう少し詳しく解説しよう($p=0$ とすると，$a_n = q$(一定)($n \geq 2$)となり極限値が q であることは自明なので，ここでは $p \neq 0$ とする．また，$p=1$, $q=0$ の場合も $a_n = a$(一定)となり，極限値が a であるから自明であるので，この場合も省略する)．

この漸化式は，

$$\left.\begin{array}{l} a_n = a + q(n-1) \quad (p=1) \\ a_n = \dfrac{q}{1-p} + \left(a - \dfrac{q}{1-p}\right)p^{n-1} \quad (p \neq 1) \end{array}\right\} \quad \cdots\cdots(*)$$

のように，一般項を求めることができるので，解析的に求めた極限値と，後に述べるグラフ上で求めた極限値の比較，検討をすることが可能である．

$(*)$ より，$\{a_n\}$ の極限値を求めるためには，p の値で場合分けが必要となる．まず，各場合の極限値を，$(*)$ において $n \to \infty$ とし，解析的に求めると次のようになる．

① $p < -1$ 　　　　　　発散
② $p = -1$ 　　　　　　振動
③ $-1 < p < 0$ 　　　$\dfrac{q}{1-p}$ に収束
④ $0 < p < 1$ 　　　　$\dfrac{q}{1-p}$ に収束
⑤ $p = 1$ ($q \neq 0$) 　発散
⑥ $1 < p$ 　　　　　　発散

次に，数列 $\{a_n\}$ の極限値をグラフ上で求める．

その前に，数列 $\{a_n\}$ の極限値をグラフ上で求める方法について解説する．この方法は，漸化式 $a_{n+1}=pa_n+q$ において，a_{n+1}, a_n をそれぞれ y, x でおきかえることにより得られる直線 $y=px+q$ ……(☆) を考えるとき，(☆) に $x=a_n$ を代入したときの y の値として a_{n+1} を得ることに基づいて考えている．

[プロセス]
1. xy 平面に，直線 $y=px+q$ ……(☆) と直線 $y=x$ を描く．
2. x 軸上に点 $(a_n, 0)$ $(n=1, 2, ……)$ をとる．
3. 点 $(a_n, 0)$ を，直線 $y=px+q$ を利用して，点 $(0, a_{n+1})$ にうつす (図A ①, ②)
4. 点 $(0, a_{n+1})$ を，直線 $y=x$ を利用して $(a_{n+1}, 0)$ にうつす (図A ③, ④).
5. 2〜4 の操作を続ける．

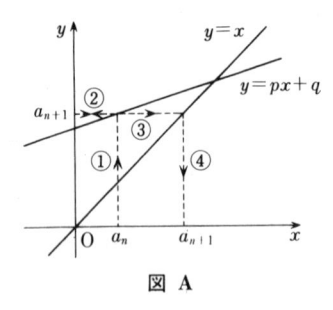

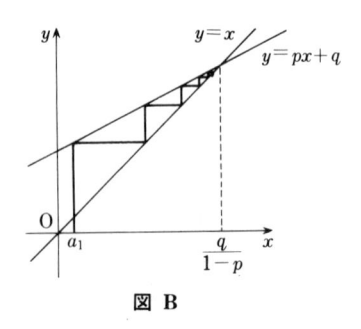

図 A　　　　　図 B

実際には，収束の状態をつかむためには，図Bに示すように，直線 $y=px+q$ と直線 $y=x$ の間に (階段状の) 折れ線を書き込めば十分であることがわかる．

なお，一般に，グラフのつくり方から，漸化式 $a_{n+1}=f(a_n)$, $a_1=a$ $(n\geqq 2)$ で与えられる数列 $\{a_n\}$ の極限値は，存在すれば，曲線 $y=f(x)$ と直線 $y=x$ の交点の x 座標として与えられることがわかる．

以上の方法で，漸化式 $a_1=a$, $a_n=pa_{n-1}+q$ $(n\geqq 2)$ で与えられる数列 $\{a_n\}$ の極限値をグラフ上で求めると，次のようになる．$\left(l=\dfrac{q}{1-p}\ とおく\right)$

§5 数列の極限値はグラフを利用せよ

① $p<-1$ （うず巻形で発散）

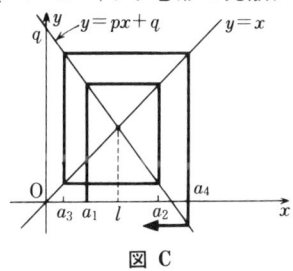

図 C

② $p=-1$ （振動）

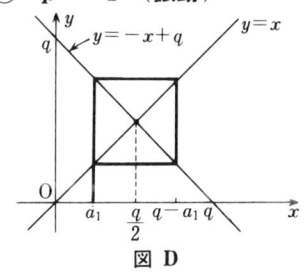

図 D

③ $-1<p<0$ （うず巻形で収束する）

(ア) $a_1<l$ のとき

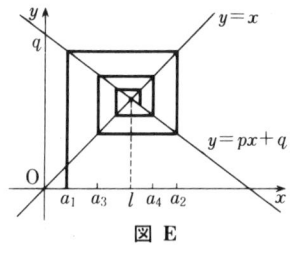

図 E

(イ) $l<a_1$ のとき

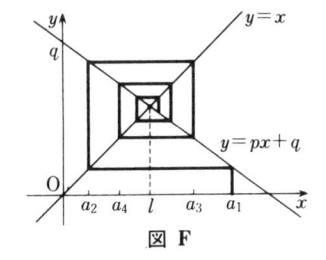

図 F

④ $0<p<1$ （階段形で収束する）

(ア) $a_1<l$ のとき

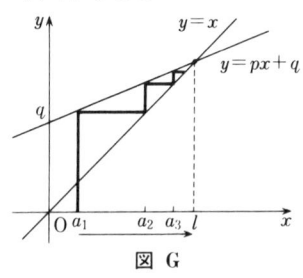

図 G

(イ) $l<a_1$ のとき

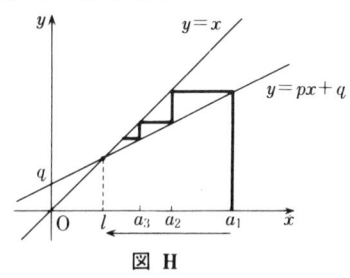

図 H

⑤ $p=1,\ q\neq 0$ （発散）

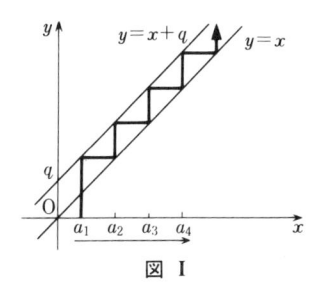

図 I

⑥ $p>1$ （階段形で発散）

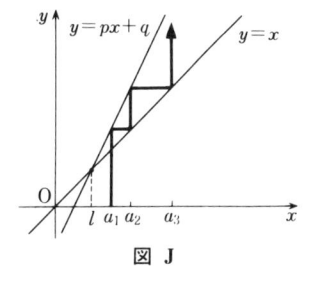

図 J

解析的に求めた極限値と，グラフ上で求めた極限値は，確かに一致していることがわかる．

なお，数列の極限値をグラフ上で求めるメリットは，「解けない漸化式で与えられた数列の極限値を求めることができる」ということのほかに，次のことがある．

1. 数列がどのように収束するかがわかる．（単調に収束する；④，振動しながら収束する；③）
2. 『"数列 $\{a_n\}$ を
$$a_1=1, \quad a_{n+1}=\frac{3}{2}a_n+1 \quad (n=1, 2, \cdots\cdots)$$
によって定める．$\lim_{n\to\infty} a_n$ を求めよ．"

a_n の極限値を α とする．
$$\alpha=\frac{3}{2}\alpha+1 \quad \therefore \quad \alpha=-2 \qquad \cdots\cdots(答)$$
ゆえに，数列 $\{a_n\}$ の極限値が -2 』
とするような初歩的なミスは未然に防ぐことができる．

2. について，もう少し詳しく解説する．この場合，2直線 $y=x$ と $y=\frac{3}{2}x+1$ のグラフを用いてグラフ上で議論すると，図Kのようになり，$a_1=1$ のとき，$\{a_n\}$ の極限値が存在しないことがわかる．また，$a_1=-2$ の場合に限って，数列 $\{a_n\}$ は -2 に収束する（$\{a_n\}$ は $a_n=-2$ になる定数数列）こともわかる．

上のまちがった解答において得られる「$\alpha=-2$」は，もし $\{a_n\}$ に極限値が存在するならば，その値が -2 である，ということをいっているにすぎない．ところが実際には，極限値は存在しないので，$\alpha=-2$ は何の意味ももたないのである．

また，$a_1=-2$ の場合に限って極限値が存在して，$\lim_{n\to\infty} a_n=-2$ となるので，$a_1=-2$ である場合に限って $\alpha=-2$ が意味をもつ．

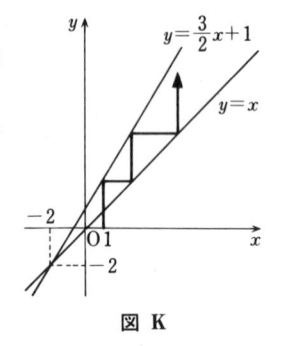

図 K

§5 数列の極限値はグラフを利用せよ

[例題 3・5・1]

$a_1=1$, $a_n=\sqrt{a_{n-1}+1}$ ($n\geq 2$) で定まる数列 $\{a_n\}$ の極限値を求めよ.

[解答] 1 $y=x$, $y=\sqrt{1+x}$ のグラフを考える.
2曲線の交点の x 座標は,

$$x=\sqrt{1+x} \iff x^2-x-1=0, \quad x\geq 0$$

$$\therefore \quad x=\frac{1+\sqrt{5}}{2}$$

である. 図1を参照して, a_n の極限値は,

$$\frac{1+\sqrt{5}}{2} \quad \cdots\cdots(答)$$

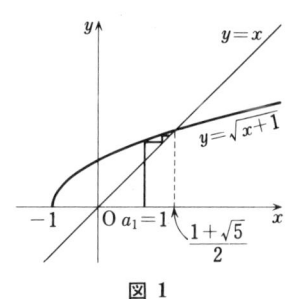

図 1

(**注**) この解答において,「図1」および「図1より」という語句は省略してはいけない. 冒頭でも注意したとおり, $x^2-x-1=0$ より得られる $x=\frac{1+\sqrt{5}}{2}$ によって, (数列) $\{a_n\}$ に「極限値が存在するならば」その極限値が $\frac{1+\sqrt{5}}{2}$ になることがわかるだけであって, 実際に極限値が存在する (収束する) ことは, 図1によって保証されるからである.

なお, 極限値の存在を保証するための手段として,『有界で単調な数列は収束する (Ⅰの第2章の§2・2)』という十分条件がみたされていることを示してもよい.

極限値を求めるためにつくる方程式は, 上の解答と同じ式である.

[解答] 2 (『有界で単調な数列は収束する』という事実 (Ⅰの第2章の§2・2) を利用する)

(i) $a_n=\sqrt{a_{n-1}+1}$
   $a_{n-1}=\sqrt{a_{n-2}+1}$

の辺々をひいて,

$$a_n-a_{n-1}=\sqrt{a_{n-1}+1}-\sqrt{a_{n-2}+1}$$

$$=\frac{a_{n-1}-a_{n-2}}{\sqrt{a_{n-1}+1}+\sqrt{a_{n-2}+1}}$$

よって, $a_1=1$, $a_2=\sqrt{2}$ から $a_1<a_2$ であることに注意して,

$$a_n>a_{n-1}$$

である. すなわち, 数列 $\{a_n\}$ は単調増加である.

(ii) $a_1=1<2$

$a_k<2$ と仮定すると,

$$a_{k+1}=\sqrt{a_k+1}<\sqrt{3}<2$$

であることから, 数学的帰納法により, すべての n について,

$a_n < 2$ （数列 $\{a_n\}$ は上に有界）

が成り立つ．以上(i),(ii)より，数列 $\{a_n\}$ は，上に有界で単調増加であるので，収束する．

その極限値を α とすると，$n \to +\infty$ のとき，$a_n, a_{n-1} \to \alpha$ である．

よって，
$$\alpha = \sqrt{\alpha+1} \iff \alpha^2 - \alpha - 1 = 0 \text{ かつ } \alpha > 0$$
$$\therefore \quad \alpha = \frac{1+\sqrt{5}}{2} \quad \cdots\cdots \text{(答)}$$

（Ⅰの**第2章**において同一の問題を扱っているが，「単調性」および「有界性」を「**解答**」2とは異なる方法で示している．参照せよ．）

〈練習 3・5・1〉

数列 $\{a_n\}$ を，
$$a_1 = a \quad \left(a > -\frac{1}{2}\right), \quad a_n = \frac{a_{n-1}+2}{2a_{n-1}+1} \quad (n=2, 3, 4, \cdots\cdots)$$
によって定める．$\{a_n\}$ の極限値を求めよ．

解答 $y=x$, $y=\dfrac{x+2}{2x+1} = \dfrac{1}{2} + \dfrac{\dfrac{3}{4}}{x+\dfrac{1}{2}}$

のグラフを考える．2曲線の交点の x 座標は，
$$x = \frac{x+2}{2x+1} \iff 2x^2 - 2 = 0$$
$$\iff (x+1)(x-1) = 0$$
$$\therefore \quad x = 1, -1$$

である．

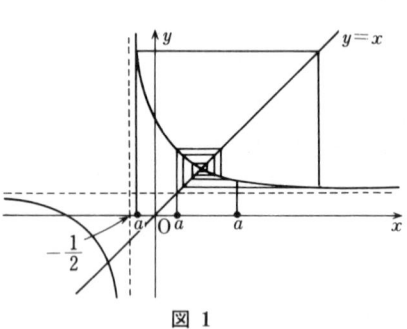

$a > -\dfrac{1}{2}$ より，図1を参照して，$n \to \infty$ とすると，
$$a_n \to 1 \quad \cdots\cdots \text{(答)}$$

図 1

──〈練習 3・5・2〉──────────────
数列 $\{a_n\}$ を,
$$\begin{cases} a_1 = a \\ a_n = -(a_{n-1})^2 + a_{n-1} + \dfrac{1}{4} \quad (n=2, 3, 4, \cdots\cdots) \end{cases}$$
によって定める. $\{a_n\}$ の極限値を求めよ.

[解答] 1 $y=x$, $y=-x^2+x+\dfrac{1}{4}$ のグラフを考える.

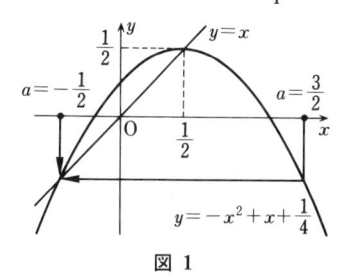

図 1

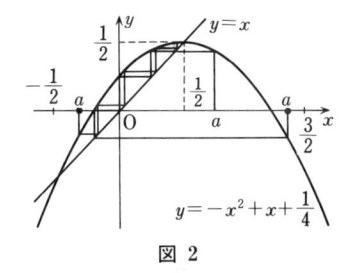

図 2

2 曲線の交点の x 座標は,
$$x = -x^2 + x + \dfrac{1}{4} \iff 4x^2 - 1 = 0$$
$$\iff (2x-1)(2x+1) = 0$$
より,
$$x = \dfrac{1}{2},\ -\dfrac{1}{2}$$

図 3

である. 図1〜3を参照して, $n \to \infty$ とすると,

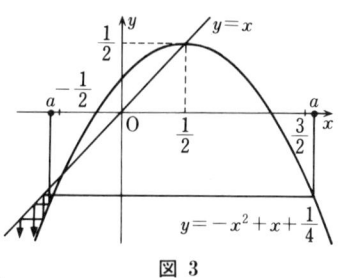

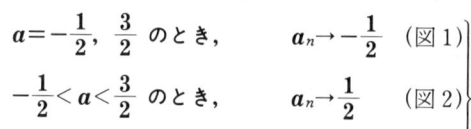

$a = -\dfrac{1}{2},\ \dfrac{3}{2}$ のとき, $a_n \to -\dfrac{1}{2}$ (図1)

$-\dfrac{1}{2} < a < \dfrac{3}{2}$ のとき, $a_n \to \dfrac{1}{2}$ (図2) ……(答)

$a < -\dfrac{1}{2},\ \dfrac{3}{2} < a$ のとき, $a_n \to -\infty$ (図3)

[解答] 2 (数列 $\{a_n\}$ の一般項は, 次のようにして求めることができる.)

$$a_n = -(a_{n-1})^2 + a_{n-1} + \dfrac{1}{4}$$
$$= -\left(a_{n-1} - \dfrac{1}{2}\right)^2 + \dfrac{1}{2}$$
$$\therefore\ a_n - \dfrac{1}{2} = -\left(a_{n-1} - \dfrac{1}{2}\right)^2 \quad \cdots\cdots ①$$

$b_n = a_n - \dfrac{1}{2}$ とおくと，①の式は，

$b_n = -(b_{n-1})^2 \quad (n=2, 3, 4, \cdots\cdots) \quad \cdots\cdots ②$

②より b_n の一般項を求める．

$$\begin{aligned}
b_n &= -(b_{n-1})^2 \\
&= -\{(b_{n-2})^2\}^2 = -(b_{n-2})^4 \\
&= -\{(b_{n-3})^2\}^4 = -(b_{n-3})^8 \\
&= \cdots\cdots = -b_1^{2^{n-1}}
\end{aligned}$$

である．

ゆえに，数列 $\{a_n\}$ の一般項は，$b_1 = a_1 - \dfrac{1}{2} = a - \dfrac{1}{2}$ であることに注意して，

$$a_n = -\left(a - \dfrac{1}{2}\right)^{2^{n-1}} + \dfrac{1}{2}$$

である．よって，数列 $\{a_n\}$ の極限値は，$n \to \infty$ のとき，2^{n-1} が偶数値をとりながら無限大に発散することに注意して，

(i) $a = -\dfrac{1}{2}, \dfrac{3}{2}$ のとき，$((\pm 1)^{2^{n-1}} \to 1 \quad (n \to \infty)$ であるから)

$$\begin{aligned}
\lim_{n \to \infty} a_n &= \lim_{n \to \infty}\left\{-(\pm 1)^{2^{n-1}} + \dfrac{1}{2}\right\} = -1 + \dfrac{1}{2} \\
&= -\dfrac{1}{2} \qquad \cdots\cdots(答)
\end{aligned}$$

(ii) $-\dfrac{1}{2} < a < \dfrac{3}{2}$ のとき，

$$\lim_{n \to \infty} a_n = \lim_{n \to \infty}\left\{-b^{2^{n-1}} + \dfrac{1}{2}\right\} \quad (ただし，b は -1 < b < 1 なる定数)$$

$$= \dfrac{1}{2} \qquad \cdots\cdots(答)$$

(iii) $a < -\dfrac{1}{2}, \dfrac{3}{2} < a$ のとき，

$$\lim_{n \to \infty} a_n = \lim_{n \to \infty}\left\{-c^{2^{n-1}} + \dfrac{1}{2}\right\} \quad (ただし，c は c < -1, 1 < c なる定数)$$

$$= -\infty \qquad \cdots\cdots(答)$$

─〈練習 3・5・3〉─────────────

数列 $\{a_n\}$ を
$$a_0 = a, \quad a_n = \frac{1}{3}\{a_{n-1}^3 - 2a_{n-1}^2\} \quad (n \geq 1)$$
によって定める．$\{a_n\}$ の極限値を求めよ． (上智大 改)

[解答] $y = x$，$y = \frac{1}{3}(x^3 - 2x^2)$ のグラフを考える (図1)．2曲線の交点の x 座標は，
$$x = \frac{1}{3}(x^3 - 2x^2) \iff x^3 - 2x^2 - 3x = 0$$
$$\iff x(x^2 - 2x - 3) = 0$$
$$\iff x(x - 3)(x + 1) = 0$$
$$\therefore \quad x = 0, \ 3, \ -1$$
である．

図1

図2

図3

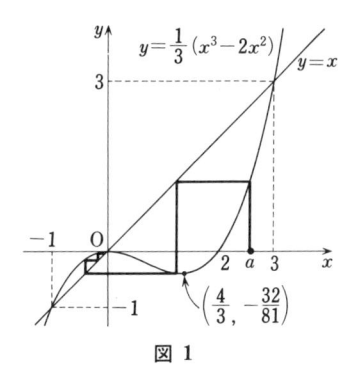

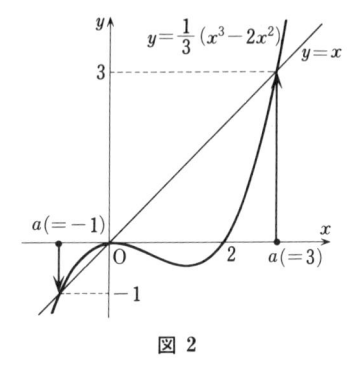

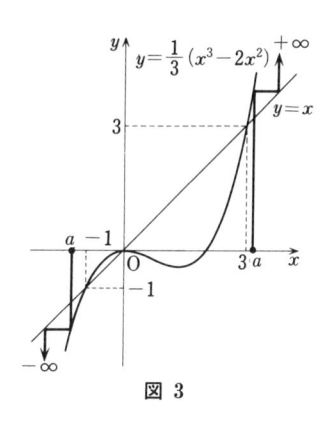

図1〜3を参照して，$n \to \infty$ とすると，

$a < -1$ のとき，　　$a_n \to -\infty$　（図3）
$a = -1$ のとき，　　$a_n \to -1$　（図2）
$-1 < a < 3$ のとき，$a_n \to 0$　（図1）　……(答)
$a = 3$ のとき，　　 $a_n \to 3$　（図2）
$3 < a$ のとき，　　 $a_n \to \infty$　（図3）

§6 必要性・十分性は集合の包含関係で議論せよ

　数学の問題を解く際,「必要条件,十分条件や必要十分条件」などに習熟していることは重要である.本節で扱うような,2つ以上の命題関数の関係そのものを問う問題,解答を得るまでの同値変形を行うために利用する問題など,その応用範囲は広い.

　このように,頻繁に利用する「必要条件,十分条件や必要十分条件」などの関係を容易にとらえるために,それらの関係を図と結びつけることを考えよう.実数解を2曲線の交点に帰着させる際,方程式 $f(x,y)=0$ の実数解 (x,y) を xy 平面上の点 (x,y) と同一視したように,命題関数 $p(x)$ の要素を図形(xy 平面やベン図)に帰着させるのである.

　2つの命題関数 $p(x)$, $q(x)$ の真理集合をそれぞれ P, Q とする(「命題関数」,「真理集合」については I の**第1章§1**を参照せよ).

　いま,「$x \in P \Longrightarrow x \in Q$ ($p(x) \Longrightarrow q(x)$)」が成り立っているとする.

　すべての P の要素は Q をみたすが,Q の要素は必ずしも P をみたしているとは限らない.このとき,

　　$p(x)$ は $q(x)$ の十分条件

　　$q(x)$ は $p(x)$ の必要条件

という.

　この P, Q の集合の包含関係を図に描くと,図 A となる.逆に,集合 P, Q に関して,図 A に示す集合の包含関係 ($P \subset Q$) が成り

立つとき,

　　$x \in P \Rightarrow x \in Q$

が成り立つことは,直観的に理解できるであろう.

　すなわち,「$x \in P \Rightarrow x \in Q$」が成り立つことと,$P \subset Q$ が成り立つこととは同値である.

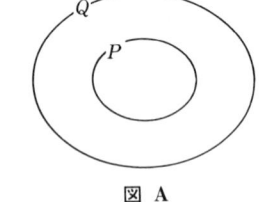

図 A

　この考えを用いると,次の2つの問題を比較的容易に解くことができる.

　なお,この §6 においては,本来「$x \in P \Longrightarrow x \in Q$」と書くべきところを単に「$P \Longrightarrow Q$」,あるいは「$P$ ならば Q」と省略して書くものとする.

まず，具体的な命題関数 $p(x)$, $q(x)$ について，両者の関係（どちらが他方の必要条件であるか，など）を調べる練習をしよう．

(例1) 次の ☐ にあてはまる言葉を記入せよ．

実数 x, y について，

$y > \dfrac{1}{x}$ であることは，$xy > 1$ であるための ☐．

(解) $y > \dfrac{1}{x}$ をみたす xy 平面上の点からなる領域を P，$xy > 1$ をみたす領域を Q とする．

P, Q は，それぞれ命題関数 $p(x, y) : y > \dfrac{1}{x}$，$q(x, y) : xy > 1$ をみたす真理集合である．

$P ; y > \dfrac{1}{x} \iff y - \dfrac{1}{x} > 0$

$\iff \dfrac{xy - 1}{x} > 0$

$\iff \begin{cases} xy - 1 > 0 \\ x > 0 \end{cases}$ または $\begin{cases} xy - 1 < 0 \\ x < 0 \end{cases}$ （図 B）

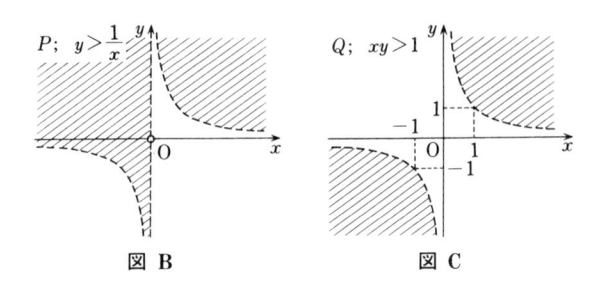

$Q ; xy > 1$ （図 C）

図 B

図 C

これより，集合 P, Q の包含関係は，

$P \not\subset Q$, $P \not\supset Q$

である．

よって，$y > \dfrac{1}{x}$ であることは，$xy > 1$ であるための

必要条件でも十分条件でもない ……（答）

このように，問題によっては"必要条件でも十分条件でもない"条件が存在するので，注意が必要である．

次に，真理集合 P, Q, R について，両者の関係を調べる練習をしよう．

(例2) 次の [ ] にあてはまる語句を記入せよ．

命題「P ならば Q」が成り立つとする．このとき，命題「P ならば R」が成り立つことは，命題「Q ならば R」が成り立つための [ア]．また，命題「R ならば P」が成り立つことは，命題「R ならば Q」が成り立つための [イ]．

(解)「$P \Rightarrow Q$」が成り立つとき，すなわち，2つの集合 P, Q の間に $P \subset Q$ の関係が成り立っているとき，第3の集合 R の包含関係は図 D に示す3通りである．

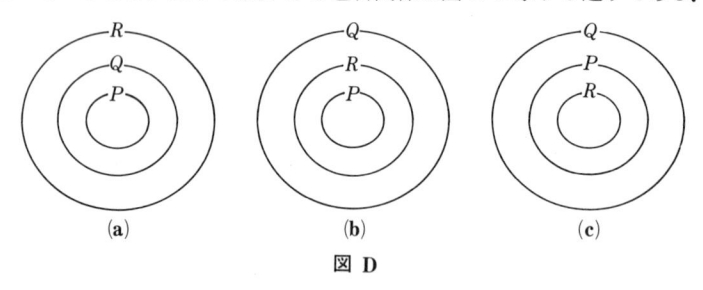

図 D

「$P \Rightarrow R$」をみたす集合の包含関係は，図(a) および図(b)
「$Q \Rightarrow R$」をみたす集合の包含関係は，図(a)
「$R \Rightarrow P$」をみたす集合の包含関係は，図(c)
「$R \Rightarrow Q$」をみたす集合の包含関係は，図(b) および図(c)

のときに得られる．これより，集合「$P \Rightarrow R$」と「$Q \Rightarrow R$」，「$R \Rightarrow P$」と「$R \Rightarrow Q$」の包含関係はそれぞれ図 E, F のようになる．

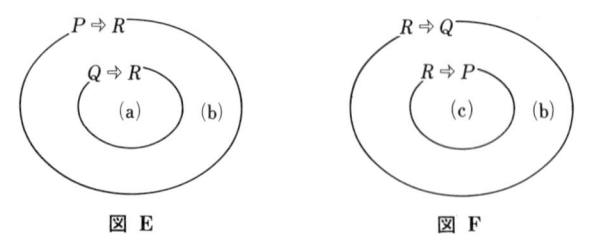

図 E　　図 F

[ア]「$P \Rightarrow R$」$\supset$「$Q \Rightarrow R$」　（図 E）
　　よって，命題「P ならば R」が成り立つことは，命題「Q ならば R」が成り立つための　**必要条件**　……(答)

[イ]「$R \Rightarrow P$」$\subset$「$R \Rightarrow Q$」　（図 F）
　　よって，命題「R ならば P」が成り立つことは，命題「R ならば Q」が成り立つための　**十分条件**　……(答)

[例題 3・6・1]

次の条件 (1), (2), (3) は，方程式 $x^2+2px+q=0$ が実数解をもつための必要条件であるか，十分条件であるか，または必要十分条件であるかを，それぞれの場合について調べよ．ただし，p, q は実数とする．

(1) 方程式 $qx^2-2px+1=0$ が実数解をもつ
(2) $\log p + \log(1-q) \geq 0$
(3) 方程式 $x^2-4px+q=0$ が実数解をもつ

[解答] $x^2+2px+q=0$ が実数解をもつ条件は，
(判別式) ≥ 0 より，

$$\frac{D}{4} = p^2 - q \geq 0$$

$$\therefore \quad q \leq p^2$$

この集合（真理集合）を pq 平面上に図示すると，図 1 の斜線部（境界を含む）のようになる．
この領域を P とする．

(1) 方程式 $qx^2-2px+1=0$ が実数解をもつ条件は，
　(ア) $q=0$ のとき，　　$p \neq 0$
　(イ) $q \neq 0$ のとき，　$\dfrac{D}{4} = p^2 - q \geq 0$

(ア), (イ)をみたす領域を Q とする（図 2 の斜線部，境界上は原点 O が除かれる）．

図 1, 2 より P, Q の包含関係は，
$$Q \subset P$$

よって，条件 (1) は，**十分条件**　　……(答)

(2) $\log p + \log(1-q) \geq 0$ ……(*)
　(ア) 真数条件より，
　　　$p > 0, \quad 1-q > 0$
　(イ) $(*) \iff \log p(1-q) \geq 0$
　　　　　　 $\iff p(1-q) \geq 1$
　　　　　　 $\iff 1-q \geq \dfrac{1}{p}$
　　　　　　 $\iff q \leq 1 - \dfrac{1}{p}$

(ア), (イ)をみたす領域を R とする（図 3 の斜線部，境界を含む）．

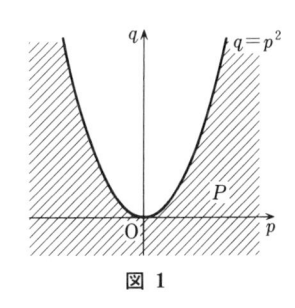

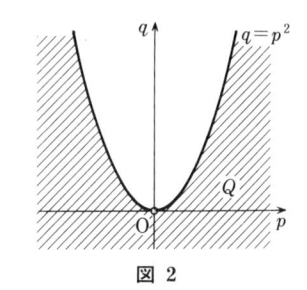

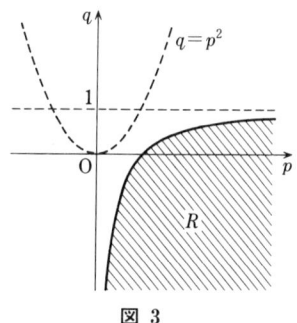

図1, 3より, P, R の包含関係は,
$R \subset P$
よって, 条件(2)は, **十分条件** ……(答)

(3) 方程式 $x^2 - 4px + q = 0$ が実数解をもつ条件は,
$$\frac{D}{4} = (2p)^2 - q \geq 0$$
$$\therefore \quad q \leq 4p^2$$
これをみたす領域を S とする(図4の斜線部, 境界を含む).

図1, 4より P, S の包含関係は,
$P \subset S$
よって, 条件(3)は, **必要条件** ……(答)

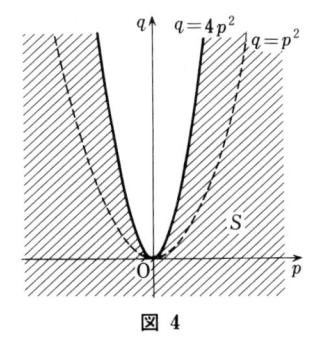

図 4

§6 必要性・十分性は集合の包含関係で議論せよ　191

――〈練習 3・6・1〉――

x, y を実数とするとき，下記の空欄に入るものをア～エの中から選べ．

ア　必要条件であるが，十分条件でない．
イ　十分条件であるが，必要条件でない．
ウ　必要十分条件である．
エ　必要条件でも十分条件でもない．

(1) $x<1$ または $y<1$ であることは，$x^2+y^2<1$ であるための □

(2) $x+y>1$ かつ $x^2+y^2<1$ であることは，$x>0$ かつ $y>0$ であるための □

解答　(1) 「$x<1$ または $y<1$」をみたす領域を P (図1の斜線部，境界を除く)，$x^2+y^2<1$ をみたす領域を Q (図2の斜線部，境界を除く) とする．

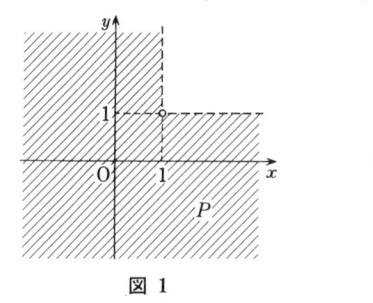

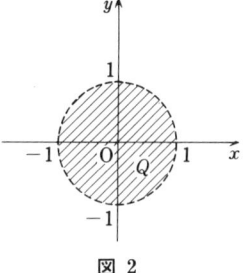

図 1　　　　　　　　図 2

集合 P, Q の包含関係は，$P \supset Q$
よって，ア．**必要条件であるが，十分条件でない**　……(答)

(2) 「$x+y>1$ かつ $x^2+y^2<1$」をみたす領域を R (図3の斜線部，境界を除く)，「$x>0$ かつ $y>0$」をみたす領域を S (図4の斜線部，境界を除く) とする．

図 3　　　　　　　　図 4

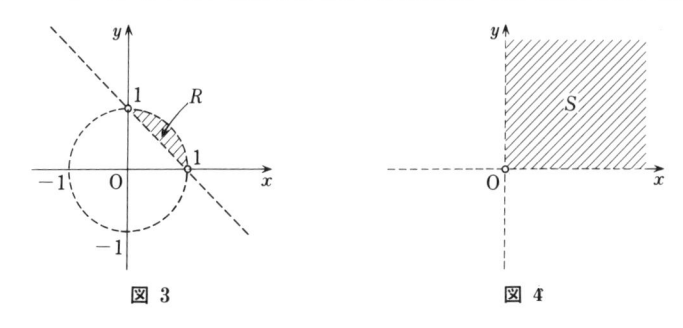

集合 R, S の包含関係は，$R \subset S$
よって，イ．**十分条件であるが，必要条件でない**　……(答)

〈練習 3・6・2〉

次の □ にあてはまるものは，①〜④のいずれであるか．ただし，x, y は実数とする．

① 必要でも十分でもない．
② 必要であるが，十分でない．
③ 必要でないが，十分である．
④ 必要かつ十分である．

(1) $x<1$ であることは，$x^2<1$ であるために ㋐
(2) $|x-y|=|x+y|$ であるために，$x^2+y^2=0$ であることは ㋑
(3) $xy<0$ であることは，$|x+y|>x+y$ であるために ㋒
(4) $|x|+|y|>x+y$ であるために，$xy<0$ であることは ㋓

|発想法|

各条件をみたす x 軸上の区間，または xy 平面の領域を図示していこう．

なお，(2), (4)は主語が何であるのか気をつけよ（たとえば(2)を，「$|x-y|=|x+y|$ であることは，$x^2+y^2=0$ であるために ㋑ 」と，とりちがえないようにせよ）．

(1) $x<1$ をみたす領域を P，$x^2<1$ をみたす領域を Q とする．

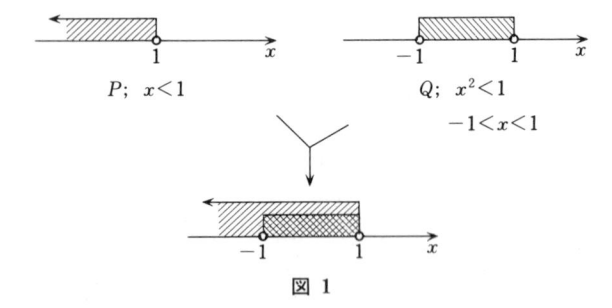

P; $x<1$ Q; $x^2<1$
             $-1<x<1$

図 1

集合 P, Q の包含関係は，
　　$P \supset Q$　である．

(2) $|x-y|=|x+y|$ をみたす領域を R，$x^2+y^2=0$ をみたす領域を S とする．

R ; $|x-y|=|x+y| \iff (x-y)^2=(x+y)^2$
$\iff x^2-2xy+y^2=x^2+2xy+y^2$
$\iff xy=0$
$\iff x=0$ または $y=0$ （図 2）

S ; $x^2+y^2=0 \iff x=y=0$ （図 3）

集合 R, S の包含関係は，

§6 必要性・十分性は集合の包含関係で議論せよ　193

$R \supset S$ である.

図2　x軸, y軸上

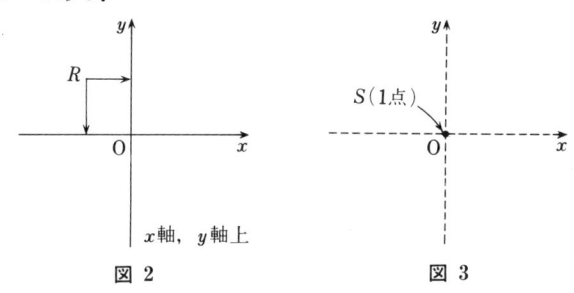

図3

(3) $xy<0$ をみたす領域を T, $|x+y|>x+y$ をみたす領域を U とする.

　T ; $xy<0$

　　$\begin{cases} x>0 \\ y<0 \end{cases}$ または $\begin{cases} x<0 \\ y>0 \end{cases}$ （図4）

　U ; $|x+y|>x+y$

　　(i) $x+y \geqq 0$ のとき,
　　　　$x+y>x+y$
　　　　　$0>0$　（矛盾）

　　(ii) $x+y<0$ のとき,
　　　　$-(x+y)>x+y$
　　　　$x+y<0$　（図5）

集合 T, U の包含関係は,
　　$T \not\subset U$, $T \supset U$　である.

(4) $|x|+|y|>x+y$ をみたす領域を V とする.

　V ; $|x|+|y|>x+y$

　　(i) $x+y<0$ のとき,
　　　　任意の x, y について成立.

　　(ii) $x+y \geqq 0$ のとき,
　　　　$|x|+|y|>(x+y)$
　　　$\iff (|x|+|y|)^2 > (x+y)^2$
　　　$\iff x^2 + 2|xy| + y^2 > x^2 + 2xy + y^2$
　　　$\iff |xy| > xy \iff xy < 0$

$xy<0$ をみたす領域は, (3)で調べたとおり (T) である.

　集合 T, V の包含関係は,
　　$V \supset T$ である.

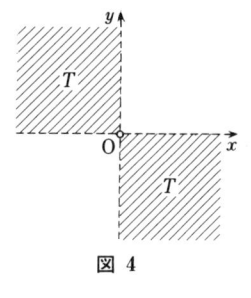

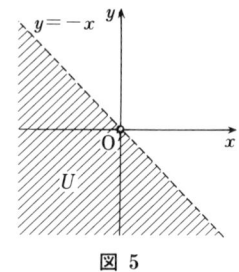

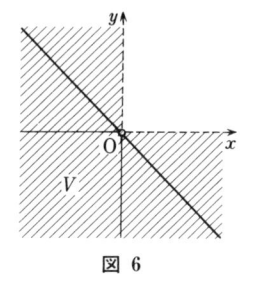

図4

図5

図6

[解答]　㋐ ; ②　　㋑ ; ③　　㋒ ; ①　　㋓ ; ③　　……(答)

〈練習 3・6・3〉

次の [ ] には適当な数を記入し，( ) には下記①〜④のうちから適当なものを1つ選べ．ただし，x, y は実数値をとる変数，a は実数の定数とする．

(1) $|x| \leq a$ かつ $|y| \leq a$ であることは，

　　$0 < a \leq [\text{ア}]$ のときは，$x^2 + y^2 \leq 1$ であるための(イ)．

　　$[\text{ア}] < a < [\text{ウ}]$ のときは，$x^2 + y^2 \leq 1$ であるための必要条件でも十分条件でもない．

　　$[\text{ウ}] \leq a$ のときは，$x^2 + y^2 \leq 1$ であるための(エ)．

(2) $|x| > a$ かつ $|y| > a$ であることは，

　　$0 < a < [\text{オ}]$ のときは，$x^2 + y^2 > 1$ であるための(カ)．

　　$[\text{オ}] \leq a$ のときは，$x^2 + y^2 > 1$ であるための(キ)．

① 必要十分条件である
② 必要条件であるが十分条件ではない
③ 十分条件であるが必要条件ではない
④ 必要条件でも十分条件でもない

（立教大 法）

[解答] (1) 「$|x| \leq a$ かつ $|y| \leq a$」をみたす領域を P，「$x^2 + y^2 \leq 1$」をみたす領域を Q とする（図1）．

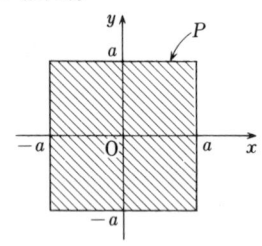

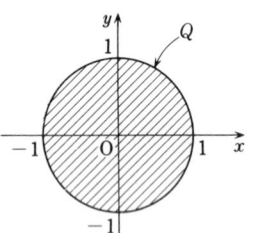

図 1

集合 P, Q の包含関係は，a の値により図2〜6のように変化する．

(i) $0 < a \leq \dfrac{1}{\sqrt{2}}$ のとき．

　　$P \subset Q$ が成り立つ（図2, 3 参照）．

(ii) $\dfrac{1}{\sqrt{2}} < a < 1$ のとき．

　　$P \subset Q$ が成り立つとも，$P \supset Q$ が成り立つともいえない（図4参照）．

§6 必要性・十分性は集合の包含関係で議論せよ 195

(iii) $1 \leq a$ のとき.
$P \supset Q$ が成り立つ (図5, 6参照).

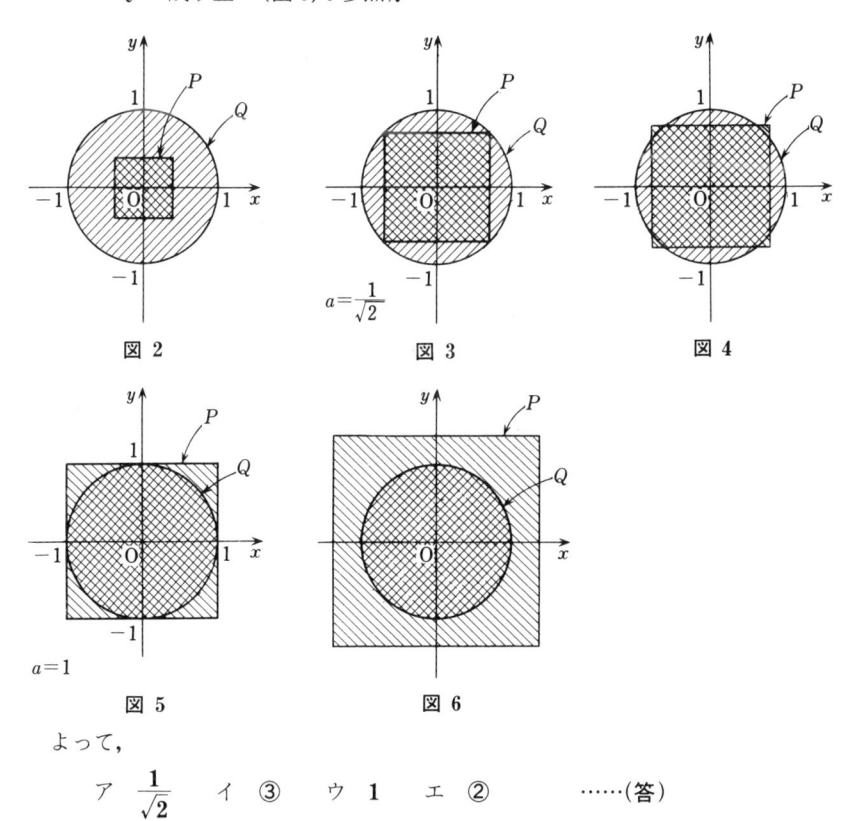

図2

図3 $a = \dfrac{1}{\sqrt{2}}$

図4

図5 $a = 1$

図6

よって,

ア $\dfrac{1}{\sqrt{2}}$ イ ③   ウ 1   エ ②   ……(答)

(2) 「$|x| > a$ かつ $|y| > a$」をみたす領域を R とし,「$x^2 + y^2 > 1$」をみたす領域を S とする (図7).

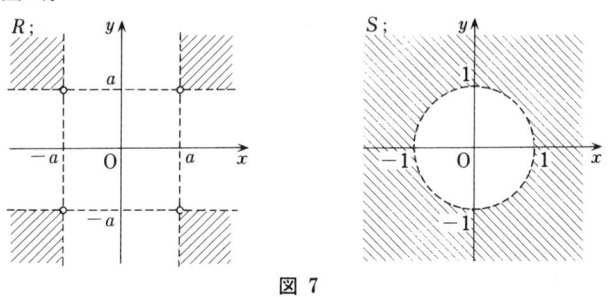

図7

集合 R, S の包含関係は, a の値により図8〜10のように変化する.

(i) $0 < a < \dfrac{1}{\sqrt{2}}$ のとき.

$R \subset S$ が成り立つとも，$R \supset S$ が成り立つともいえない (図8)．

(ii) $\dfrac{1}{\sqrt{2}} \leqq a$ のとき.

$R \subset S$ が成り立つ (図9, 10)．

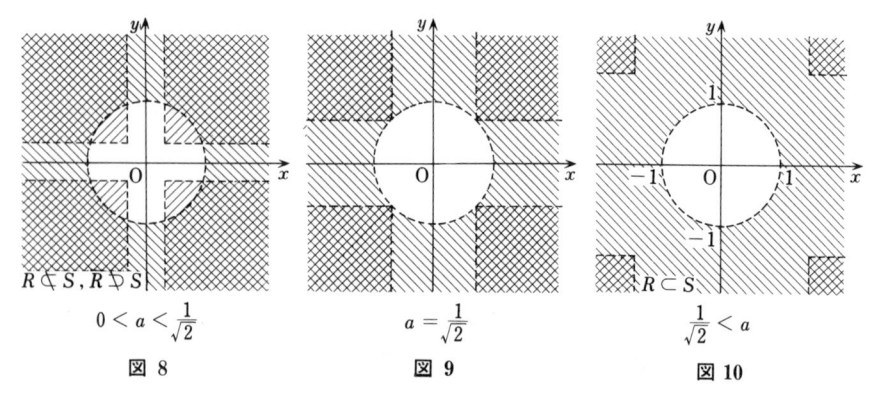

図 8　　　　　　図 9　　　　　　図 10

$0 < a < \dfrac{1}{\sqrt{2}}$　　　$a = \dfrac{1}{\sqrt{2}}$　　　$\dfrac{1}{\sqrt{2}} < a$

よって，

オ $\dfrac{1}{\sqrt{2}}$　　カ ④　　キ ③　　……(答)

[例題 3・6・2]

実数 x についての条件
　　$p(x)\ ;\ x^2+a^2<17$
　　$q(x)\ ;\ x^2+12x+a^2-12a<-43$
について，下記の問いに答えよ．
(1) $p(x)$ をみたす x が存在するための実数 a の条件を求めよ．
(2) $q(x)$ をみたす x が存在するための実数 a の条件を求めよ．
(3) $p(x)$ と $q(x)$ を同時にみたす x が存在するための実数 a の条件を求めよ．

[発想法]

問題文で与えられた条件文を論理記号（量化記号）（Ⅰの第1章§3参照）で表現すると次のようになる．

(1) $\exists x\ p(x)$
(2) $\exists x\ q(x)$
(3) $\exists x\ [p(x)\land q(x)]$

ここで注意すべきは(3)である．

$\exists x[p(x)\land q(x)]$ を $\exists x\ p(x)\land \exists x\ q(x)$ と書き変えることは許されない（$\exists x[p(x)\land q(x)]$ は $\exists x\ p(x)\land \exists x\ q(x)$ の一方向への矢印しか成り立たない）．このような場合には，式のみを追っていく解法は避け，$p(x),\ q(x)$ が実数 $a,\ x$ についての条件式であることに注意して，ax 平面に $p(x),\ q(x)$ をみたす領域を描いてみることで a の範囲を調べてみよ．

[解答] (1) $p(x)$ を ax 平面に図示すると図1のようになる．

これより，a が $-\sqrt{17}<a<\sqrt{17}$ である場合，またその場合に限って $p(x)$ をみたす x が存在することがわかる（図2）．

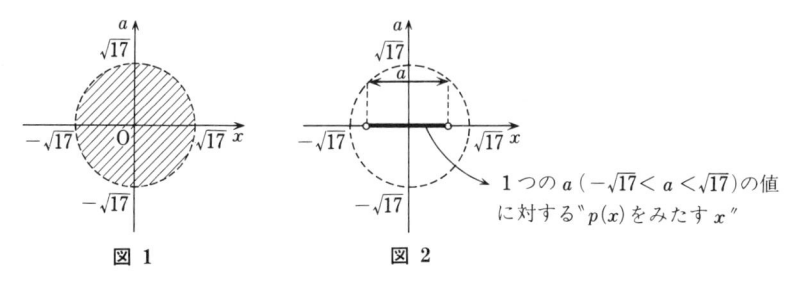

図1　　　図2

1つの $a\ (-\sqrt{17}<a<\sqrt{17})$ の値に対する "$p(x)$ をみたす x"

よって，求める条件は，
　　$-\sqrt{17}<a<\sqrt{17}$　　……（答）

【別解】 $\exists x\ p(x) \iff \exists x\ (x^2+a^2<17)$
$\iff \exists x\ (x^2<17-a^2)$
$\iff 0<17-a^2$
$\iff a^2<17$
$\iff -\sqrt{17}<a<\sqrt{17}$ ……(答)

(2) $q(x)$ を ax 平面に図示すると図3のようになる．
よって，(1)と同様に考えて，求める a の条件は，
$6-\sqrt{29}<a<6+\sqrt{29}$ ……(答)

図 3

【別解】 $\exists x\ q(x) \iff \exists x\ (x^2+12x+a^2-12a<-43)$
$\iff \dfrac{D}{4}=6^2-(a^2-12a+43)>0$
（ただし D は，$x^2+12x+a^2-12a+43=0$ に対する判別式）
$\iff a^2-12a+7<0$
$\iff 6-\sqrt{29}<a<6+\sqrt{29}$ ……(答)

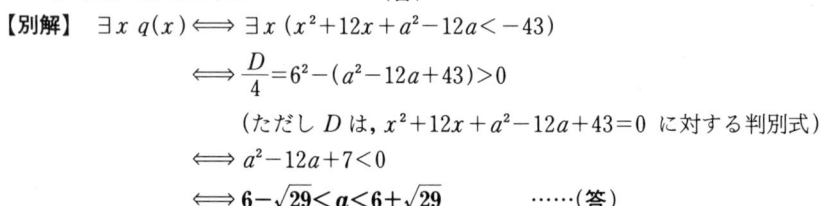

(3) $p(x), q(x)$ を ax 平面上に図示すると，$p(x)\land q(x)$ をみたす実数 x, a の組 (x, a) からなる領域は図4の斜線部である．
$p(x)=0,\ q(x)=0$ の交点の座標を求める．
$\begin{cases} x^2+a^2=17 & \cdots\cdots① \\ x^2+a^2+12x-12a+43=0 & \cdots\cdots② \end{cases}$
②－①より，
$17+12x-12a+43=0 \iff 12x-12a+60=0$
$\iff x-a+5=0$
$\therefore\ x=a-5$ ……③
③を①へ代入して，
$(a-5)^2+a^2=17 \iff a^2-10a+25+a^2=17$
$\iff 2a^2-10a+8=0$
$\iff a^2-5a+4=0$
$\therefore\ (a-4)(a-1)=0$

図 4

ゆえに，交点の座標は $(-1, 4)$, $(-4, 1)$ である．よって，求める a の範囲は，
$1<a<4$ ……(答)

(注) $\exists x\ p(x) \land \exists x\ q(x) \iff (-\sqrt{17}<a<\sqrt{17}) \land (6-\sqrt{29}<a<6+\sqrt{29})$
$\iff 6-\sqrt{29}<a<\sqrt{17}$

であるから，
$\exists x\ [p(x)\land q(x)] \implies \exists x\ p(x) \land \exists x\ q(x)$
$(1<a<4 \implies 6-\sqrt{29}<a<\sqrt{17})$

であることが確認できる．

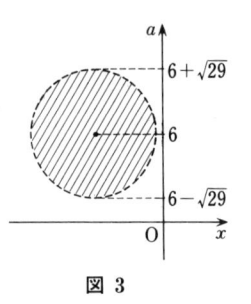

§6 必要性・十分性は集合の包含関係で議論せよ　199

┌─────〈練習 3・6・4〉─────
│　　　$f(x) = x + a - 3$
│　　　$g(x) = 3 + 2ax - x^2$
│とする．
│　　$-1 < x < 3$ で，つねに
│　　　"$f(x) > 0$　または　$g(x) > 0$"
│となるのは，実数 a がどんな値のときか．
└─────────────────

[発想法]

まず，題意について考察しよう．問題文で与えられた
　「$-1 < x < 3$ で，つねに "$f(x) > 0$ または $g(x) > 0$" となる」
という条件文を論理記号（Ⅰの第1章§3参照）で考察すると次のようになる．
　　$\forall x [-1 < x < 3 \Longrightarrow f(x) > 0 \lor g(x) > 0]$
　$\Longleftrightarrow \forall x [(-1 < x < 3 \Longrightarrow f(x) > 0) \lor (-1 < x < 3 \Longrightarrow g(x) > 0)]$
　$\overset{?}{\Longleftarrow} \forall x (-1 < x < 3 \Longrightarrow f(x) > 0) \lor \forall x (-1 < x < 3 \Longrightarrow g(x) > 0)$
問題は最後の行の式変形である．最後の式変形は，$\Longleftarrow$ 方向しか成立しない．
つまり，
　　$-1 < x < 3$ でつねに，
　　「$f(x) > 0$ または $g(x) > 0$」　　……(∗)

と，
　　「$-1 < x < 3$ でつねに，$f(x) > 0$」
　または，　　　　　　　　　　　　　　　　　　……(∗∗)
　　「$-1 < x < 3$ でつねに，$g(x) > 0$」

とは同値ではない．条件(∗∗)は条件(∗)の十分条件であるが，必要条件ではないことに注意せよ．

　次に，解答の方針を与える．
　各 a の値に対する「$f(x) > 0$ または $g(x) > 0$」となる x の値の範囲を視覚的にとらえられるよう，ax 平面に「$x + a - 3 > 0$ または $3 + 2ax - x^2 > 0$」となる領域を図示する．各辺の左辺はそれぞれ $f(x), g(x)$ であるが，ax 平面に図示する，という意味でそれぞれを $F(x, a), G(x, a)$ と表す．ここで得た図を用いて，どの範囲の a に対して，
　$-1 < x < 3$ なる区間が「$F(x, a) > 0$ または $G(x, a) > 0$」なる区間に含まれるかを考えればよい．

[解答] $f(x), g(x)$ をそれぞれ $F(x, a), G(x, a)$ と書く．「$F(x, a) > 0$ または $G(x, a) > 0$」をみたす領域を ax 平面に図示すると，図1のようになる．

($G(x, a)>0$ の境界線となる $G(x, a)=0$, つまり,
$$a=\frac{x^2-3}{2x}=\frac{x}{2}-\frac{3}{2x}$$
のグラフは, "直線 $a=\dfrac{x}{2}$ と 双曲線 $a=-\dfrac{3}{2}\cdot\dfrac{1}{x}$ のグラフの和"として描くことができる (図 2). x 座標が等しいところでは, 矢印↕の長さは等しい.)

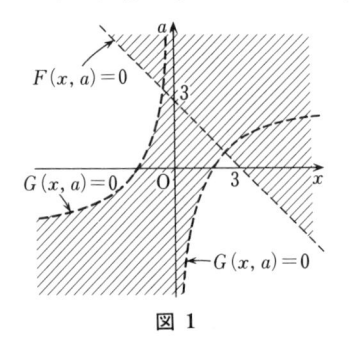

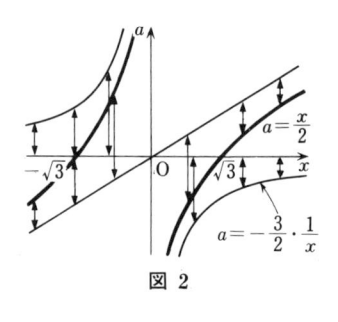

図 1

図 2

$-1<x<3$ でつねに「$F(x, a)>0$ または $G(x, a)>0$」となる領域は, 図 3 の格子線部である. $F(x, a)=0$ と $G(x, a)=0$ の 2 交点のうち, 右側にある点は $(1+\sqrt{2}, 2-\sqrt{2})$ であり, また, $F(x, a)=0$, $G(x, a)=0$ と直線 $x=-1$ の交点はそれぞれ $(-1, 4)$, $(-1, 1)$ である. 図 3 を参照して, 求める実数 a の範囲は,

$2-\sqrt{2}<a\leqq 1$ または $a\geqq 4$ ……(答)

図 3

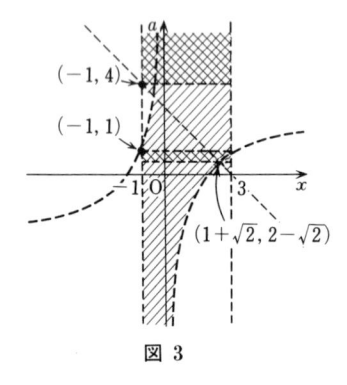

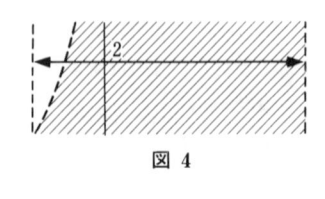

図 4

(たとえば, $a=2$ とすると (図 4), -1 に近いほうの x に対しては ▨ がかかっていない, つまり, $f(x)>0$ も $g(x)>0$ もみたしていないことがわかる.)

[コメント] 理論的には, $-1<x<3$ で, "$f(x)\leqq 0 \Longrightarrow g(x)>0$"となる実数 a の範囲を求めてもよいのであるが, この方針で議論するのは困難である.

§6 必要性・十分性は集合の包含関係で議論せよ 201

┌─〈練習 3・6・5〉──────────────────┐
│ 実数 x, y についての条件
│ $p(x, y) ; x^2 + y^2 \leq 2ax$
│ $q(x, y) ; x^2 + y^2 \leq 2x + 4y + 20$
│ がある．
│ (1) $p(x, y)$ をみたす任意の x, y について，$q(x, y)$ が成り立つような実数
│ a の値の範囲を求めよ．
│ (2) $q(x, y)$ をみたす任意の x, y について，$p(x, y)$ が成り立つような実数
│ a の値の範囲を求めよ．
└──────────────────────────┘

発想法

まず，$p(x, y)$，$q(x, y)$ の図形的意味を考えよう．P, Q をそれぞれ $p(x, y)$，$q(x, y)$ の真理集合（xy 平面上の領域）とする．

$P ; x^2 + y^2 \leq 2ax$
$\iff (x-a)^2 + y^2 \leq a^2$

より，集合 P は，中心 $(a, 0)$，半径 $|a|$ の円の周上および内部を表す．

$Q ; x^2 + y^2 \leq 2x + 4y + 20$
$\iff (x-1)^2 + (y-2)^2 \leq 25$

より，集合 Q は，中心 $(1, 2)$，半径 5 の円の周上および内部を表す．

集合 P は，a の値に応じて図 1 のように変化する（集合 P は，y 軸に接した状態で変化することに注意せよ）．

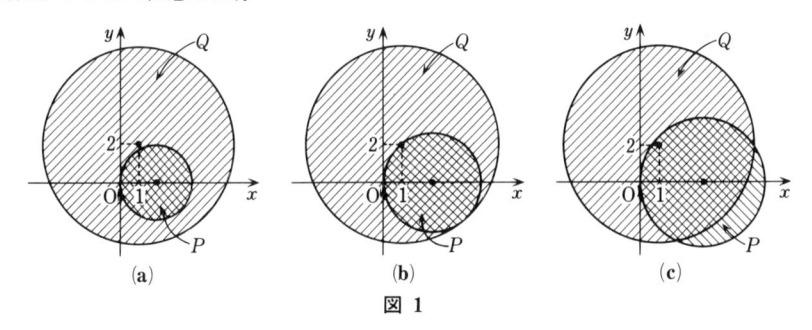

図 1

次に，題意を集合の包含関係に帰着させる．
(1) $P \subseteq Q$ が成り立つような実数 a の値の範囲を求める（図 1 (a), (b)）．
(2) $Q \subseteq P$ が成り立つような実数 a の値の範囲を求める．
だが，(2)のような実数 a が存在しないことは，$a \geq 0$ のとき，集合 Q が $x \leq 0$ の部分にも存在するのに対し，集合 P はつねに $x \geq 0$ の部分に存在することから明らか

であろう（$a<0$ のときも同様）．

なお，2円の半径を r, r' $(r>r')$，2円の中心間の距離を d とするとき，2円の位置と，$r+r'$ と d の大小関係は次のとおりである．

(1) $d>r+r'$ $\iff$ 互いに他の円の外部にある．
(2) $d=r+r'$ $\iff$ 外接する．
(3) $r-r'<d<r+r'$ $\iff$ 2点で交わる．
(4) $d=r-r'$ $\iff$ 内接する．
(5) $d<r-r'$ $\iff$ 一方の円が他の円の内部にある．

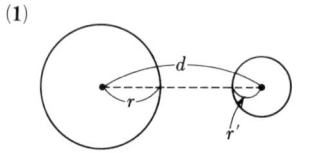

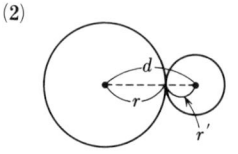

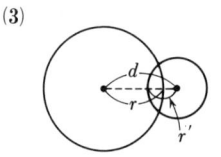

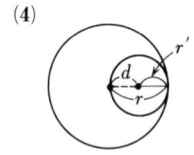

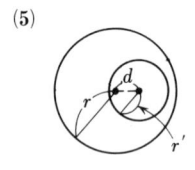

図 2

解答 (1) P が Q の周上および内部に完全に含まれる条件は，
  （中心間の距離）$\leq$（q の半径）$-$（p の半径）
である．ゆえに，
$$\sqrt{(a-1)^2+(-2)^2} \leq 5-|a|$$
$\iff (a-1)^2+4 \leq (|a|-5)^2$ かつ $-5 \leq a \leq 5$
$\iff (5|a|)^2 \leq (10+a)^2$ かつ $-5 \leq a \leq 5$
$\iff (2a-5)(3a+5) \leq 0$ かつ $-5 \leq a \leq 5$
$\therefore -\dfrac{5}{3} \leq a \leq \dfrac{5}{2}$ ……（答）

(2) 同様に考えて，
  （中心間の距離）$\leq$（p の半径）$-$（q の半径）
が成り立つことが条件である．
$$\sqrt{(a-1)^2+(-2)^2} \leq |a|-5$$
$\iff (a-1)^2+4 \leq (|a|-5)^2$ かつ $a \leq -5, 5 \leq a$
$\iff -\dfrac{5}{3} \leq a \leq \dfrac{5}{2}$ かつ $a \leq -5, 5 \leq a$

このような実数 a は存在しない． ……（答）

§6 必要性・十分性は集合の包含関係で議論せよ

─┄┄〈練習 3・6・6〉┄┄┄┄┄┄┄┄┄┄┄┄┄┄┄┄┄┄┄┄┄
$f(x)=a(x-a)(x-a^2)$ とする。
$2<x<3$ で，つねに $f(x)<0$ となるのは，実数 a がどのような値のときか．
　　　　　　　　　　　　　　　　　　　　　　（札幌医大 改）
└┄┄┄┄┄┄┄┄┄┄┄┄┄┄┄┄┄┄┄┄┄┄┄┄┄┄┄┄┄┄┄

発想法

まず，$f(x)<0$ をみたす領域を ax 平面に図示せよ．次に，$2<x<3$ において，実数 a, x の条件が $f(x)<0$ の十分条件となるように a の範囲を定めればよい．

解答 ax 平面に，不等式 $a(x-a)(x-a^2)<0$ をみたす領域を図示する．

1. 境界線 $f(x)=0$ を図示する（図1）．
2. たとえば，$(a, x)=(-1, 2)$ を代入すると，
$$f(x)=(-1)\{2-(-1)\}\{2-(-1)^2\}$$
$$=-1\cdot 3\cdot 1=-3<0$$
よって，点 $(-1, 2)$ を含む領域は $f(x)<0$ をみたす（図2）．
3. $f(x)$ の正領域，負領域は領域線を越えるごとに変化する．ゆえに，$f(x)<0$ をみたす領域は図3の斜線部である（図3）．

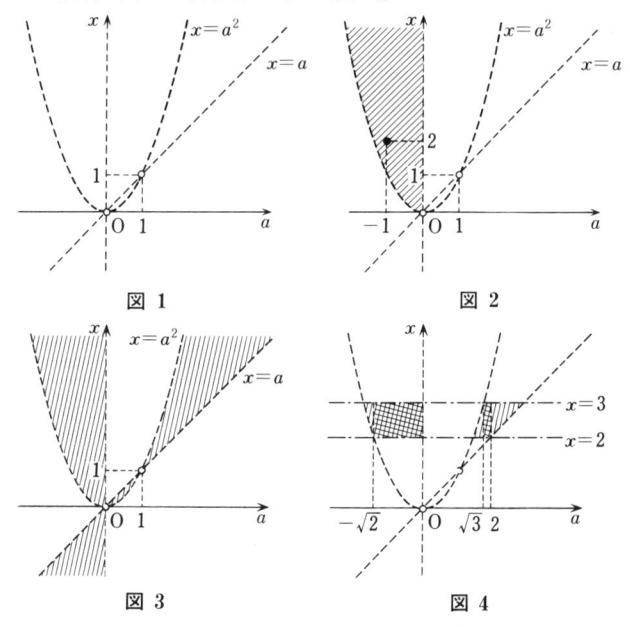

図1　図2

図3　図4

$2<x<3$ で，つねに $f(x)<0$ となる領域は，図4の格子線部である．よって，求める a の範囲は，
$$-\sqrt{2}\leqq a<0,\ \sqrt{3}\leqq a\leqq 2 \qquad \cdots\cdots（答）$$

§7 場合の数が無数にある確率の問題は面積に帰着させよ

確率を求める問題には，離散量を対象にした問題と，連続量を対象にした問題とがある．前者は，n本のくじから当たりくじを引く確率といった，"場合の数"に帰着させることができるものであり，後者は，実数，距離，角度や，時間の概念を扱ったもので，場合の数が無数にあるので "場合の数"に帰着させることができないものである（離散量を対象にしたものでも，2項分布$B(n, p)$においてnが十分大きいときには確率変数Xの分布は正規分布に近似できると考え，連続量のように扱うことがある）．

確率を求める問題は，おおざっぱにいって，これら2つの異なるタイプに分類できる．そこで，まず，そのおのおのについて確率の求め方をしっかり理解しよう．

タイプⅠ（場合の数が有限個のとき）

おこりうるすべての事象が，有限個の根元事象に分類できるときである．おのおのの根元事象の確率が等しい場合には確率は，次のような比を計算することになる．

$$\text{確率} = \frac{\text{条件に合う "場合の数"}}{\text{おこりうるすべての "場合の数"}}$$

（各根元事象の確率が等しくないとき，この方法をつかえないことに注意！）

よって，このタイプでは，いかに上手にそれぞれの "場合の数"（とくに「条件に合う "場合の数"」）を数えあげるかが重要になってくる（Ⅰの**第3章** 参照）．

(例1) 1枚の硬貨を続けて投げる．表の出た回数が4または裏の出た回数が4になったところで投げることをやめる．このとき，

(1) 4回投げてもやめにならないで，5回投げてやめることになる確率を求めよ．

(2) 5回投げてもやめることにならない確率を求めよ． （千葉大 理系）

(解) (1) 硬貨を5回投げたとき，表，裏のパターンは全部で2^5通りあり，それらのおのおのは，等確率でおこる（2^5通りの根元事象はすべて等確率$\frac{1}{2^5}$でおこりうる）．

一方，条件をみたす場合の数を次のように樹形図を描いて求めよう．表を○，裏を×として，5回でやめることになるような樹形図は図Aのようになる．

図Aより，条件をみたす場合の数は8通りである．

§7 場合の数が無数にある確率の問題は面積に帰着させよ 205

よって，求める確率は， $\dfrac{8}{2^5}=\dfrac{8}{32}=\dfrac{1}{4}$ ……(答)

(2) 5回投げてもやめることにならない確率は，

(4回でやめにならない確率)
－(5回でやめになる確率)

である（図B）．

4回硬貨を投げたときの表・裏のパターンは全部で 2^4 通りあり，そのうち，4回でやめにならないのは図Aの樹形図より14通りである．よって，4回でやめにならない確率は，

$\dfrac{14}{16}=\dfrac{7}{8}$ である．

よって，5回でやめにならない確率は，

$\dfrac{7}{8}-\dfrac{1}{4}=\dfrac{5}{8}$ ……(答)

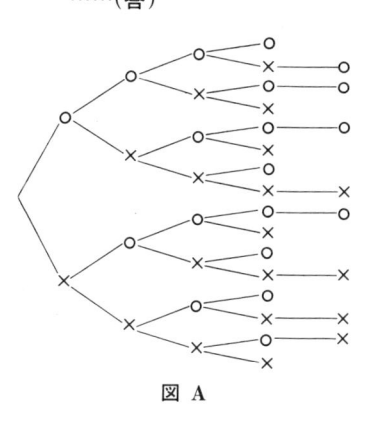

図 A

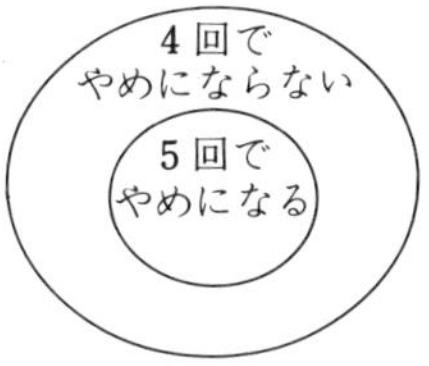

図 B

タイプⅡ（場合の数が無数にあるとき）

おこりうる場合が無数にあるので，それらのおのおのを数直線上の点や平面上の点に対応させ，長さの比や，面積の比に帰着させる．すなわち，

$$\text{確率}=\dfrac{\text{条件に合う場合に対応する点集合からなる図形の面積（または長さ）}}{\text{おこりうるすべての場合に対応する点集合からなる図形の面積（または長さ）}}$$

(例2) a, b がそれぞれ $0 \leq a \leq 2$, $0 \leq b \leq 4$ なる範囲の値をとるとき，2次方程式 $x^2-2ax+b=0$ が実数解をもつ確率を求めよ．

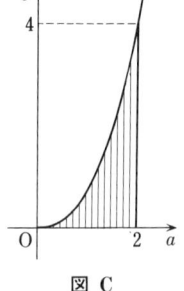

(解) 点 (a, b) を長方形領域 $0 \leq a \leq 2$, $0 \leq b \leq 4$ から任意に選ぶとき，どの点も同様に確からしく選ばれる．

2次方程式 $x^2-2ax+b=0$ の実数解条件 $a^2-b \geq 0$ がみたされるのは，点 (a, b) が長方形領域内，放物線 $b=a^2$ と a 軸との間から選ばれるときである．よって，求める確率は，

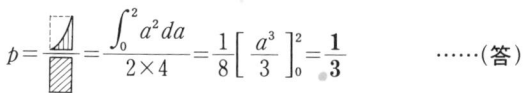

$$p=\dfrac{\text{▨}}{\text{▨}}=\dfrac{\int_0^2 a^2\,da}{2\times 4}=\dfrac{1}{8}\left[\dfrac{a^3}{3}\right]_0^2=\dfrac{1}{3} \quad \text{……(答)}$$

図 C

この節では，タイプⅡに属する問題を中心にとりあげて解説するが，入試では，タイプⅠのほうがより多く出題されているので，それらの取り扱い方を解説したⅠ巻第3章も勉強しておくように．

[例題 3・7・1]

a, b を，$a < b$ である任意に与えられた正の数とする．長さ b の線分上に勝手に2点をとるとき，それら2点間の距離が a 以上である確率を求めよ．

発想法

まず，長さ a, b の線分を，たとえば，図1のような長さのものとして実験してみよう．

長さ b の線分上に選ぶ2点を x, y とする．点 x, y は，ともに長さ b の線分上のあらゆる点となりうる．b が実数（連続量）であるから，そのような点の選び方は無数にある．点 x, y の選び方の例を図2に示した．$|x-y| \geq a$ をみたす例には〇印，$|x-y| \geq a$ に反する例には×印を付けてある．

次に，〈練習 2・2・2〉，〈練習 2・2・3〉の「発想法」に基づき，長さ b の線分を，数直線上の区間 $[0, b]$ なる点集合とみなし，xy 平面上の $0 \leq x \leq b$, $0 \leq y \leq b$ なる領域 D を考える．

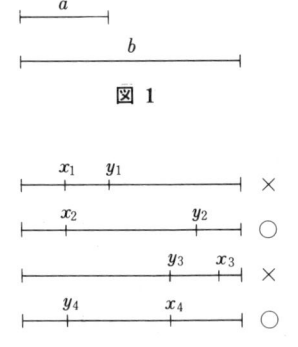

このとき，長さ b の線分上にとった2点 x, y を，区間 $[0, b]$ なる数直線上の2点 x, y とみなし，さらに D 内の点 (x, y) を1対1に対応させることができる（図3）．

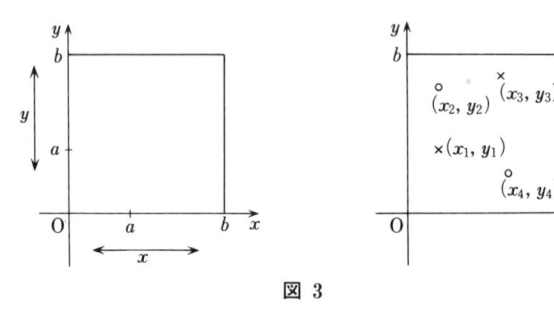

おこりうるすべての場合に対応する点集合からなる図形が，$0 \leq x \leq b$, $0 \leq y \leq b$ をみたす領域である．

条件に合う場合に対応する点集合からなる図形がどのような図形か考察する．

余力のある人は，図2の例のように，長さ b の線分上で2点 x, y を選び，さらに $|x-y| \geq a$ をみたすものは〇印，$|x-y| \geq a$ に反するものは×印とし，図3にプロットする実験を繰り返してみよ．条件に合う場合に対応する点集合からなる図形を予測することができる．

§7 場合の数が無数にある確率の問題は面積に帰着させよ　207

解答 長さ b の線分を，数直線上の区間 $[0, b]$ と見ると，求める確率は，x, y を区間 $[0, b]$ から勝手に選んだ数としたとき，$|x-y| \geqq a$ となる確率と考えられる．xy 平面上

$$0 \leqq x \leqq b, \quad 0 \leqq y \leqq b \quad \cdots\cdots ①$$

なる領域内に

$$|x-y| \geqq a \iff \begin{cases} x \geqq y \text{ かつ } y \leqq x-a \\ x \leqq y \text{ かつ } y \geqq x+a \end{cases} \quad \cdots\cdots ②$$

なる部分に斜線を施すと，図4のようになる．

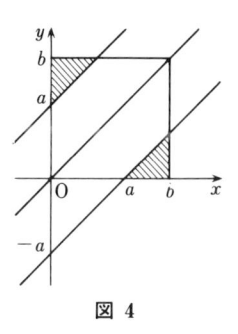

領域①内にとった任意の点 (x, y) は，区間 $[0, b]$ にとった2点 x, y の座標に対応し，"①かつ②"にとった任意の点 (x, y) は，区間 $[0, b]$ 上，距離 a 以上の2点 x, y の座標に対応する．

図4

ゆえに，求める確率 p は，$\dfrac{\text{"①かつ②"の面積}}{\text{①の面積}}$ である．

(①の面積)$= b^2$

("①かつ②"の面積)$= 2 \times \dfrac{1}{2}(b-a)^2 = (b-a)^2$

であるから，

$$p = \dfrac{(b-a)^2}{b^2} \quad \cdots\cdots\text{(答)}$$

(注)『$a \to 0$ とすると $p \to 1$
$a \to b$ とすると $p \to 0$
となることから，(答)は図5と矛盾しない．』
という検算法もある．

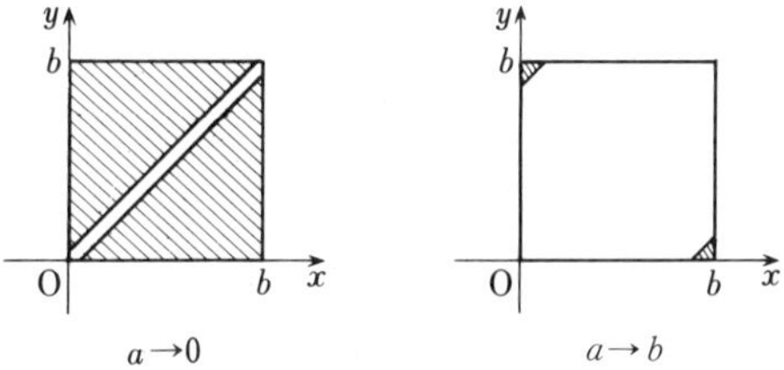

図5

また，2点の座標のうち，小さいほうを x，大きいほうを y と設定して解いていくこともできる．このときには，図6を参照して計算は，次のようになる．

$$p = \dfrac{\frac{1}{2}(b-a)^2}{\frac{b^2}{2}} = \dfrac{(b-a)^2}{b^2}$$

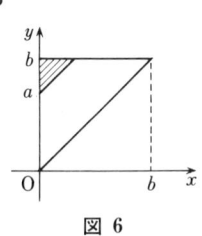

図6

[コメント]「2点間の距離が a より大きい確率」となっている場合には，境界線が含まれないが（図7），このときにも斜線部の面積を $(b-a)^2$ としてよく，したがって，求める確率は上と同じ $\dfrac{(b-a)^2}{b^2}$ となる．他の問いについても同様．

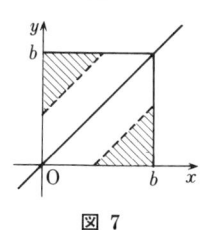

図7

〈練習 3・7・1〉

円周上に3点 A, B, C を選ぶ。このとき、△ABC が、その周上または内部に円の中心を含む確率を求めよ。

発想法

円周上に頂点をもつ三角形が、どのような形のとき円の中心を含むか図を描いて調べてみよう。次の3種類の三角形について調べると、概要をつかむことができる。

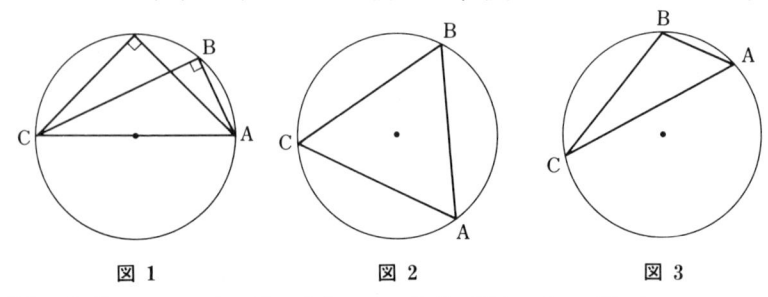

図1　　　図2　　　図3

(i) 直角三角形；このとき、円の中心は、三角形の周上にある（図1）。
(ii) 鋭角三角形；△ABC は、円の中心を含む（図2）。
(iii) 鈍角三角形；△ABC は、円の中心を含まない（図3）。

解答　円の中心を原点 O、半径を1とする xy 平面上の円で考えて一般性を失わない。このとき、点 A, B, C は、それぞれ x 軸の正方向となす角 α, β, γ ($0 \leq \alpha, \beta, \gamma \leq 2\pi$) できまる（図4）。また、

『角 α, β, γ できまる三角形が原点を含む』

ことと、

『角 $0, \beta-\alpha, \gamma-\alpha$ できまる三角形が原点を含む』

こととは同値である（ただし、$\beta-\alpha<0$（または $\gamma-\alpha<0$）となる場合は、"$\beta-\alpha$（または $\gamma-\alpha$）できまる点"は"$\beta-\alpha+2\pi$（または $\gamma-\alpha+2\pi$）できまる点"を意味するものとする（図4））。したがって、$\alpha=0$ と仮定してよい。

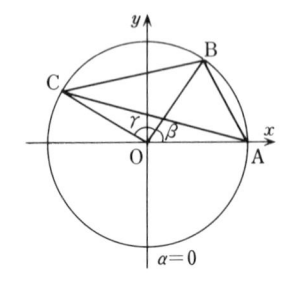

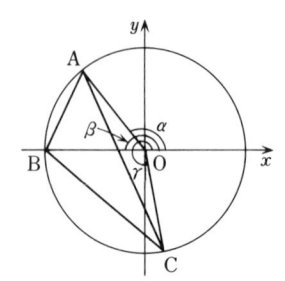

図4

点 B を固定したとき，△ABC がその周上または内部に原点を含む条件は次のとおりである.
(i) $0<\beta<\pi$ のとき,
 $\pi \leqq \gamma \leqq \pi+\beta$ （図5(a)）
(ii) $\pi<\beta<2\pi$ のとき,
 $\beta-\pi \leqq \gamma \leqq \pi$ （図5(b)）

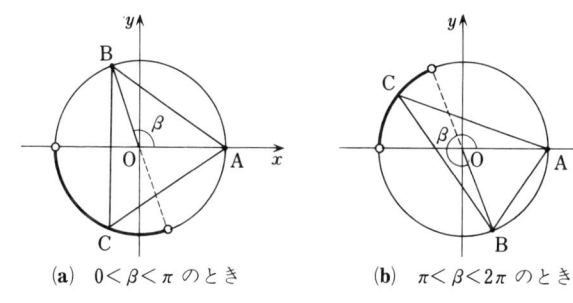

(a) $0<\beta<\pi$ のとき　　(b) $\pi<\beta<2\pi$ のとき

図 5

(iii) $\beta=0$ のとき，三角形ができないので不適.
(iv) $\beta=\pi$ のとき，原点が三角形の周上にくる条件は $\gamma \neq 0, \pi$

以上(i)〜(iv)の条件を，$\beta\gamma$ 平面に図示すると，図6の斜線部になる．

よって，求める確率は，

$$\frac{斜線部の面積}{2\pi\times 2\pi} = \frac{\frac{\pi^2}{2}+\frac{\pi^2}{2}}{4\pi^2}$$

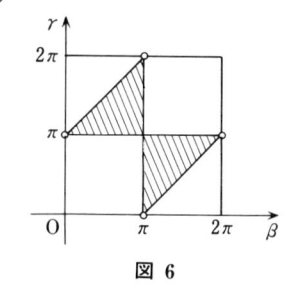

$$= \frac{1}{4} \quad \cdots\cdots(答)$$

図 6

╭─⟨練習 3・7・2⟩─────────────────────────╮
│ 床一面に等間隔な平行線群がひかれている．いま，1本の針を任意に床上
│ に落とすとき，針が平行線の1つと交わる確率を求めよ．ただし，平行線の
│ 間隔を4，針の長さを2とする．(Buffonの問題)
╰─────────────────────────────────────╯

発想法

1本の針を任意に床上に落としたときの絵を描いてみよう．

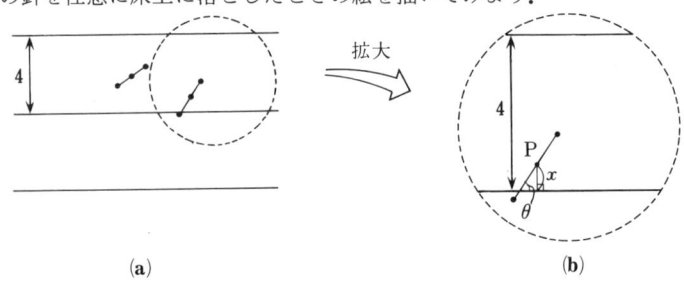

(a)　　拡大　　(b)

図 1

平行線の間隔が4，針の長さが2であることから，針が2本の平行線と交わることはないので，針が平行線と交わるとしたら，針の中点Pから最も近い平行線の1本と交わる．

針の中点Pと平行線のうちのいちばん近い直線との距離を x とし，針とその平行線のなす角を θ とおく（図1(b)）．

このとき，変数 x,θ の変域は，
$$0 \leq \theta < \pi, \quad 0 \leq x \leq 2 \quad \cdots\cdots(*)$$
である．

θx 座標平面に，変域 $(*)$ を図示し，また，針が直線と交わる θ と x に関する条件を求め，それを θx 座標平面に図示し，両者の面積の比を求める．なお，針の端点が平行線上にある場合を「交わっている」ものとして扱っても「交わっていない」として扱っても結果は同じであるが，ここでは「交わっている」ものと解釈して解く．

解答 針が平行線の1つと交わる条件とは，針の中点からいちばん近い平行線と交わることで，

$$x \leq \sin\theta \quad \cdots\cdots(**)$$

である(図2).

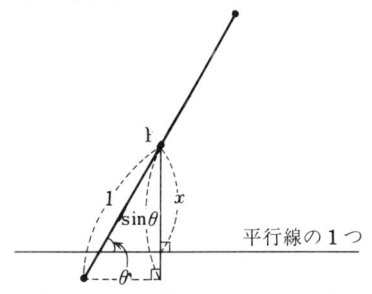

(a) $x \leq \sin\theta$; 針は平行線と交わる

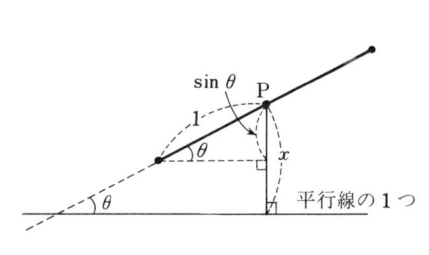

(b) $x > \sin\theta$; 針は平行線と交わらない

図 2

「発想法」で示した条件(*)と条件(**)を，それぞれ θx 座標平面に図示すると，図3のようになる．

よって，求める確率は，

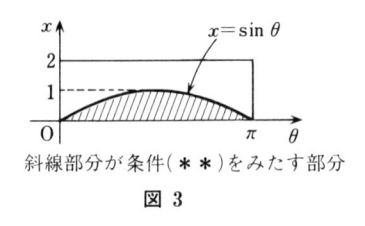

$$\frac{\text{斜線部分の面積}}{\text{長方形の面積}} = \frac{\int_0^\pi \sin x \, dx}{2\pi}$$

$$= \frac{\left[-\cos x\right]_0^\pi}{2\pi}$$

$$= \frac{1}{\pi} \quad \cdots\cdots(\text{答})$$

斜線部分が条件(**)をみたす部分

図 3

[例題 3・7・2]

単位円 $C: x^2+y^2=1$ がある.円 C の円周上に点 P,円 C の内部に点 Q をそれぞれ任意に選ぶ.線分 PQ を対角線とする,縦,横が x 軸,y 軸にそれぞれ平行な長方形を R とする.

(1) 点 P を円 C の円周上の 1 点 $(\cos\theta, \sin\theta)$ に固定したとき,長方形 R のどの点も円 C の外部にない確率 $P(\theta)$ を求めよ.

(2) $P(\theta)$ を最大にする点 P の座標を求めよ.

発想法

点 P を固定して,点 Q を y 軸に平行(つまり x の値一定)に動かしたときの状態変化を図に描いてみよう(図1).

図 1

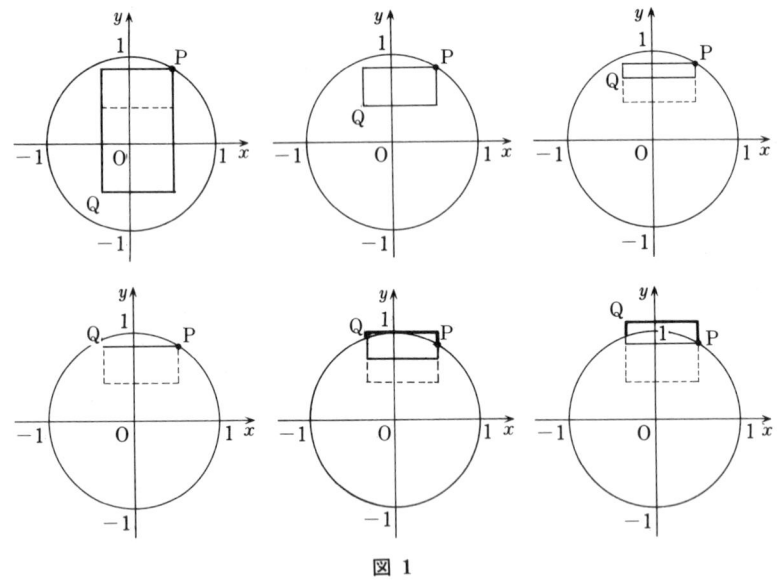

図1より,点 P を定めたとき,P を通り,x 軸,y 軸に平行な線分を 2 辺とする長方形の領域内(図2の斜線部)に点 Q が位置するときには,題意がみたされることがわかる.

逆に,点 Q が斜線部内に存在しないときは,長方形 R の一部分が,単位円の外側にはみ出す(図3).

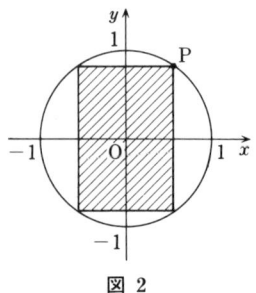

図 2

§7 場合の数が無数にある確率の問題は面積に帰着させよ 213

図3

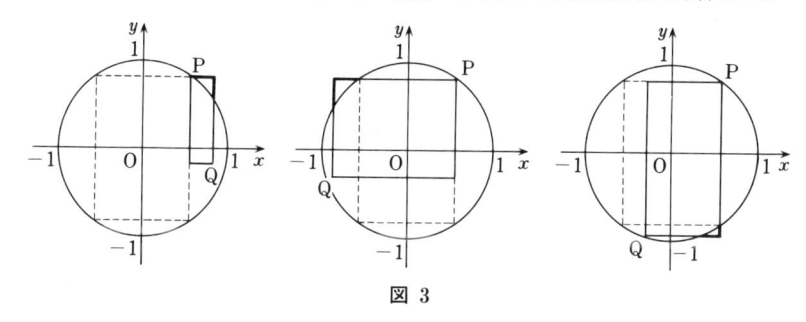

よって，求める確率は，
$$P(\theta)=\frac{\text{図2の斜線部の面積}}{\text{単位円の面積}}$$
で与えられる．

[解答] (1) 点P, Qの座標を，それぞれ，
P($\cos\theta, \sin\theta$), Q(x, y) ($0\leq\theta\leq 2\pi$)
とする．このとき，長方形Rの点P, Q以外の2点の座標は，
($\cos\theta, y$), ($x, \sin\theta$)
である（図4）．

点Pを固定したとき，長方形Rのどの点も，円Cの外部にないための条件は，
$\cos^2\theta+y^2\leq 1$ かつ $\sin^2\theta+x^2\leq 1$
$\iff |y|\leq|\sin\theta|$ かつ $|x|\leq|\cos\theta|$
……(*)

図4

(*)の領域は，図5の斜線部である．
よって，点Pを固定したときの題意をみたす確率$P(\theta)$は，$\dfrac{\text{斜線部の面積}}{\text{円}C\text{の面積}}$であり，
（斜線部の面積）$=2|\sin\theta|\cdot 2|\cos\theta|$
$=2|2\sin\theta\cos\theta|$
$=2|\sin 2\theta|$
（円Cの面積）$=\pi\cdot 1^2=\pi$
より，

$$P(\theta)=\frac{2}{\pi}|\sin 2\theta| \qquad \cdots\cdots\text{(答)}$$

図5

(2) $0\leq\theta<2\pi$ における $P(\theta)$ の最大値を与える θ の値を求める．
$P(\theta)$のグラフは図6のようになる．

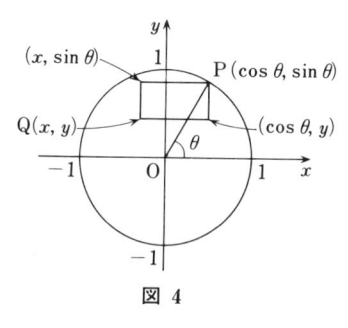

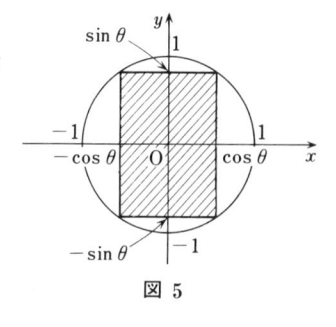

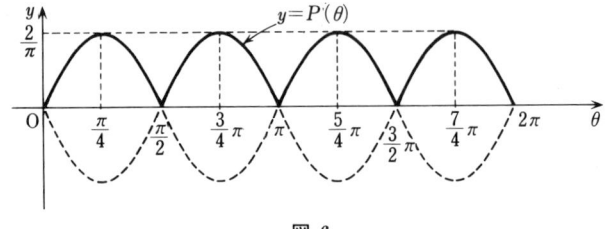

グラフより，$P(\theta)$ を最大にする θ の値は，
$$\theta = \frac{\pi}{4}, \frac{3}{4}\pi, \frac{5}{4}\pi, \frac{7}{4}\pi$$
である．ゆえに，$P(\theta)$ を最大にする点 P の座標は，

$$\left(\frac{1}{\sqrt{2}}, \frac{1}{\sqrt{2}}\right), \left(-\frac{1}{\sqrt{2}}, \frac{1}{\sqrt{2}}\right),$$
$$\left(-\frac{1}{\sqrt{2}}, -\frac{1}{\sqrt{2}}\right), \left(\frac{1}{\sqrt{2}}, -\frac{1}{\sqrt{2}}\right) \quad \cdots\cdots(\text{答})$$

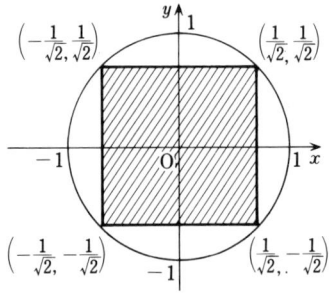

図 7

[コメント] 本問において，

『長方形 R のどの点も円 C の外部にない』　……(*)

確率として，点 P の位置を固定したもとでの確率を求めた．

ここで，さらに点 P も任意に選ぶものとして，本来の興味の対象である「点 P も点 Q も任意に選んだときに (*) となる確率 p」を次の $xy\theta$ 空間で考える．

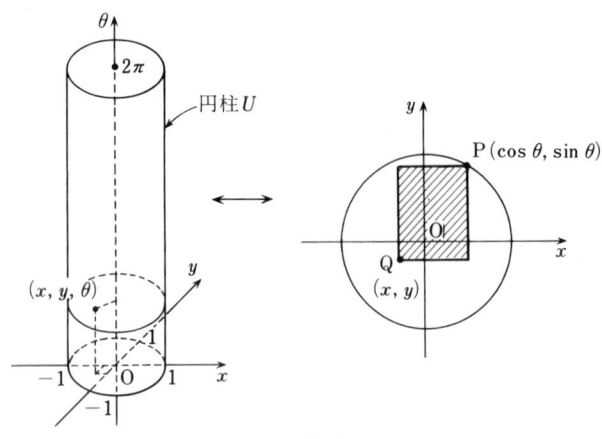

図 8

(側面および上底面を除く) 円柱 $U : x^2 + y^2 < 1$，$0 \leq \theta < 2\pi$ 内の点 (x, y, θ) のおのおのに対して，xy 平面の単位円 C 上の点 $P(\cos\theta, \sin\theta)$ と C の内部の点 $Q(x, y)$ の組を1対1に対応させることができる (図8)．

この対応により，与えられた条件のもとで，点 P, Q を任意に選ぶことは，U の点 (x, y, θ) を任意に選ぶことと同一視できる．（*）をみたすような点 P, Q の選び方の全体に対応する U の点 (x, y, θ) の全体を K とすると，求める確率 p は，

$$p = \frac{K \text{の体積}}{U \text{の体積}} \quad \cdots\cdots (**)$$

として得られる．

ここで，$(U \text{の体積}) = \pi \cdot 1^2 \times 2\pi = 2\pi^2 \quad \cdots\cdots ①$ である．

また，K の体積は次のようにして求められる．立体 K を 平面 $\theta = (\text{一定}) (0 \leq \theta < 2\pi)$ なる平面で切ったときの切り口は図5のようになるので，

$$(K \text{の体積}) = \int_0^{2\pi} 2|\sin 2\theta|\, d\theta = 4\int_0^{\frac{\pi}{2}} 2\sin 2\theta\, d\theta$$

$$= 4\int_0^{\frac{\pi}{2}} (-\cos 2\theta)'\, d\theta = 4\Big[-\cos 2\theta\Big]_0^{\frac{\pi}{2}} = 8 \quad \cdots\cdots ② \quad (\text{図9})$$

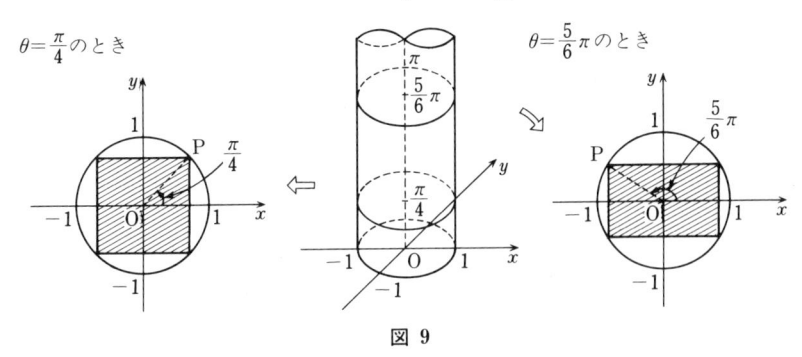

図 9

よって，①，② を（**）に代入して，

$$p = \frac{8}{2\pi^2} = \frac{4}{\pi^2} \quad (\fallingdotseq 0.4)$$

また，この p の値は，図6より得られる図10における

$$\frac{\text{斜線部の面積}}{\text{太枠長方形の面積}} \quad \cdots\cdots(***)$$

としても得られる．

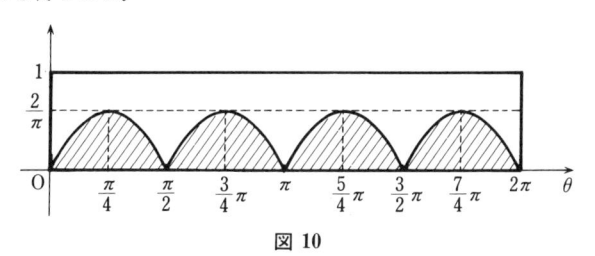

図 10

この理由を考えるために，たとえば次の簡単な問題を考えてみよう．

(問) 1から6までの番号のついた箱には，それぞれ10本のくじが入っている．ただし，番号 $k\,(k=1,2,\cdots\cdots,6)$ のついた箱には，10本中，k 本の当たりくじが入っているものとする．いま，さいころを振り，出た目の番号の箱からくじを引くものとする．このとき，当たりのくじを引く確率 P を求めよ．

(解) $P = \dfrac{1}{6} \times \dfrac{1}{10} + \dfrac{1}{6} \times \dfrac{2}{10} + \cdots\cdots + \dfrac{1}{6} \times \dfrac{6}{10} = \dfrac{1}{60} \sum_{k=1}^{6} k = \dfrac{7}{20}$

$\begin{pmatrix} \text{さいころで} \\ 1\text{の目が出る} \end{pmatrix}$ $\begin{pmatrix} \text{番号}1\text{の箱から} \\ \text{当たりくじを引く} \end{pmatrix}$

この考え方を本問の場合に適用すると次のようになる．

まず，区間 $[0, 2\pi]$ を n 等分し，分割した区間を左から

$$I_1 = [0, \theta_1],\ I_2 = [\theta_1, \theta_2],\ \cdots\cdots,\ I_n = [\theta_{n-1}, 2\pi]$$

とする．θ を区間 $[0, 2\pi]$ から任意に選んだとき（P を C 上から任意に選ぶことに相当），θ が区間 I_k に含まれる確率は $\dfrac{1}{n}$ であり，このとき，さらに任意に選んだ点 Q が $(*)$ をみたしている確率は，(1) より $\dfrac{2}{\pi}|\sin 2\theta_k|$ で近似できる（n は十分大きいものとする）．したがって，求める確率 p は，

$$p \fallingdotseq \dfrac{1}{n} \times \dfrac{2}{\pi}|\sin 2\theta_1| + \dfrac{1}{n} \times \dfrac{2}{\pi}|\sin 2\theta_2| + \cdots\cdots + \dfrac{1}{n} \times \dfrac{2}{\pi}|\sin 2\cdot 2\pi|$$

$\begin{pmatrix} \theta \text{を区間}I_1 \\ \text{内に選ぶ} \end{pmatrix}$ $\begin{pmatrix} \text{さらに Q を選んで} \\ (*)\text{がみたされている} \end{pmatrix}$

$$= \sum_{k=1}^{n} \dfrac{2}{\pi}|\sin 2\theta_k| \cdot \dfrac{1}{n} \quad \left(\theta_k = \dfrac{2\pi k}{n}\right) \quad \cdots\cdots ③$$

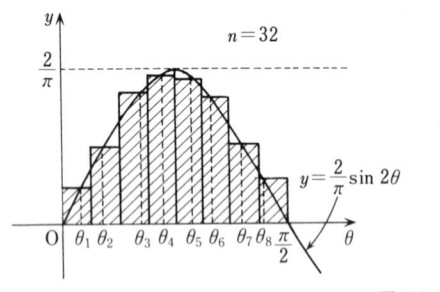

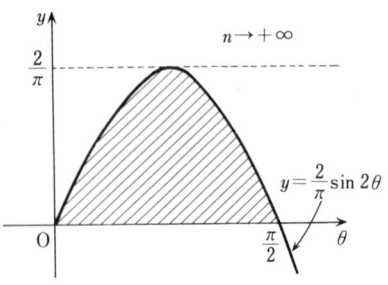

図 11

ゆえに，求める確率 p は，③の極限 $(n \to \infty)$ をとり，

$$p = \lim_{n \to \infty} \sum_{k=1}^{n} \dfrac{2}{\pi}\left|\sin 2 \cdot \dfrac{2\pi k}{n}\right| \cdot \dfrac{1}{n} = \lim_{n \to \infty} \sum_{k=1}^{n} \dfrac{2}{\pi}\left|\sin 2 \cdot \dfrac{2\pi k}{n}\right| \cdot \dfrac{2\pi}{n} \cdot \dfrac{1}{2\pi}$$

$$= \left(\int_0^{2\pi} \dfrac{2}{\pi}|\sin 2\theta|\,d\theta\right) \cdot \dfrac{1}{2\pi} \quad (\text{この式は}(**)\text{にほかならない}!!)$$

$$= \left(\dfrac{4}{\pi}\int_0^{\frac{\pi}{2}} 2\sin 2\theta\,d\theta\right) \cdot \dfrac{1}{2\pi} = \cdots\cdots = \dfrac{4}{\pi^2}$$

---〈練習 3・7・3〉---

中心 O, 半径 10 の円板がある. 円板内の 1 点 P を選んだとき, 中心 O と点 P の距離を x とする. $k \leq x < k+1$ ($k=0, 1, \cdots, 9$) ならば, そのときの得点を $10-k$ とする. 円板内の点をまったくでたらめに 1 回選んだときの得点の期待値はいくらか.
(奈良女子大)

解答 円板内のどの点を選ぶことも同様に確からしいから, 得点が $X=10-k$ となる確率 $P(X=10-k)$ は,

$$P(X=10-k) = \frac{\text{外半径 } k+1, \text{ 内半径 } k \text{ のドーナツ形の面積(①)}}{\text{円板の全面積(②)}}$$

である.

①: $\pi(k+1)^2 - \pi k^2 = \pi\{(k^2+2k+1)-k^2\}$
$\qquad = \pi(2k+1)$

②: $\pi \cdot 10^2$

であるから,

$$P(X=10-k) = \frac{\pi(2k+1)}{\pi \cdot 10^2} = \frac{2k+1}{100}$$

ゆえに, 求める期待値は,

$$\sum_{k=0}^{9}(10-k) \cdot \frac{2k+1}{100} = \frac{1}{100}\sum_{k=0}^{9}(-2k^2+19k+10)$$

$$= \frac{1}{100}\left\{-2\sum_{k=1}^{9}k^2 + 19\sum_{k=1}^{9}k + 100\right\}$$

$$= \frac{1}{100}\left(-2 \cdot \frac{1}{6} \cdot 9 \cdot 10 \cdot 19 + 19 \cdot \frac{1}{2} \cdot 9 \cdot 10 + 100\right)$$

$$= \frac{385}{100} = \mathbf{\frac{77}{20}} \quad \cdots\cdots\text{(答)}$$

[コメント] なお, Σ 記号をつかわなければ, 次のような計算になる.

$$10 \times \frac{1}{100} + 9 \times \frac{3}{100} + 8 \times \frac{5}{100} + 7 \times \frac{7}{100} + 6 \times \frac{9}{100} + 5 \times \frac{11}{100} + 4 \times \frac{13}{100} + 3 \times \frac{15}{100}$$
$$+ 2 \times \frac{17}{100} + 1 \times \frac{19}{100}$$
$$= \frac{385}{100} = \mathbf{\frac{77}{20}} \quad \cdots\cdots\text{(答)}$$

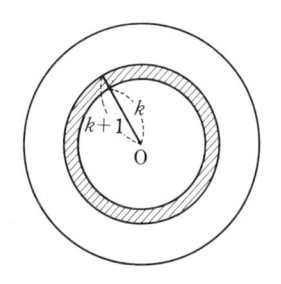

あとがき

　数学の考え方を身につけさせることに主眼をおき，正答に至るプロセスを，紙面を惜しまずに解説するという贅沢な本はそうザラにはない．そこで，数学の考え方を習得させることだけに焦点を絞り，その結果として，読者の数学的能力を啓発することができるような本の出現が期待されていた．そんな本の執筆を駿台文庫と約束して以来，早5年の歳月が流れた．本シリーズの執筆に際し，考え方を能率的に習得させるという方針を貫いたために，テーマ別解説に従う既成の枠を逸脱せざるを得なくなったり，当初1, 2冊だけを刊行する予定であったのを，可能な限りの完璧さを目指したため全6巻のシリーズに膨れあがったり，それにも増して，筆者の力不足と怠慢とが相まって，刊行が大幅に遅れてしまった．それによって本書の出版に期待を寄せていただいた関係者各位に多大な迷惑をかけてしまったことをここにお詫び申し上げる次第である．本シリーズの上述に掲げた目標が真に達成されたか否かは読者の判断を仰ぐしかないが，万一，本シリーズが読者の数学に対する苦手意識を払触し，考え方の習得への手助けとなり，数学が得意科目に転じるきっかけになるようなことがあれば，筆者の望外の喜びとするところである．

　本シリーズ執筆の段階で，数千ページに及ぶ読みにくい原稿を半年以上もかけて何度も繰り返し丹念に読み通し，多くの貴重なアドバイスを寄せて下さった駿台予備学校の講師の方々，とりわけ下村直久，酒井利訓両氏の献身的努力に衷心より感謝申し上げます．また，読者の立場から本シリーズの原稿を精読し，解説の曖昧な箇所，議論のギャップなどを指摘し，本書を読みやすくすることに努めて下さった松永清子さん（早大数学科学生），徳永伸一氏（東大基礎科学科学生），朝倉徳子さん（東大理学部学生）の尽力なくしては，本シリーズはここに存在しえなかったことも事実です．
　さらに，梶原健氏（東大数学科学生），中須やすひろ氏（早大数学科学生），石上嘉康氏（早大数学科学生）および伊藤賢一氏（東大理科I類学生）らを含む数十万人にものぼる駿台予備学校での教え子諸君からの，本シリーズ作成の各局面における，直接的または間接的な協力，激励，コメントなども筆者にとって大きな支えになりました．5年余もの間，辛抱強くこの気ままな冒険旅行につきあい，終始本シリーズの刊行を目指す羅針盤の役をして下さった駿台文庫編集部原敏明氏に深遠なる感謝の意を表する次第であります．
　最後に，本シリーズの特色のひとつである〝ビジュアルな講義〟を紙上に美しく再現して下さったイラストレーターの芝野公二氏にも心よりの感謝を奉げます．

平成元年5月

大道数学者

秋山　仁

重要項目
さくいん

か 行

曲線群	…………… 131
グラフ	…………… 54
欠損チェス盤	…………… 41
格子点	…………… 43, 45

さ 行

三角形の面積（公式）	…………… 25
シフティング	…………… 22
真理集合	…………… 186
線形計画法	…………… 150

た 行

タイル	…………… 52
チェス盤	…………… 50, 51
直線群	…………… 131, 142
ドミノ	…………… 41

は 行

発想する	…………… 3
ハノイの塔	…………… 70
Buffon の問題	…………… 210
閉路（リング）	…………… 45, 58, 62
変形畳	…………… 46

ま 行

命題関数	…………… 186

や 行

矢印つき折れ線	…………… 85, 88
予選・決勝法	…………… 23
4目L字牌	…………… 48

ら 行

ラムゼーの定理	…………… 60
論理記号	…………… 197, 199

著者略歴

秋山　仁（あきやま・じん）
ヨーロッパ科学アカデミー会員．
東京理科大学理数教育研究センター長，数学体験館館長，
駿台予備学校顧問．
グラフ理論，離散幾何学の分野の草分け的研究者．1985年
に欧文専門誌 "Graphs & Combinatorics" を Springer 社より
創刊．グラフの分解性や因子理論，平行多面体の変身性や分
解性などに関する百数十編の論文を発表．海外の数十ヶ国の
大学の教壇に立つ．1991年よりNHKテレビやラジオなど
で，数学の魅力や考え方をわかりやすく伝えている．著書に
『数学に恋したくなる話』(PHP研究所)，『秋山仁のこんな
ところにも数学が！』(扶桑社)，『Factors & Factorizations of
Graphs』(Springer)，『A Day's Adventure in Math Wonderland』
(World Scientific) など多数．

編集担当	上村紗帆（森北出版）
編集責任	石田昇司（森北出版）
印　　刷	株式会社日本制作センター
製　　本	同

発見的教授法による数学シリーズ 4　　　　　　© 秋山　仁　2014
数学の視覚的な解きかた

2014年4月28日　第1版第1刷発行　　【本書の無断転載を禁ず】
2014年5月23日　第1版第2刷発行

著　者　秋山　仁
発行者　森北博巳
発行所　森北出版株式会社
　　　　東京都千代田区富士見1-4-11（〒102-0071）
　　　　電話 03-3265-8341／FAX 03-3264-8709
　　　　http://www.morikita.co.jp/
　　　　日本書籍出版協会・自然科学書協会　会員
　　　　JCOPY ＜(社)出版者著作権管理機構 委託出版物＞

落丁・乱丁本はお取替えいたします．

Printed in Japan／ISBN978-4-627-01241-7